信息安全管理与风险评估（第2版）

赵 刚 编著

清华大学出版社
北 京

内容简介

本书在系统归纳国内外信息安全管理与风险评估、网络安全等级保护的知识与实践以及近年来研究成果的基础上，全面介绍了信息安全管理体系与网络安全等级保护制度及其发展、信息安全风险评估、信息安全管理体系、网络安全等级保护、网络安全等级测评的基本知识、国内外相关标准及其内容，全书涵盖了信息安全管理体系建立流程、风险评估实施流程、网络安全等级保护实施流程，以及信息安全管理控制措施与网络安全等级保护安全要求及扩展要求、IT治理等内容。

本书既可作为高等院校信息安全专业、网络空间安全专业、信息管理与信息系统专业及计算机相关专业的本科生和研究生的教材，也可作为从事信息化相关工作的管理人员、信息安全管理人员、网络与信息系统安全管理人员、IT相关人员的参考书。

图书在版编目(CIP)数据

信息安全管理与风险评估/赵刚编著. —2版. —北京：清华大学出版社，2020.7（2024.7重印）
ISBN 978-7-302-55402-8

Ⅰ. ①信… Ⅱ. ①赵… Ⅲ. ①信息安全－安全管理－高等学校－教材 ②信息安全－安全评价－高等学校－教材 Ⅳ. ①TP309

中国版本图书馆CIP数据核字(2020)第068582号

责任编辑：刘向威
封面设计：文　静
责任校对：焦丽丽
责任印制：宋　林

出版发行：清华大学出版社
网　　址：https://www.tup.com.cn，https://www.wqxuetang.com
地　　址：北京清华大学学研大厦A座　　**邮　　编**：100084
社 总 机：010-83470000　　**邮　　购**：010-62786544
投稿与读者服务：010-62776969，c-service@tup.tsinghua.edu.cn
质量反馈：010-62772015，zhiliang@tup.tsinghua.edu.cn
课件下载：https://www.tup.com.cn，010-83470236
印 装 者：天津鑫丰华印务有限公司
经　　销：全国新华书店
开　　本：185mm×260mm　　**印　　张**：16.75　　**字　　数**：403千字
版　　次：2014年1月第1版　2020年8月第2版　　**印　　次**：2024年7月第6次印刷
印　　数：9001～11000
定　　价：49.00元

产品编号：084836-01

再版说明

自本书第1版出版以来，深受广大高校师生和业界专业人士的欢迎。本书第2版在第1版的基础上，进一步结合教学和工作经验，融入信息安全管理体系与风险评估方面的最新标准，同时紧密结合我国网络安全的发展状况和需求，大幅度增加网络安全等级保护方面的内容，更加适合网络安全业界教师、从业人员以及研究人员的实际需求。

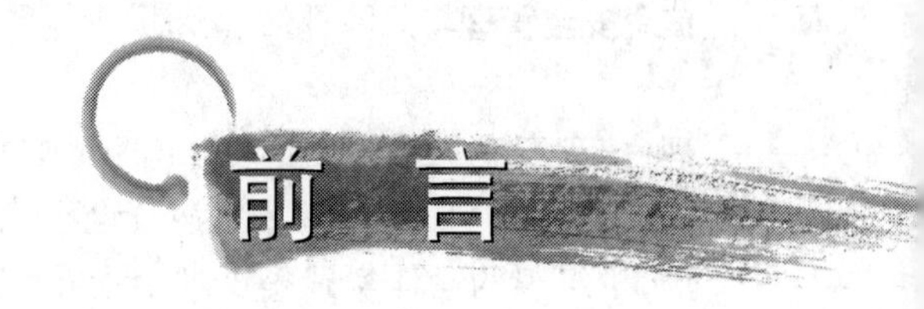

信息化已融入人类社会的每一个角落,不断推动着社会的进步和发展。然而,无处不在的信息伴随着随时可能发生的风险,信息安全事件时有发生,信息安全问题已成为全社会共同关注的问题,信息系统的安全、管理、风险与控制问题日益突出。信息安全研究所涉及的领域相当广泛,信息安全的建设是一个系统工程。在信息安全的建设中,正确的做法是遵循国内外相关信息安全标准与最佳实践,考虑组织对信息安全各个层面的需求,在风险评估的基础上引入合理的控制措施,建立信息安全管理体系以保证信息的安全属性。绝大多数信息安全问题都来自管理方面的缺陷,信息安全管理是十分重要的课题,在解决信息安全问题中占重要地位,其发展对信息安全人才的培养提出了更高的要求。风险评估是信息安全管理体系和信息安全风险管理的基础,是建立信息安全保障体系的必要前提,通过风险评估能够将信息安全活动的重点放在重要的问题上。网络安全等级保护是国家信息安全保障的基本制度、基本策略、基本方法,建立并落实网络安全等级保护制度是形势所迫、国情所需。

1994 年,《中华人民共和国计算机信息系统安全保护条例》(国务院 147 号令)规定,"计算机信息系统实行安全等级保护。安全等级的划分标准和安全等级保护的具体办法,由公安部会同有关部门制定。"2014 年,中央网络安全与信息化领导小组第一次会议指出:"没有网络安全就没有国家安全。"2016 年 10 月,公安部网络安全保卫局对原有国家标准《信息安全技术 信息系统安全等级保护基本要求》(GB/T 22239—2008)等系列标准进行修订。2016 年 11 月 7 日,我国发布了《中华人民共和国网络安全法》,这是确保我国网络安全的基本法律。2016 年 12 月 27 日,国家互联网信息办公室和中央网络安全与信息化领导小组办公室联合发布了我国《国家网络空间安全战略》。2017 年 3 月 1 日,外交部和国家互联网信息办公室共同发布了《国家网络空间国际合作战略》。2017 年 6 月 1 日,《中华人民共和国网络安全法》正式实行,信息安全等级保护过渡到网络安全等级保护,法律明确要求国家实施等级保护制度。2017 年 10 月 18 日,党的十九大报告中再次强调,加快建设创新型国家和网络强国,确保我国的网络空间安全。2018 年 3 月 21 日,中央决定:中央网络安全与信息化领导小组改组为中央网络安全与信息化委员会,负责相关领域重大工作的顶层设计、总体布局、统筹协调、整体推进、监督落实。2018 年 4 月 20 日,网络安全与信息化委员会工作会议指出:要主动适应信息化要求,强化互联网思维,不断提高对互联网规律的把握能力、对网络舆论的引导能力、对信息化发展的驾驭能力、对网络安全的保障能力。2019 年 5 月 10 日,随着《信息安全技术 网络安全等级保护基本要求》(GB/T 22239—2019)、《信息安全技术 网络安全等级保护安全设计技术要求》(GB/T 25070—2019)、《信息安全技术 网络安全等级保护测评要求》(GB/T 28448—2019)等标准的正式发布,标志着等级保护 2.0 全面启动。

本书依据信息安全管理体系最新标准及等级保护 2.0 最新相关标准,以适应教师教学与学生学习的组织方式,合理安排章节内容。本书旨在通过学习,使学生了解信息安全管理、信息安全风险评估的基本知识、相关标准，理解信息安全管理体系的建立过程以及风险评估的实施过程，理解网络安全等级保护相关知识和实施流程，进而在实际工作中进行应用，给组织的具体实践提供理论指导，帮助组织建立合理的信息安全管理体系，帮助网络运营者、关键信息基础设施的运营者及相关组织和机构正确实施网络安全等级保护。

本书从信息安全、信息安全管理的基本概念和基本知识出发，全面、系统地介绍了信息安全管理体系、信息安全风险评估、网络安全等级保护、IT 治理等内容。全书分为 7 章，第 1 章引论，着重介绍了信息、信息安全、信息安全管理等基本概念，进而引入信息安全管理体系及网络安全等级保护制度等方面的主要内容的概述；第 2 章信息安全风险评估，着重讨论了风险要素关系、风险分析基本原理以及风险评估基本方法，进而详细阐述了风险评估各阶段的作业流程及其具体内容，同时分析了信息系统生命周期各阶段的风险评估，包括信息系统生命周期中规划阶段、设计阶段、实施阶段、运维阶段和废弃阶段中风险评估的工作内容；第 3 章信息安全管理体系，在介绍建立信息安全管理体系 6 个基本工作步骤的基础上，深入细致地讨论了建立信息安全管理体系的工作流程、工作方式和工作内容，同时从信息安全管理体系认证概念出发，充分讨论了认证的目的、范围、认证机构及认证过程等内容；第 4 章网络安全等级保护，详细阐述了网络安全等级保护相关概念、网络安全等级保护基本要求以及网络安全等级保护实施流程等相关内容；第 5 章信息安全管理控制措施与网络安全等级保护安全要求，充分论述了信息安全事件相关概念和信息安全事件管理方法，进而着重讨论了建立信息安全管理体系的控制措施以及网络安全等级保护的安全要求方面的详细内容；第 6 章网络安全等级保护扩展要求，重点讨论了网络安全等级保护基本要求“1＋X”体系框架下的云计算安全扩展要求、移动互联安全扩展要求、物联网安全扩展要求等方面的相关内容；第 7 章 IT 治理概述，主要介绍了 IT 治理相关概念、基础内容，围绕国际上公认的 IT 治理相关标准，重点讨论了 IT 治理支持手段，包括 COBIT、PRINCE2、ITIL、ISO/IEC 20000 以及 COSO 发布的内部控制框架等。

全书结构合理，内容全面，概念清晰，深入浅出，知识实用性强，紧跟信息安全管理与风险评估、网络安全等级保护方面的研究以及 IT 应用的发展趋势，融入了最新的创新内容。

本书是作者长期从事理论研究和工程实践以及教学经验和成果的归纳总结，通过精心设计安排全书的结构和内容，以适应不同层次和不同专业读者的需求。书中汲取了大量国内外本领域代表文献的精华，参考了大量的国内外有关研究成果，在此，谨向书中提到和参考文献中列出的作者表示感谢。作者所指导的学生左冉、魏楠、程昕等参与了本书编写的相关工作，在此一并表示感谢。衷心感谢清华大学出版社的相关人员为本书出版付出的辛勤劳动。

信息技术在飞速发展，信息安全管理和风险评估、网络安全等级保护也在不断创新和发展，其理念、方法和技术等也在不断地完善和更新。书稿虽经多次修改，但由于作者水平有限，书中难免存在不妥之处，诚望使用本书的师生和读者不吝指教。

本书有配套的教学电子课件，可登录清华大学出版社网站(http://www.tup.com.cn)下载。

编　者

2019 年 6 月于北京

目　录

第1章 引论

本章介绍信息、信息安全、信息安全管理等基本概念，进而引入信息安全管理体系及网络安全等级保护制度等方面的主要内容的概述。

1.1 信息安全管理概述

人类社会已经进入了信息时代，当今社会的发展对信息资源依赖的程度越来越大，从人们日常生活、组织运作，到国家治理，信息资源都已成为不可或缺的重要资源，信息已经渗透到了人类社会的每一个角落，融入了人们生活的每一个细节，没有各种信息的支持，现代社会将不能继续生存和发展下去。一方面，信息已经成为人类的重要资产，在政治、经济、军事、教育、科技、生活等方面发挥着重要作用；另一方面，信息在成为人类重要资产、为人们所用、给人们带来巨大价值的同时，也受到了各种各样来自于组织内外的威胁的冲击，信息安全事件在全球范围内屡屡发生，由于计算机及网络技术的迅猛发展而带来的信息安全问题正变得日益突出，给人类社会的发展带来巨大的损失。

信息安全管理是随着信息和信息安全的发展而发展的。由于信息具有易传播、易扩散、易损毁的特点，信息资产比传统的实物资产更加脆弱，更容易受到损害，因而使组织在业务运作过程中面临巨大的风险。这种风险主要来源于组织管理、信息系统、网络基础设施等方面固有的薄弱环节和漏洞，以及大量存在于组织内外的各种威胁。因此，对信息系统需要加以严格管理和妥善保护，信息安全管理也随之产生。

1.1.1 信息安全管理的内涵

1. 信息

信息(Information)的定义多种多样，据不完全统计，有关信息的定义有一百多种，均从不同的侧面和层次揭示了信息的特征与性质，但同时又存在这样或那样的局限性。信息可以简单地定义为经过加工的数据或消息，是对决策者有价值的数据。在日常生活中，人们往往对消息和信息不加区别，认为消息就是信息。例如，当人们收到一封电报，或者听了天气预报，人们就说得到了信息。在计算机和网络上信息的处理是以数据的形式进行的，在这种情况下信息就是数据。通常情况下可以把信息理解为消息、信号、数据、情报、知识,可以是信息设施中存储与处理的数据、程序,可以是打印或书写出来的论文、电子邮件、设计图纸、业务方案,也可以是显示在胶片等载体或表达在会话中的消息。一般意义上的信息是指事物运动的状态和方式,是事物的一种属性,在引入必要的约束条件后可以形成特定的概念体系。信息有许多独特的性质与功能,是可以测度的,正因如此,才导致了信息论的出现。香农在信息的定义中指出,信息是对事物运动状态或存在方法的不确定性的描述。我国信息论专家在《信息科学原理》一书中把信息定义为:事务运动的状态和状态变化的方式。国际公认的ISO/IEC信息技术安全管理指南(GMITS)对信息给出如下解释:信息是通过施加于数据上的某些约定而赋予这些数据的特定含义。在信息技术领域,国家标准GB/T 5271.1《信息技术 词汇 第1部分:基本术语》中对信息给出了定义:关于客体(如事实、事件、事物、过程或思想,包括概念)的知识,在一定的场合中具有特定的意义。在信息安全领域,信息是通过在数据上施加某些约定而赋予这些数据的特殊含义,信息是无形的,借助于信息媒体以多种形式存在和传播;同时,信息也是一种重要资产,具有价值,需要保护。

2. 信息系统

GB 17859—1999《计算机信息系统安全保护等级划分准则》定义:计算机信息系统是由计算机及其相关的和配套的设备、设施(含网络)构成的,按照一定的应用目标和规则对信息进行采集、加工、存储、传输、检索等处理的人机系统。毫无疑问,计算机及各类通信网络的出现与蓬勃发展使信息技术出现了前所未有的革命,也使信息量急剧膨胀。

3. 信息安全

信息安全是一个广泛而抽象的概念,不同领域的不同方面对其概念的阐述都会有所不同。所谓信息安全就是关注信息本身的安全,而不管是否应用了计算机作为信息处理的手段。信息安全的任务是保护信息财产,以防止偶然的或未授权者对信息的恶意泄露、修改和破坏,从而导致信息的不可靠或无法处理等。建立在网络基础之上的现代信息系统,其安全定义较为明确,其定义为:保护信息系统的硬件、软件及相关数据,使之不因为偶然或恶意侵犯而遭到破坏、更改及泄露,保证信息系统能够连续、可靠、正常地运行。在商业和经济领域,资产是任何对组织有价值的事物,像其他重要的业务资产一样,信息是一种资产。对于一个组织的业务,信息资产是其中的关键,随着业务互联的增加,造成信息暴露出更多数量、更广范围的脆弱性,也面临更多数量、更广范围的威胁,需要得到适当的保护。因此,信息安全主要强调的是保护信息不受威胁的侵扰,控制风险,保持业务操作的连续性,将风险造成的损失和影响降到最低,使组织获得最大化的投资回报和商业机会。

信息安全通过实施一套控制措施,包括方针、过程、程序、组织结构和软件硬件功能来实现。这些控制措施需要建立、实施、评审以及改进,以保护组织的安全,保障业务目标的实现。

在信息保护的概念中,信息安全一般包括实体安全、运行安全、信息安全和管理安全4个方面的内容。实体安全包括环境安全、设备安全、媒体安全3个方面。运行安全包括风险分析、审计跟踪、备份和恢复、应急4个方面。信息安全包括操作系统安全、数据库安全、网络安全、病毒保护、访问控制、加密与鉴别7个方面。管理安全是指通过信息安全相关的法令和规章制度以及安全管理手段,确保信息安全生存与运营。

4. 信息安全属性

从信息安全属性出发，将信息安全的主要目标定义为信息的机密性、完整性和可用性的保持。ISO/IEC 13335-1：2004 以及 ISO/IEC 27002：2013 中将信息安全定义为：保护信息的保密性（Confidentiality）、完整性（Integrity）、可用性（Availability）及其他属性，包括真实性（Authenticity）、可核查性（Accountability）、不可否认性（Non-repudiation）和可靠性（Reliability）等。

可用性是指已授权实体一旦需要就可访问和使用的特性；保密性是指使信息不泄露给未授权的个人、实体、过程或不使信息为其利用的特性；完整性是指数据未经授权不可修改或破坏的特性，如图 1-1 所示。真实性是指确保主体或资源的身份正是所声称的特性，真实性适用于用户、进程、系统和信息之类的实体；可核查性是指确保可将一个实体的行动唯一地追踪到此实体的特性；不可否认性（抗抵赖性）是指证明某一动作或事件已经发生的能力，以使事后不能否认这一动作或事件；可靠性是指预期行为和结果保持一致的特性。

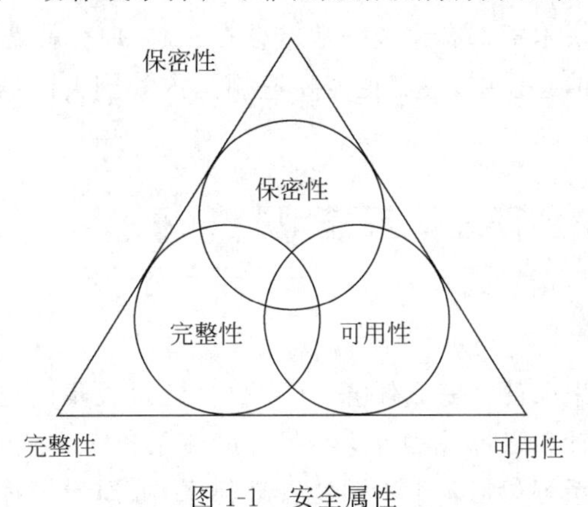

图 1-1 安全属性

5. 信息安全管理及其内容

信息安全管理是通过维护信息的保密性、完整性和可用性等来管理和保护信息资产的一项体制，是对信息安全保障进行指导、规范和管理的一系列活动和过程，包括组织机构、策略、策划、活动、职责、惯例、程序、过程和资源。管理体系一般包括制定信息安全政策、风险评估、控制目标与方式选择、制定规范的操作流程、对员工进行安全意识培训等一系列工作，通过在安全方针策略、组织安全、资产分类与控制、人员安全、物理与环境安全、通信与运营安全、访问控制、系统开发与维护、业务持续性管理、法律法规符合性等众多领域内建立管理控制措施，保证组织信息资产的安全与业务的连续性。

6. 木桶原理与信息安全管理

信息安全是一个多层面、多因素、综合且动态的过程。实现信息安全的建设是一项系统工程，需要在信息系统的各个环节进行统一的综合考虑、规划和构架，并要兼顾组织内外不断发生的变化，任何环节上的安全缺陷都会对系统造成威胁。

可以引用管理学上的木桶原理来加以说明。木桶原理又称短板理论，其核心内容为：

如果一只木桶由多个长短不一的木板组成,那么这只木桶盛水的多少,并不取决于桶壁上最长的那块木块,而恰恰取决于桶壁上最短的那块。这个原理同样适用于信息安全的建设,一个组织的信息安全是由多个层面、多个因素共同影响的,这就犹如木桶中长短不一的木板,而其信息安全水平也将由所有因素中最为薄弱的因素所决定。

信息从产生到销毁,其生命周期过程包括产生、收集、加工、交换、存储、检索、存档、销毁等多个环节,表现形式与载体会发生各种变化,这些环节中的任何一个都可能影响整体信息安全水平。要实现信息安全的目标,一个组织必须使构成安全防范体系这只"木桶"的所有木板都达到一定的长度。

近年来,相关学者从不同角度,对传统木桶理论进行了演化,即从木桶理论的原点出发,提出新的演变思路,称为"新木桶理论":一个木桶的容量不只取决于最短的一块木板,还取决于木板之间能否恰当组合密切相关。假如每块木板间的配合不好,衔接不牢,出现缝隙,最终会因为漏水而无法保证容量。如果组织凭借一时的需要,想当然地制定一些控制措施,引入某些技术产品,都难免使得信息安全这只"木桶"的木板衔接得不够好,从而无法提高安全水平。如果要使每一块木板都有序统一地结合在一起,那么就需要遵循标准的生产规范。在信息安全这只"木桶"的建设中,我们也需要遵循国内外相关的信息安全标准与最佳实践过程。

1.1.2 信息安全管理体系模型

1. 信息安全管理体系

管理体系是组织用来保证其完成任务、实现目标的过程集的框架。ISO 9000:2000 将管理体系定义为建立方针和目标并实现这些目标的体系。

一个组织的管理体系可包括若干不同的管理体系,如质量管理体系、财务管理体系、环境管理体系等。一个典型的管理体系如图 1-2 所示。

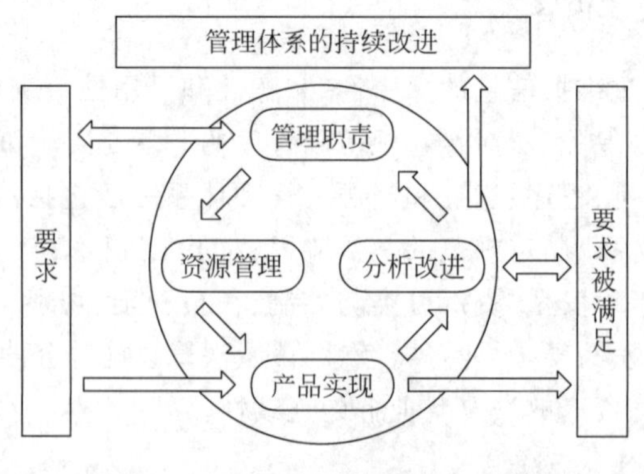

图 1-2 管理体系

目前存在很多的管理体系,如质量管理体系、环境管理体系、职业健康管理体系、信息安全管理体系等。质量管理体系是出现比较早、发展比较成熟的管理体系,其他管理体系或多或少地借鉴了质量管理体系的方法。

管理体系已经形成完整的产业链,如图 1-3 所示。

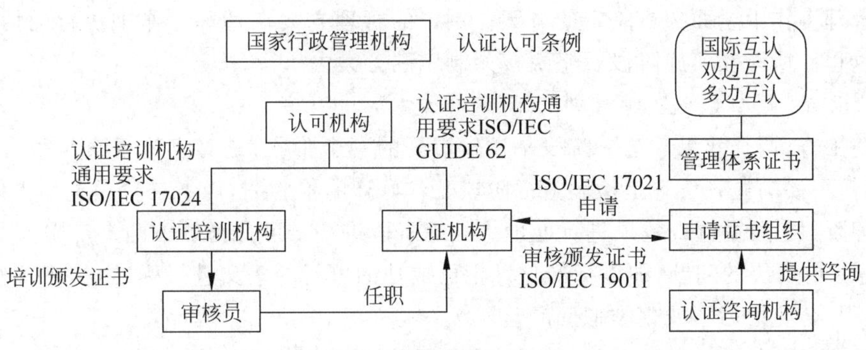

图 1-3 管理体系产业链

信息安全管理体系(Information Security Management System,ISMS)正如其名称所表述的含义,是关于信息安全的管理体系。ISO/IEC 27001:2013 中定义为:信息安全管理体系是整个管理体系的一部分。信息安全管理体系是组织在整体或特定范围内建立的信息安全方针和目标,以及完成这些目标所用的方法和手段所构成的体系。它是信息安全管理活动的直接结果,表示为方针、原则、目标、方法、计划、活动、程序、过程和资源的集合。

ISMS 的概念已经跳出了传统的"为了安全信息而信息安全"的理解,它强调的是基于业务风险方法来组织信息安全活动,其本身只是整个管理体系的一部分。这就要求我们站在全局的观点看待信息安全问题。

2. PDCA 模型

PDCA 图可形象地说明系统的改进活动是周而复始、不断循环的持续过程。PDCA 的含义是:

P(Plan)——计划,确定方针和目标,确定活动计划。

D(Do)——实施,采取实际措施,实现计划中的内容。

C(Check)——检查,检查并总结执行计划的结果,评价效果,找出问题。

A(Action)——行动,对检查总结的结果进行处理,成功的经验加以肯定并适当推广、标准化;失败的教训加以总结,以免重现;未解决的问题放到下一个 PDCA 循环。

每完成一个循环,管理体系的有效性就上一个台阶。组织通过持续执行 PDCA 过程而使自身的管理水平得到不断提高,如图 1-4 所示。

PDCA 循环的 4 个阶段可细分为 8 个步骤,每个步骤的具体内容如下。

计划阶段:制定具体工作计划,提出总体目标。计划阶段进一步可分为以下 4 个步骤。

(1) 分析目前现状,找出存在的问题。

(2) 分析产生问题的各种原因以及影响因素。

(3) 分析并找出管理中的主要问题。

(4) 制定管理计划,确定管理要点。

根据管理中出现的主要问题,制定管理的措施、方案,明确管理的重点。制定管理方案时要注意整体的详尽性、多选性、全面性。

(5) 实施阶段:按照制定的方案执行。

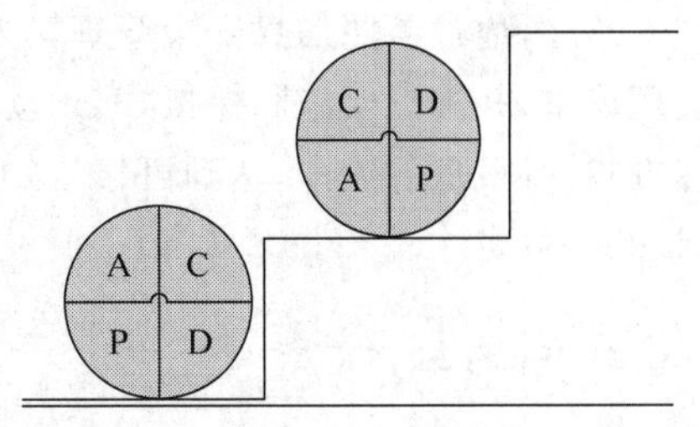

图 1-4 持续改进的 PDCA 模型

在管理工作中全面执行制定的方案。制定的管理方案在管理工作中执行的情况,直接影响全过程。所以在实施阶段要坚决按照制定的方案去执行。

(6) 检查阶段:检查实施计划的结果。

检查工作,调查效果。这一阶段是比较重要的一个阶段,是对实施方案是否合理、是否可行、有何不妥的检查。它是检验上一阶段工作好坏的检验期,为下一阶段工作提供条件。

处理阶段:根据调查效果进行处理。处理阶段进一步可分为以下两个步骤。

(7) 对已解决的问题,加以标准化。把已成功的可行的条文进行标准化,将这些纳入制度、规定中,防止以后再发生类似问题。

(8) 找出尚未解决的问题,转入下一个循环中,以便解决。

PDCA 循环实际上是有效地进行任何一项工作的合乎逻辑的工作程序。在质量管理中,PDCA 循环得到了广泛的应用,并取得了很好的效果,因此有人称 PDCA 循环是质量管理的基本方法。之所以将其称为 PDCA 循环,是因为这 4 个过程不是运行一次就完结,而是要周而复始地进行。其特点是"大环套小环,一环扣一环,小环保大环,推动大循环",每个循环系统包括 PDCA 4 个阶段,要周而复始地运动。PDCA 循环是螺旋式上升和发展的,每循环一次,要求提高一步。

3. 建立信息安全管理体系的流程概述

组织应根据整体业务活动和风险,建立、实施、运行、监视、评审、保持并改进文件化的信息安全管理体系。不同的组织在建立与完善信息安全管理体系时,可根据自己的特点和具体的情况,采取不同的步骤和方法。但总体来说,建立信息安全管理体系一般要经过下列 6 个基本步骤。

(1) 信息安全管理体系的策划与准备。

(2) 信息安全管理体系文件的编制。

(3) 建立信息安全管理体系框架。

(4) 信息安全管理体系的运行。

(5) 信息安全管理体系的审核。

(6) 信息安全管理体系的管理评审。

信息安全管理体系一旦建立,组织应当按照体系的规定要求进行运作,保持体系运行的有效性。信息安全管理体系应形成一定的文件,即应建立并保持一个文件化的信息安全管理体系,其中应阐述被保护的资产、风险管理方法、控制目标与控制措施、信息资产需要保护的程度等内容。

总之,通过参照信息安全管理模型,按照先进的信息安全管理标准建立完整的信息安全管理体系,并加以实施和保持,实现动态的、系统的、全员参与的、制度化的、以预防为主的管理方式,以最低的成本,达到可接受的信息安全水平,从根本上为组织的业务提供信息安全保障。

4. ISMS 与 PDCA

信息安全管理是指导和控制组织关于信息安全风险的相互协调的活动。首先应该制定信息安全的策略方针，它是信息安全管理的导向和支持，在此基础上选择控制目标与控制措施，企业和组织还需考虑控制成本与风险平衡的原则，将风险降低到组织可接受的水平，整个管理过程需要全员的参与，实施动态管理。实施安全管理，遵循管理的一般模式——PDCA 模型。

信息安全管理体系的实施、维护是一个持续改进的过程。

实际上，建立和管理信息安全管理体系和其他管理体系一样，需要采用过程的方法开发、实施和改进组织 ISMS 的有效性。信息安全管理体系的 PDCA 过程如图 1-5 所示。

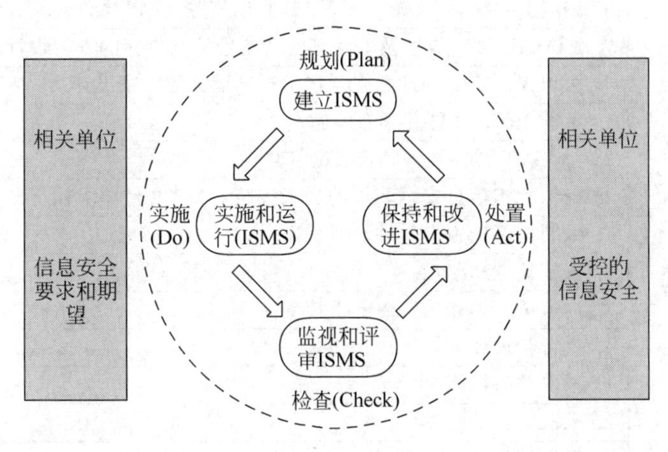

图 1-5 ISMS 的 PDCA 过程

一般认为整个 ISO/IEC 27001 是一个 PDCA 循环，其本身又是许多循环的嵌套，如图 1-6 所示。

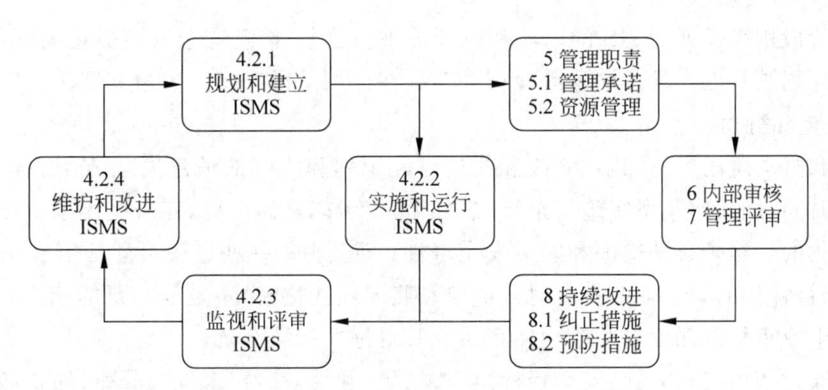

图 1-6 两个 PDCA 循环

表 1-1 给出了 PDCA 循环对应建立 ISMS 的过程中各阶段的工作内容。

表 1-1 ISMS 计划

阶　段	阶段工作内容
准备和启动阶段	1. 识别信息安全要求，进行差距分析
	2. 制定项目工作计划，明确项目时间表
	3. ISMS 培训，包括全员意识培训、标准要求培训、风险评估培训

续表

阶　段	阶段工作内容
规划(建立)	1. 制定信息安全方针和范围
	2. 编制风险评估程序文件
	3. 执行风险评估
	4. 编制风险处理计划
	5. 编制 SoA(适用声明)文件
	6. 编制 ISO/IEC 27001 中要求的其他相关 ISMS 文件
	7. ISO/IEC 27001 涉及的信息安全技术控制措施的方案设计、评审(可选)
	8. 组织提出特定的信息安全技术控制措施的方案设计、评审(可选)
实施(实施和运行)	1. 批准 ISMS 文件并颁布实施
	2. 对 ISMS 文件开展宣传贯彻和培训
	3. 确保承担信息安全职责的员工按照 ISMS 文件要求执行
检查(监视和评审)	1. 编制控制措施有效性测量程序
	2. 实施检查和测量
	3. 内审员培训和执行内部审核
	4. 执行管理评审
改进(持续改进)	1. 采取预防措施(可选)
	2. 采取纠正措施(可选)
	3. 采取措施,持续改进 ISMS

ISMS 的 PDCA 具有以下内容。

1) 计划和实施

计划阶段用来保证 ISMS 的内容和范围被正确建立,信息安全风险被正确评估,处理这些风险的计划被有效开发。实施阶段用来实施在计划阶段确定的决策和解决方案。

2) 检查和行动

检查和行动阶段用来加强、修改和改进已经识别和实施的信息安全方案。检查评审可以在任何时间、以任何频率实施。至于“怎样做”要考虑具体情况,在一些体系中可能需要建立计算机化的过程来自动检测和响应安全事件;而其他的一些过程可能只需在信息安全事件发生时、被保护的信息资产变化时或威胁和脆弱性变化时,才做出必要的响应;需要进行周期性评审或审核以保证整个管理体系达成其目标并持续有效。

组织通过使用安全方针、安全目标、审核结果,利用对监控事件的分析、纠正和预防行动以及管理评审的信息,来持续改进 ISMS 的有效性。

5. ISMS 的 PDCA 各阶段的特点

1) 计划阶段

本阶段的主要任务是根据风险评估、法律法规要求、组织业务运营自身要求,来确定控制目标与控制措施,其目的是保证正确地建立 ISMS 的内容和范围、识别和评估所有的信息安全风险,并开发合适的处理风险的计划。应该注意的是:计划活动及所有工作必须文件化,以作为管理变化的追溯。在计划阶段组织需要完成以下几方面的工作。

(1) 确定信息安全方针。

在计划阶段要求组织和其管理层确定信息安全方针,包括组织的目标和目的框架、总体方向的建立和信息安全行动原则。

(2) 确定信息安全管理体系的范围。

如果信息安全管理体系的范围只包括组织的某些部分时,要清楚地识别系统的从属关系、与其他系统接口、系统的边界。确定信息安全管理体系范围的文件应包括以下内容。

① 建立范围的过程和信息安全管理体系的环境。

② 组织战略及业务环境。

③ 组织使用的信息安全风险管理的方法。

④ 信息安全风险评价标准和所需的保护程度。

⑤ 在信息安全管理体系的范围内对信息资产的识别。

(3) 制定风险识别和评估计划。

风险评估文件应解释组织选择哪一种识别、评估风险的方法,为什么选择此方法,组织所处的业务环境,组织业务的大小和组织面临的风险等。文件也应包括组织选择的工具和技术,解释为什么它们适用于本组织信息安全管理体系的范围和风险,怎样正确地使用这些工具和技术以产生有效的结果。以下风险评估的详细内容应记录在文件内。

① 信息安全管理体系范围内的资产评估,估价量度信息资产。

② 识别威胁和脆弱点。

③ 对威胁利用脆弱点的评估,及当此类事故发生时的影响。

④ 在评估结果的基础上计算风险,识别残余风险。

(4) 制定风险控制计划。

组织应建立有详细日程安排的风险控制计划,对于识别的每一个风险都确定以下 4 点。

① 选择处理风险的方法。

② 已有的控制措施。

③ 建议新添的控制措施。

④ 实施新建议的控制措施的时间期限。

应识别出组织可接受的风险水平,从而选择合适的措施。

① 决定接受风险,如不能采取其他措施或成本昂贵。

② 规避风险。

③ 转移风险。

④ 降低风险到可接受的水平。

2) 实施阶段

本阶段的主要目标是实施组织所选择的控制目标和控制措施,需要做到以下几点。

(1) 保证安全、提供培训、提高安全意识。

应该为信息安全管理体系的运行和所有安全控制措施的实施提供充足资源,提供实施所有控制措施的相关文件,并对信息安全管理体系文件进行维护;还应该进行信息安全教育活动,以提高员工安全意识,在组织中产生良好的风险管理和安全的文化;并对员工进行有关信息安全技能与技术的培训,使员工掌握信息安全的实现手段。

(2) 风险处理。

对于经过评估可接受的风险,不需要进一步的措施。对于经过评估不可接受的风险,可以采取降低风险或转移风险等方法进行风险处理。如果决定转移风险,应该采取签订合同、参加保险的方式,或采取灵活组织结构(如找合作、合资伙伴)等进一步行动。无论哪一种情况,都必须保证风险转移到的组织能理解风险的性质,并且能够有效地管理这些风险。如果组织决定降低风险,就要在ISMS范围内实施已选择的降低风险的措施。实施的这些措施应与在计划活动中准备的风险控制计划相一致。

成功实施该计划要求有效的管理体系,管理体系定义了选择的措施目标与控制措施,落实责任和控制的过程,以及监控这些控制的过程。当一个组织决定接受高于可接受水平的风险时,应获得管理层的批准。在不可接受风险被降低或转移之后,还会有残余风险,控制措施应保证残余风险所产生的影响或破坏能及时被识别并适当管理。

3) 检查阶段

本阶段的主要任务是进行有关方针、标准、法律法规与程序的符合性检查,对存在的问题采取措施,予以改进。检查阶段的目的是保证控制措施有效运行。另外,应该考虑风险评估的对象及范围的变化情况,如果发现风险控制措施不够充分,就必须决定采取必要的纠正措施,此类活动的实行应在PDCA循环的行动阶段。但要注意,纠正措施不能滥用,只有在必要时才采用。在下面这两种情况下要采用纠正措施。

(1) 为了维护信息安全管理体系文件内部的一致性。

(2) 不进行改变,会使组织暴露于不可接受的风险之中。

检查活动应该对采用的控制措施与实施过程进行描述,内容包括:对风险的不间断评审,在技术、威胁或功能不断变化的情况下,对处理风险的方法和过程的调整。

在确定当前安全状态令人满意的同时,应注意技术的变化、业务的需求与新威胁和脆弱点的出现,尽量预测信息安全管理体系将来的变化,并采取有效措施确保其在将来持续有效地运转。

在检查阶段采集的信息应该可以用来测量信息安全管理体系,判断其是否符合组织的安全方针和控制目标的有效性。常用的检查措施如下。

(1) 日常检查:这些程序应作为正式的业务过程经常进行,并设计用来侦测处理结果的错误。

(2) 自治程序:自治程序是一种为了保证任何错误或失败在发生时能够被及时发现而建立的控制措施。例如,网络的设备发生故障或错误,监控程序或监控设备可以自动报警。

(3) 从他处学习:这种学习适用于技术和管理活动,通过调查学习其他组织在处理此类问题时更好的办法来提高组织自身的能力。

(4) 内部信息安全管理体系审核:通过在一个特定的常规审核时间段内检查信息安全管理体系所有的方面是否达到预想的效果,通常时间间隔不应该超过一年。

(5) 管理评审:管理评审的目的是检查信息安全管理体系的有效性,以识别需要的改进和采取的行动。管理评审至少每年进行一次。

(6) 趋势分析:经常进行趋势分析有助于组织识别需要改进的领域,并建立一个持续改进和循环提高的基础。

4) 改进阶段

本阶段的主要任务是对信息安全管理体系进行评价，寻求改进的机会，采取相应的措施。为使信息安全管理体系持续有效，应以检查阶段采集的不符合项信息为基础，经常进行调整与改进。对信息安全管理体系所做的改变或下一步行动计划，要及时告知所有的相关方，并提供相应的培训。

(1) 不符合项。一个不符合项是指：

① 缺少或缺乏有效地实施和维护一个或多个 ISMS 的要求；

② 在有客观证据的基础上，引起对 ISMS 完成信息安全方针和组织安全目标的能力的重大怀疑。

检查阶段的评审强调对于不符合项应采取进一步的调查，以识别事故的原因，采取的措施不仅要解决问题，而且要减少或防止此类问题的再次发生。

(2) 纠正和预防措施。

应采取纠正措施以消除不符合项和其他违反标准要求的情况；应采取预防措施消除潜在不符合项的原因或其他可能的潜在违反标准要求的情况，以防止再次发生。

永远不可能全部消除孤立的不符合项，同时，孤立的事件可能事实上是一个安全弱点的征兆，如果不加以处理可能会对整个组织发生影响。当识别和实施任何纠正措施时，应从这种角度来考虑孤立事件。确保补救工作能预防和减少类似事件的再次发生。

1.1.3 信息安全管理体系的特点与作用

信息安全管理体系是组织为保护信息资产、实现其业务目标而建立、实施、保持和持续改进的管理架构，包括针对信息安全管理目标的组织结构、方针、规划、职责、过程、规程和资源等方面。通过信息安全风险评估分析风险是否处于组织可接受的水平，运行信息安全管理体系，确保风险控制措施的适用性和有效性。建立并保持有效的信息安全管理体系应采用信息安全管理的相关标准作为指南，信息安全管理标准来源于信息安全领域全球接受的最佳实践，遵循标准可全面了解信息安全管理方面行之有效的原则、方法和实践，为组织基于自身环境确立其实现信息安全管理的路线、方针和具体运作提供了指南。

信息安全管理体系是一个系统化、程序化和文件化的管理体系，具有以下特点。

(1) 体系的建立基于系统、全面、科学的安全风险评估，体现以预防控制为主的思想。

(2) 强调遵守国家有关信息安全的法律、法规及其他合同方要求。

(3) 强调全过程和动态控制，本着控制费用与风险平衡的原则、合理选择安全控制方式。

(4) 强调保护组织所拥有的关键性信息资产，而不是全部信息资产，确保信息的机密性、完整性和可用性，保持组织的竞争优势和业务运作的持续性。

组织建立、实施、保持和持续改进的信息安全管理体系的作用包括以下几点。

(1) 强化员工的信息安全意识，规范组织信息安全行为。

(2) 组织管理层贯彻信息安全保障体系。

(3) 对组织制定具体工作计划的关键信息资产进行全面系统的保护，维持竞争优势。

(4) 在信息系统发生安全事件时，将损失降到最低，确保业务持续性。

(5) 使组织的合作伙伴和客户对组织充满信心。

(6) 如果通过系统认证,表明体系符合标准,证明组织有能力保障重要信息,可以提高组织的知名度与信任度。

(7) 组织可以参照信息安全管理模型,按照先进的信息安全管理标准,建立组织完整的信息安全管理体系并实施与保持,达到动态的、系统的、全员参与的、制度化的、以预防为主的信息安全管理方式,用最低的成本,达到可接受的信息安全水平,从根本上保证业务的连续性。

1.1.4 信息安全风险评估的内涵

1. 基本概念

信息安全风险评估是从风险管理角度,运用定性、定量的科学分析方法和手段,系统地分析信息和信息系统等资产所面临的人为的和自然的威胁,以及威胁事件一旦发生可能遭受的危害程度,有针对性地提出抵御威胁的安全等级防护对策和整改措施,从而最大限度地减少组织的经济损失和负面影响。

风险评估(Risk Assessment)是对信息和信息处理设施的威胁、影响和薄弱点及三者发生的可能性的评估。风险评估也是确认安全风险及其大小的过程,即利用适当的风险评估工具,包括定性和定量的方法,确定资产风险等级和优先控制顺序。

2. 风险评估特征

风险评估具有如下的基本特征。

(1) 风险评估包括信息系统安全的众多方面,如资产、人员、管理体系、物理、主机、网络分析等。漏洞扫描、渗透测试、入侵检测等安全技术作为风险评估的手段,为评估提供了必要的分析手段。

(2) 系统的风险评估不仅仅是一个具体的产品、工具,更是一个过程、一个体系。完善的系统风险评估体系应包括相应的组织架构、业务、标准和技术体系。

(3) 评估过程的主观性是影响评估结果的一个相当重要且最难解决的方面。在系统风险评估中,主观性是不可避免的,我们所要做的是尽量减少人为主观性,目前在该领域利用神经网络、专家系统、决策树等人工智能技术进行的研究比较活跃。

(4) 风险评估工具比较缺乏,市场上关于漏洞扫描、防火墙等都有比较成熟的产品,但与系统风险评估相关、有效的工具还比较匮乏。

“不以规矩,不能成方圆”,这句话在信息系统风险评估领域也是适用的,没有标准指导下的风险评估是没有任何意义的。通过依据某个标准的风险评估或者得到该标准的评估认证,不但可为信息系统提供可靠的安全服务,而且可以树立组织良好的信息安全形象。

3. 风险评估的意义

毫无疑问,风险评估是了解信息系统安全风险的重要手段。风险评估的最终目的是指导信息系统的安全建设,安全建设的实质是控制信息安全风险。风险评估结果是后续安全建设的依据。单独的信息系统的安全风险值没有实际意义,不能将计算风险值作为风险评估的唯一重点,也不能把风险值作为风险评估的唯一成果。如果将风险评估视为对风险值的数据处理，那么这是一种误区。

信息安全工程过程中，首要一步是分析安全需求，这要通过风险评估来完成，风险评估工作对信息安全保障建设的重要意义便在于此。因此，必须重视风险评估每一步骤的结果，在很多情况下，这些结果比最后的风险值更有意义。

1.1.5 信息安全管理与风险评估的关系

1. 信息安全管理与风险评估

基于风险评估的风险管理方法被实践证明是有效和实用的，已被广泛应用于各个领域。信息安全风险管理要依靠风险评估的结果来确定随后的风险控制和审核批准活动。信息安全风险评估是信息安全风险管理的一个阶段。风险评估使得组织能够准确定位风险管理的策略、实践和工具，能够将信息安全活动的重点放在重要的问题上，能够选择成本效益合理的和适用的安全对策。因此，风险评估是信息安全管理体系和信息安全风险管理的基础，是对现有网络的安全性进行分析的第一手资料的来源，也是网络安全领域内最重要的内容之一，它为实施风险管理和风险控制提供了直接的依据。

了解组织信息安全需求的最主要方式就是实施风险评估，对信息资产评估风险以后，组织能够：

（1）评估风险的后果，如对组织的业务有什么样的影响与损害；

（2）对怎样管理风险做出决策，如接受风险、规避风险、转移风险、降低风险；

（3）采取相应的措施来实施风险管理决策，包括从 ISO/IEC 27001 中选择相关控制目标和控制措施。

在确定风险、管理风险、选择控制目标与控制措施降低风险的过程中，组织应当在业务上考虑各种经济的、业务的、法律的约束条件。风险管理和风险评估是 ISO/IEC 27000 系列中最佳实践和认证过程的重要组成部分。风险管理与风险评估的过程是确定组织安全需求的重要一环。

2. 风险控制

风险的控制方式分为 4 种，分别为接受风险、降低风险、规避风险和转移风险，与风险值和成本因素密切相关。

一般情况下，采取安全措施的成本要小于信息安全事件的后果。因此，安全措施的选择需要利用威胁评估与脆弱性评估的结果。可将风险控制的实质描述如下。

（1）当存在系统脆弱性时，修补系统脆弱性，降低脆弱性被攻击的可能性。

（2）当系统脆弱性可被恶意攻击利用时，运用层次化保护、结构化设计、管理控制等办法将风险最小化或防止脆弱性被利用。

（3）当攻击者的成本小于攻击的可能所得时，运用保护措施，通过提高攻击成本来降低攻击者的攻击动机，如限制系统用户的访问对象和行为。

（4）当损失巨大时，运用系统设计中的基本原则及结构化设计、技术或非技术类保护措施来限制攻击的范围，从而降低可能的损失。

1.2 网络安全等级保护制度概述

随着我国信息化的迅速发展,网络安全保障的关键性作用日益凸显,网络安全发展面临新的战略挑战,新技术与新应用的加速发展也给网络安全带来了一定的风险与隐患。网络安全等级保护是党中央、国务院决定在网络安全领域实施的基本国策,是国家网络安全保障工作的基本方法。2017年6月1日实行的《中华人民共和国网络安全法》(下称《网络安全法》)第二十一条规定,国家实行网络安全等级保护制度。网络运营者应当按照网络安全等级保护制度的要求,履行下列安全保护义务,保障网络免受干扰、破坏或者未经授权的访问,防止网络数据泄露或者被窃取、篡改。第三十一条规定,国家对公共通信和信息服务、能源、交通、水利、金融、公共服务、电子政务等重要行业和领域,以及其他一旦遭到破坏、丧失功能或者数据泄露,可能严重危害国家安全、国计民生、公共利益的关键信息基础设施,在网络安全等级保护制度的基础上,实行重点保护。关键信息基础设施的具体范围和安全保护办法由国务院制定。国家鼓励关键信息基础设施以外的网络运营者自愿参与关键信息基础设施保护体系。网络安全等级保护制度是关键信息基础设施保护的基础,关键信息基础设施保护是网络安全等级保护制度的保护重点。

1.2.1 网络安全等级保护制度的内涵

网络安全等级保护是指对国家秘密信息、法人和其他组织及公民的专有信息以及公开信息和存储、传输、处理这些信息的信息系统分等级实行安全保护,对信息系统中使用的信息安全产品实行按等级管理,对信息系统中发生的信息安全事件分等级响应、处置。实施网络安全等级保护,将全国范围内的信息系统(包括网络),按照重要性和遭受损坏后的危害性分为五个安全保护等级(第一级最低,逐级递增,第五级最高)。根据《信息安全等级保护管理办法》的规定,等级保护工作主要分为五个环节,定级、备案、建设整改、等级测评和监督检查。定级是首要环节,通过定级,可以梳理各行业、各部门、各单位的网络系统类型、重要程度和数量等,确定网络安全保护的重点。建设整改是关键,通过建设整改使具有不同等级的网络系统达到相应等级的基本保护能力。等级测评工作的主体是第三方测评机构,通过开展等级测评,可以检验和评价安全建设整改工作的成效,判断安全保护能力是否达到相关标准要求。监督检查工作的主体是公安机关等网络安全职能部门,通过开展监督、检查和指导,维护重要网络系统安全和国家安全。

1.2.2 网络安全等级保护制度的意义

网络安全等级保护是党中央、国务院决定在网络安全领域实施的基本国策,是国家网络安全保障工作的基本方法,网络安全等级保护已经进入法制化。建立和落实网络安全等级保护制度是形势所迫、国情所需。随着我国信息化进程的全面加快,全社会特别是重要行业重要领域对基础信息网络和重要信息系统的依赖程度越来越高,基础信息网络和重要信息系统已成为国家关键的基础设施,其安全性直接关系到国家安全、国家利益、社会稳定和人民群众的切身利益。同时国内外网络安全形势及国情现状决定了我国必须尽快建立一个适合国情的网络安全制度，突出重点，保护重点，统筹监管，保障网络安全，维护国家安全。

1.2.3 网络安全等级保护的主要内容

网络安全等级保护的主要环节包括定级、备案、建设整改、等级测评与安全检查。

(1) 定级：即全国范围内的信息系统(包括网络)，按照重要性和遭受损坏后的危害性分为五个安全保护等级(第一级最低，逐级递增，第五级最高)。

(2) 备案：等级确定后，第二级(含)以上信息系统到公安机关备案，公安机关审核合格后颁发备案证明。

(3) 建设整改：备案单位根据信息系统安全等级，按照国家标准开展建设整改，建设安全设施、落实安全措施、落实安全责任、建立和落实安全管理制度。

(4) 等级测评：备案单位选择符合国家规定条件的测评机构开展等级测评。

(5) 监督检查：公安机关对第二级信息系统进行指导，对第三、四级信息系统定期开展监督、检查、指导。

同时，国家、有关部门和企业在网络安全等级保护工作中有着不同的责任与义务。在国家层面需要统一制定等级保护管理规范和技术标准。有关部分主要包括公安机关、保密部门、国家密码工作部门，需要组织制定等级保护管理规范和技术标准，并对等级保护工作的实施进行监督、管理。企业需要按照有关等级保护的管理规范和技术标准展开等级保护工作，并接受相关部门对等级保护工作的监督、指导，保证信息系统安全。

1.3 信息安全管理体系与网络安全等级保护制度

从信息安全标准的发展实践看，大体从20世纪90年代前的“想到要管什么、就制定什么标准”的零星追加的发展阶段，发展到系统的、对信息系统的安全管理任务全面的、有考虑的体系结构，对“谁来管(管理主体)，管什么(管理客体对象)，怎么管(组织的目的、要求、思想、方法)，靠什么管(组织环境或条件、过程、活动和工具)，管得怎么样(管理能力和效果的测度)，是否符合法规标准要求(管理审核)”等问题给出一个通盘的规范性的指导，使管理行为可规划、可重复、可比较、可验证、可改进提高。使管理活动的计划、组织、领导、控制等关键环节有章可循，有据可查。

网络安全等级保护和ISO/IEC 27000系列标准是目前国内主流的两个信息安全管理标准体系，两者风险处理思想相同。信息安全没有百分之百的安全，所以无论是等级保护还是ISO/IEC 27001标准都在实施之前强调分级分类，只有找出信息安全保护的重点，才能把有限的资源投入到信息安全的关键部位，做到统筹安排。等级保护制度作为网络安全保障的一项基本制度，重点在于对系统进行分类分级。ISMS是由信息安全最佳惯例组成的实施规则，主要从安全管理角度出发，提倡对信息系统进行风险评估，重点在于建立安全方针和目标，通过各种要素的相互作用实现这些方针和目标，并实现体系的持续改进。

控制措施是ISMS与等级保护制度中的重要内容，在控制措施的描述上，两者整体结构相近。ISO/IEC 27002将控制措施的结构描述为控制类别—控制目标—控制措施—实施指南，而等级保护制度考虑了等级的概念，体现了不同等级信息系统的不同安全目标和不同安全要求,其结构的特点是安全目标—安全要求。

首先,安全等级保护制度是以国家安全、社会秩序和公共利益为出发点,从宏观上指导全国的信息安全工作,目的是构建国家整体的信息安全保障体系,ISO/IEC 27000 系列标准是以保证组织业务的连续性,缩减业务风险,最大化投资收益为目的,目的是保证组织的业务安全。其次,两者的分级标准存在差异。等级保护实施首先是定级问题,针对不同的级别,提出了不同的等级安全要求;ISO/IEC 27000 系列标准的第一步是风险评估,根据资产的价值和所面临的风险进行分类,然后针对不同的风险选择相应的风险处置措施。虽然都是从分级或分类入手,但是两者的分级标准不同。等级保护的分级主要考虑四个方面的风险,即系统遭到破坏后对国家安全、社会秩序、公共利益以及公民、法人和其他组织的合法权益所造成的影响,按照影响程度大小分为五级,等级保护的分级以组织外部影响为依据。而ISO/IEC 27000 系列标准的分级是根据资产、威胁、脆弱点、影响、风险等各个因素之间的关系,采取定量或者定性的方法进行分级分类,采取何种风险处置措施,也是组织根据自己对风险的接受程度而决定。ISO/IEC 27000 标准以组织内部业务影响为依据。再次,两者在实施流程上存在差异。等级保护首先对系统进行定级,定级之后再结合不同等级的安全要求进行安全需求分析。在定级之前,首先要对系统进行描述,主要包括系统边界、网络拓扑、设备部署等,对于大型的系统要在综合分析的基础上进行划分,确定可作为定级对象的系统个数。系统的定级由受侵害客体和对客体的侵害程度两个因素决定,通过综合判定客体的受侵害程度来确定系统的安全保护等级。安全等级确定之后,从等级保护基本要求中选择相应的等级评价指标,通过现场观察、询问、检查、测试等方式进行评估,确定信息系统安全保护的基本需求。对于有特殊保护要求的信息系统重要资产,其安全需求分析则采用风险评估的方法来进行。ISO/IEC 27000 系列标准通过风险评估来识别风险和威胁,进而确定组织的信息安全需求,选择风险控制措施。在风险评估之前首先根据组织业务特征、资产和技术来确定 ISMS 范围和 ISMS 方针,然后选择使用于组织的风险评估方法,识别 ISMS 范围内的资产、资产所有者、资产的威胁、可能被威胁利用的脆弱点、资产损失可能造成的影响,对风险进行分析和评价,评估安全失效可能造成的影响及后果、威胁和脆弱性发生的可能性,进而确定风险的等级。整个风险评估的过程就是对组织信息安全需求分析的过程。

1.4 信息安全管理体系与网络安全等级保护制度的发展

1.4.1 国外发展方向与现状

1. 国际上信息安全管理的发展方向

1) 制定信息安全发展战略和计划

制定发展战略和计划是发达国家一贯的做法。美、俄、日等国家都已经或正在制定自己的信息安全发展战略和发展计划,确保信息安全沿着正确的方向发展。2000 年初,美国出台了计算机空间安全计划,旨在加强关键基础设施、计算机系统和网络免受威胁的防御能力。2000 年 7 月,日本信息技术战略本部及信息安全会议拟定了信息安全指导方针。2000 年 9 月 12 日,俄罗斯批准了《国家信息安全构想》,明确了保护信息安全的措施。

2）加强信息安全立法，实现统一和规范管理

以法律的形式规定和规范信息安全工作是有效实施安全措施的最有力保证。制定网络信息安全规则的先锋是各大门户网站，一些大型美国网站都在实践中形成了一套自己的信息安全管理办法。2000 年 10 月 1 日，美国的电子签名法案正式生效。2000 年 10 月 5 日美参议院通过了《互联网网络完备性及关键设备保护法案》。日本邮政省于 2000 年 6 月 8 日公布了旨在对付黑客的《信息网络安全可靠性基准》的补充修改方案，提出并制定了有关风险管理的"信息安全准则"指导原则。2000 年 9 月，俄罗斯实施了关于网络信息安全的法律。

3）步入标准化与系统化管理时代

在 20 世纪 80 年代之前，信息安全主要依靠安全技术手段与不成体系的管理规章来实现。随着 20 世纪 80 年代 ISO 9000 质量管理标准的出现及随后在全世界的推广应用，系统管理的思想在其他管理领域也被借鉴与采用，如后来的 ISO 14000 环境体系管理标准、OHSAS 18000 职业安全卫生管理体系标准，信息安全管理也同样在 20 世纪 90 年代步入了标准化与系统化管理的时代。

1995 年英国率先推出了 BS 7799 信息安全管理标准，该标准于 2000 年被国际标准化组织认可为国际标准 ISO/IEC 17799。现在该标准已引起许多国家与地区的重视，在一些国家已经被推广与应用。

2. 国际上信息安全管理与风险评估的发展状况

1）美国信息安全管理与风险评估发展概况

美国是对信息安全风险评估研究历史最长和经验最丰富的国家，一直主导信息技术和信息安全的发展，信息安全风险评估在美国的发展实际上也代表了风险评估的国际发展趋势。从最初关注计算机保密发展到目前关注信息系统基础设施的信息保障，风险评估大体经历了三个阶段，见表 1-2。

表 1-2 风险评估发展过程

性　质	第一阶段 以计算机为对象的 保密阶段	第二阶段 以网络为对象的 保护阶段	第三阶段 以信息基础设施为对象的 保障阶段
时间	20 世纪 60—70 年代	20 世纪 80—90 年代	20 世纪 90 年代末至今
评估对象	计算机	计算机和网络	信息系统关键基础设施
背景	计算机开始应用于政府军队	计算机系统形成了网络化的应用	计算机网络系统成为关键基础设施的核心
标志性事件	事件 1～事件 3	事件 4～事件 8	事件 9～事件 14
特点	对安全的评估仅限于保密性	逐步认识到了更多的信息安全属性（保密性、完整性、可用性）	安全属性扩大到了保密性、完整性、可用性、可控性、不可否认性等多个方面

美国信息安全管理与风险评估的标志性事件如下。

事件 1：1967 年 11 月，美国国防科学委员会委托兰德公司、迈特公司及其他一些和国防工业有关的公司，开始研究计算机安全问题。到 1970 年 2 月，经过将近两年半的工作，主要对当时的大型机、远程终端进行了研究分析，做了第一次规模比较大的风险评估。1970

年初,形成了一份长达数百页的机密报告《计算机安全控制》,该报告奠定了国际安全风险评估的理论基础。

事件2:1974年,美国推出了FIPS PUB31自动数据处理系统物理安全和风险管理指南,是首批推出的关于信息安全风险管理及安全测评的标准。

事件3:1979年,美国推出了FIPS PUB65自动数据处理系统风险分析指南。

事件4:出现了初期的针对美国军方的计算机黑客行为,1988—1989年,美国的计算机网络出现了一系列重大事件,美国的审计总署(GAO)对美国主要由国防部使用的计算机网络进行了大规模的持续评估。

事件5:1990年,美国建立了信息安全事件响应国际论坛(FIRST)。

事件6:1992年,美国国防部制定了漏洞分析与评估计划。

事件7:1993年,美国和欧洲四国(英、法、德、荷)、加拿大以及国际标准化组织(ISO)开始共同制定了信息技术安全通用评估准则(CC)。该准则于1999年成为国际标准ISO/IEC 15408。

事件8:1995年9月—1996年4月,美国的审计总署为响应国会"加强信息安全,降低信息战威胁"的要求,对美国国防系统的信息系统进行了大规模风险评估,1996年5月发表了报告《信息安全——针对国防部的计算机攻击正构成日益增大的风险》。

事件9:1997年12月美国国防部发布了《国防部IT安全认证和认可过程》(DITSCAP),成为美国涉密信息系统的安全评估和风险管理的重要标准和依据。

事件10:2000年4月,负责国家安全系统的国家安全系统委员会发布了专门针对国家安全系统的《国家信息保障认证和认可过程》(NIACAP)。

事件11:美国国家标准与技术局(NIST)在2000年11月制定的《联邦IT安全评估框架》中提出了自评估的5个级别。针对该框架,NIST颁布了《IT系统安全自评估指南》(SP 800-26),为三大类17项安全控制提出了17张调查表。

事件12:2002年1月,NIST发布了《IT系统风险管理指南》(SP 800-30),概述了风险评估的重要性、风险评估在系统生命周期中的地位、进行风险评估的角色和任务;阐明了风险评估的步骤、风险缓解的控制和评估评价的方法。

事件13:2002年,颁布了《联邦信息安全管理法案》(FISMA),提出联邦各机构的信息安全项目必须包括定期的风险评估、基于风险评估的政策和流程、安全计划、安全意识培训计划、对安全的定期测试和评估、对安全事件进行检测和响应的流程以及用来确保信息系统运行连续性的计划和流程。

事件14:从2002年10月开始,NIST先后发布了《联邦IT系统安全认证和认可指南》(SP 800-37)、《联邦信息和信息系统的安全分类标准》(FIPS 199)、《联邦IT系统最小安全控制》(SP 800-53)、《将各种信息和信息系统映射到安全类别的指南》(SP 800-60)等多个文档,试图以风险思想为基础加强联邦政府的信息安全。

2) 其他国家信息安全管理与风险评估发展概况

欧洲在信息化方面的优势不如美国,但作为多个老牌大国的联合群体,欧洲不甘落后。它们在信息安全管理方面的做法是在充分利用美国引导的科技创新成果的基础上,加强预防。欧洲诸国在风险管理上一直探索走一条不同于美国的道路。"趋利避害"一直是欧洲各国在信息化进程中防范安全风险的共同策略。信息安全风险管理和评估研究工作一直是欧盟投入的重点。

亚洲各国多为信息化领域的发展中国家,它们大多采取抢抓信息化发展机遇、把发展放在首位的战略,风险管理工作均是为了更好地发展,例如日本在风险管理方面就综合了美国和英国的做法,建立了"安全管理系统评估制度",作为日本标准(JIS),启用了 ISO/IEC I7799-1(BS 7799)指导政府和民间的风险管理实践。韩国主要参照美国的政策和方法,通过专门成立的信息安全局,强力推进风险管理的实践。新加坡主要参照英国的做法,在信息安全风险评估方面依据 BS 7799,并向亚洲邻国输出其信息安全风险管理的专门知识和服务。

其他国家信息安全管理与风险评估的重大事件如下。

事件 1:1995 年,澳大利亚/新西兰风险管理准则联合委员会颁布了世界上第一部风险管理的正式标准——AS/NZS 4360。这是一个针对普遍风险(而非信息安全风险)的风险管理标准,成为关注一般风险管理人员的通用准则。

事件 2:1995 年,英国标准化协会(BSI)颁布了《信息安全管理指南》(BS 7799),BS 7799 分为两个部分,BS 7799-1《信息安全管理实施规则》和 BS 7799-2《信息安全管理体系规范》。

事件 3:1996 年,国际标准化组织制定了《信息技术 信息安全管理指南》(ISO/IEC TR 13335),分成《信息安全的概念和模型》《信息安全管理和规划》《信息安全管理技术》《基线方法》《网络安全管理指南》5 个部分。

事件 4:1997 年,加拿大风险管理准则委员会颁布了《风险管理:决策者的指导》(AN/CSAQ 850-97)。

事件 5:1999 年,国际标准化组织发布了《信息技术安全评估共同准则》(CC 标准,ISO/IEC 15408)。

事件 6:2000 年,国际标准化组织通过了依据 BS 7799-1 制定的《信息安全管理实施指南》(ISO/IEC 17779:2000),提出了基于风险管理的信息安全管理体系。

事件 7:2001 年,德国的联邦信息技术安全局颁布《信息技术基线保护手册》(IT Baseline Protection Manual,ITBPM or BPM)。BPM 比英国的 BS 7799 更加详细地对威胁和安全措施进行了分类,具体地列出威胁清单和安全措施清单,并通过维护网上更新来实现与时俱进的安全需求。

事件 8:2002 年,英国标准化协会(BSI)颁布了《信息安全管理系统规范说明》(BS 7799-2:2002)。它将信息安全管理的有关问题划分成了 10 个控制要项、36 个控制目标和 127 个控制措施。在 BS 7799-2 中,提出了如何建立信息安全管理体系的步骤。

随着 ISO/IEC 27001 和 ISO/IEC 27002 在 2013 年的改版,其他 ISO/IEC 27000 标准族在 2014—2016 年也进入改版的高峰期。ISO/IEC 27000 公布于 2009 年 5 月,目前最新为 2016 版,ISO/IEC 27000:2016 Information technology—Security techniques—Information security management systems—Overview and vocabulary。ISO/IEC 27001 被等同采用为国家标准,GB/T 22080—2016/ISO/IEC 27001:2013《信息技术 安全技术 信息安全管理体系要求》;ISO/IEC 27002 被等同采用为国家标准,GB/T 22081—2016/ISO/IEC 27002:2013《信息技术 安全技术 信息安全控制实践指南》。ISO/IEC 27006 认证机构要求,目前最新为 2015 版,ISO/IEC 27006:2015 Information technology—Security techniques—Requirements for bodies providing audit and certification of information security management systems。ISO/IEC 27009 特定行业应用的要求,目前最新为 2016 版,ISO/IEC 27009:2016 Information technology—Security techniques—Sector-specific application of ISO/IEC 27001—Requirements。ISO/IEC 27010 跨行业和跨组织的通信,目前最新为 2015 版,ISO/IEC 27010:2015 Information technology—Security techniques—Information security management for inter-sector and inter-organizational communications。ISO/IEC 27011 电信行业的应用,目前最新为 2016 版,ISO/IEC 27011:2016 Information technology—Security techniques—Code of practice for Information security controls based on ISO/IEC 27002 for telecommunications organizations。ISO/IEC 27013 信息安全管理体系与服务管理整合,信息安全管理多为控制点,IT 服务多为流程,ISMS 与 ITIL 的整合是很常见的一种形式,目前最新为 2015 版,ISO/IEC 27013:2015 Information technology—Security techniques—Guidance on the integrated implementation of ISO/IEC 27001 and ISO/IEC 20000-1。ISO/IEC 27014 信息安全治理,目前最新为 2013 版,ISO/IEC 27014:2013 Information technology—Security techniques—Governance of information security,等同采用为国家标准,GB/T 32923—2016/ISO/IEC 27014:2013《信息技术 安全技术 信息安全治理》。ISO/IEC 27017 云服务安全,目前最新为 2015 版,ISO/IEC 27017:2015 Information technology—Security techniques—Code of practice for information security controls based on ISO/IEC 27002 for cloud services。ISO/IEC 27018 公有云中的隐私保护,目前最新为 2014 版,ISO/IEC 27018:2014 Information technology—Security techniques—Code of practice for protection of personally identifiable information(PII) in public clouds acting as PII processors。ISO/IEC 27003 信息安全管理体系指南,目前最新为 2017 版,ISO/IEC 27003:2017 Information technology—Security techniques—Information security management systems—Guidance,相当于对 ISO/IEC 27001 进行了补充和解释,在实践中更有指导性。

1.4.2 国内发展现状

1. 信息安全管理体系的发展状况

我国的信息安全风险评估工作是随着对信息安全问题认识的逐步深化不断发展的。早期的信息安全工作中心是信息保密,通过保密检查来发现问题,改进提高。20 世纪 80 年代后,随着计算机的推广应用,随即提出了计算机安全的问题,开展了计算机安全检查工作。

进入 20 世纪 90 年代,随着互联网在我国得到广泛的社会化应用,国际大环境的信息安全问题和信息战的威胁直接在我国的信息环境中有所反映。1994 年 2 月颁布的《中华人民共和国计算机信息系统安全保护条例》提出了计算机信息系统实行安全等级保护的要求。其后,在有关部门的组织下,不断开展有关等级保护评价准则、安全产品的测评认证、系统安全等级划分指南的研究,初步提出了一系列相关技术标准和管理规范。信息安全风险意识也开始建立,并逐步有所加强。

近年来,各有关部门及社会各方面积极探索,审慎实践,我国信息安全风险评估开始起步,在信息安全保障工作中发挥了一定的作用,但总体上我国信息安全风险评估工作还处于初始阶段,也存在着一些亟待解决的问题,主要包括如下 4 个方面。

1）风险评估角色和责任需要明确

风险评估是责任性极强的严肃工作，因此，在评估中应该有什么人参加，他们应该扮演什么角色，承担什么责任，这些责任通过什么过程和手续体现等问题是需要明确的，否则将对风险评估的实施带来一系列的问题。如评估结果有时缺乏严肃的认可，改进工作的建议和结论时遭束之高阁，很多单位的风险评估工作没有与信息系统生命周期各阶段的安全建设联系起来，仅仅是为了评估而评估，导致风险评估起不到应有的作用。

2）风险评估实施存在一定风险

由于各单位信息安全保障的现状和问题是涉及单位要害、利益、声誉的事项，所以风险评估是敏感的工作，因此评估本身的安全问题也是非常重要的。目前的风险评估在实施中存在一些问题，如某被评估单位在进行风险评估前，虽然也存在网络入侵现象，但是这些入侵仅处于边缘的试探和扫描，在请外部单位进行评估检测之后，入侵反而直奔系统要害而来；对于实时系统，渗透性测试常有可能导致系统运转失常，影响其可用性；有的评估人员在离职赴国外学习期间，将被评单位的问题和解决办法作为自己的学业论文内容公之于世；另外，目前对系统进行评估测试的工具缺乏统一规范，往往采用国外的工具，这都会给风险评估引入新的风险。

3）风险评估研究积累不足

信息安全风险评估既是一个管理问题，也是一个技术问题。科学的风险评估需要理论、方法、技术和工具来支撑。我国的科学研究计划中，有关信息安全风险评估的重点科研项目比较少，对国际上的理论和技术发展的了解、跟踪、分析也不够系统、深入和广泛，目前还未形成国家信息安全风险评估的理论体系架构。此外，也缺乏对不同行业部门的个性化风险的深化研究。随着信息化应用的日益拓展，风险已经更进一步与各个行业的应用、服务、生产的特性密切相关。因此，仅靠目前的 IT 企业，通用技术平台的脆弱性分析，难以真正掌握和了解具体行业、部门的资产、威胁和风险，也将带来关注面的缺失的问题。

4）风险评估专业技术和管理人才匮乏

熟悉和有能力进行系统安全建设和进行风险评估的专业技术和管理人才匮乏。一些已开始进行信息安全风险评估的国内企业，也是骨干成员边学习、边培养一般业务人员、边进行评估项目，被评单位更是缺乏有能力进行配合的人员。有的人员只是能够对一些设备进行基础的数据测评，缺乏基于多方数据之上的、系统的综合分析与评估的能力。

2. 网络安全等级保护制度的发展状况

针对这些信息安全问题，国家采取了具体的应对措施。2003 年 9 月，中共中央办公厅、国务院办公厅转发《国家信息化领导小组关于加强信息安全保障工作的意见》（中办发〔2003〕27 号），文件在分析了我国当前信息安全保障工作基本状况的基础上，为进一步提高信息安全保障工作的能力和水平，维护公众利益和国家安全，促进信息化建设健康发展，要求“要重视信息安全风险评估工作，对网络与信息系统安全的潜在威胁、薄弱环节、防护措施等进行分析评估，综合考虑网络与信息系统的重要性、涉密程度和面临的信息安全风险等因素，进行相应等级的安全建设和管理”。根据 27 号文件的要求，针对国家重要信息系统和基础信息网络的安全保障需求，为部署和组织各系统和部门的自评估工作，以及为加强信息安全主管部门对重要信息系统和基础信息网络的风险评估工作的监督、检查和指导工作，将采取以下具体措施。

1）建立健全国家重要信息系统和基础信息网络风险评估工作制度

信息安全风险评估作为信息安全保障工作的基础性工作和重要环节，应贯穿于信息系统生命周期的各个阶段。在信息系统的设计、验收及运行维护阶段均应当进行风险评估工作。在信息系统规划设计阶段，应通过风险评估明确系统建设的安全需求和安全目标；在信息系统验收阶段，应通过风险评估验证信息系统安全措施能否实现安全目标；在信息系统运行维护阶段，应定期进行风险评估工作，以检验安全措施的有效性并确保安全目标的实现。当安全形势发生重大变化或信息系统使命有重大变更时，应及时进行风险评估或再评估。信息系统所有、运营或使用单位应将开展信息安全风险评估工作制度化，定期组织实施信息系统自评估，并积极配合有关部门的检查评估。国家有关职能部门要将督促开展风险评估作为提高信息安全管理水平的重要方法和措施，将开展风险评估工作的情况作为监督检查的重要内容。

2）加强自主评估，落实信息安全等级保护制度

在国家有关部门的督导和国家相关标准的指导下，各单位进行经常性的自评估和国家主管部门组织的检查评估是风险评估的主要形式，也是实现信息安全等级保护制度的重要措施之一。一方面，各部门和各单位在所管辖的范围内，根据自身的实际情况，明确等级保护的要求，层层落实责任，进行自评估；另一方面，信息安全主管部门依据国家的法律法规和标准规范，将安全检查、机密检查和信息安全工作结合起来，对重要信息系统和基础信息网络进行定期或不定期的检查，评估其等级化建设的落实情况，从而更好地落实国家信息安全等级保护制度。

3）严密组织风险评估工作，遵照科学规范的评估流程

在信息安全风险评估工作开展中应按照“严密组织、规范操作、讲求科学、注重实效”的原则进行。充分认识开展风险评估工作的意义，加强对风险评估工作的组织领导，完善相应的评估机制，保证风险评估工作的科学性、规范性和客观性，形成预防为主、持续改进的风险评估工作制度。同时，风险评估应遵循科学合理的流程，包括资产识别和赋值、威胁和薄弱环节分析、控制措施分析、影响分析、风险计算以及评估总结等关键步骤。避免在评估过程中出现职责不清、有章不循、流于形式、主观臆断等问题。

4）建立健全风险评估信息共享制度，自主研发关键技术和基础环境

在国家重要信息系统建设中，凡涉及互联互通和信息共享的系统都要逐步建立风险评估通报和会商制度。在风险评估中，凡与互联的其他参与者有关的情况，应该依据牵涉范围，及时交换或公布，以便有关联的单位尽早采取应对措施。信息共享的同时，意味着必要的保密责任与义务的转移，因此，既要强调信息共享，也要有制度性的要求，明确共享信息机密、完整、可用的责任和义务。

按照国家信息化发展的需求，逐步完善我国信息安全风险评估相关的标准规范建设，实现管理法制化和规范化。在标准体系建设中，坚持在核心技术和关键方法上保持独立自主，又在总体上与国际标准保持衔接。加强风险评估核心技术研究与攻关，提高风险评估的技术水平，并力争在近几年内在核心技术上有较大的突破，为重要信息系统和基础信息网络实施风险评估提供自主可控的工具、模型与实用技术。为构建国家基础信息网络风险评估试验环境，满足国家重要信息系统和基础信息网络风险评估的需求，建立国家基础信息网络等

关键信息基础设施的风险评估数据库,积累资料。

我国的等级保护工作发展主要经历了如下5个阶段。

1994—2003年,政策环境营造阶段。国务院于1994年颁布《中华人民共和国计算机系统安全保护条例》,规定计算机信息系统实行安全等级保护;2003年,中共中央办公厅、国务院办公厅颁发《国家信息化领导小组关于加强信息安全保障工作的意见》(中办发〔2003〕27号)明确指出实行信息安全等级保护。此文件的出台标志着等级保护从计算机信息系统安全保护的一项制度提升到国家信息安全保障的一项基本制度。

2004—2006年,等级保护工作开展准备阶段。2004—2006年,公安部联合四部委开展了涉及65 117家单位共115 319个信息系统的等级保护基础调查和等级保护试点工作。通过摸底调查和试点,探索了开展等级保护工作领导组织协调的模式和办法,为全面开展等级保护工作奠定了坚实的基础。

2007—2010年,等级保护工作正式启动阶段。2007年6月,公安部、国家保密局、国家密码管理局、国务院信息化办公室联合出台了《信息安全等级保护管理办法》。7月四部门联合颁布了《关于开展全国重要信息系统安全等级保护定级工作的通知》,并于7月20日召开了全国重要信息系统安全等级保护定级工作部署专题电视电话会议,标志着我国信息安全等级保护制度历经十多年的探索正式开始实施。

2010—2017年,等级保护工作规模推进阶段。2010年4月,公安部出台了《关于推动信息安全等级保护测评体系建设和开展等级测评工作的通知》,提出等级保护工作的阶段性目标。2010年12月,公安部和国务院国有资产监督管理委员会联合出台了《关于进一步推进中央企业信息安全等级保护工作的通知》,要求中央企业贯彻执行等级保护工作。至此,我国信息安全等级保护工作全面展开,等级保护工作进入规模化推进阶段。

2017年6月至今,等级保护工作进入法制阶段。《中华人民共和国网络安全法》在第二十一条明确规定了"国家实行网络安全等级保护制度",第三十一条规定"对于国家关键信息基础设施,在网络安全等级保护制度的基础上,实行重点保护"。至此,等级保护制度自2017年6月1日起上升为法律。网络安全等级保护进入法制化阶段。

1.5 国内外相关标准

1.5.1 国外主要相关标准

1. OCTAVE

1) OCTAVE简介

OCTAVE(Operationally Critical Threat, Asset and Vulnerability Evaluation,可操作的关键威胁、资产和脆弱性评估),是由美国卡内基·梅隆大学软件工程研究所下属的CERT协调中心开发的一种信息安全风险评估方法,属于一种信息安全风险评估规范,是从组织的角度开发的一种信息安全保护方法。

OCTAVE信息安全风险评估方法由一系列循序渐进的讨论会组成,每个讨论会都需要其参与者之间的交流和沟通。其核心是自主原则,即由组织内部的人员管理和指导该组织的信息安全风险评估。信息安全是组织内每个成员的职责,而不只是IT部门的职责。组织内部的人员需要负责信息安全评估活动,并对改进信息安全的工作做出决策。

OCTAVE使组织能够理清复杂的组织问题和技术问题,了解安全问题,改善组织的安全状况并解决信息安全风险,而无须过分依赖外部专家和厂商。OCTAVE包括两种具体方法:面向大型组织的OCTAVE Method和面向小型组织的OCTAVE-S。

2) OCTAVE Method

OCTAVE Method是为有300名以上员工的组织而设计的,但可以以此为基线或起点,对该方法进行开发剪裁,使它适合于不同规模的组织、业务环境或工业部门。

OCTAVE Method包括3个阶段8个过程。

(1) 第1阶段:建立基于资产的威胁配置文件。

这是从组织的角度进行评估,这一阶段的目标是建立组织对信息安全问题的概括认识。要实现这一目标,首先需要采集组织内员工对安全问题的个人观点,然后对这些个人观点进行综合整理,为评估过程中的所有后续分析活动提供依据。通过对组织专业领域知识的调研,可以清楚地表明员工对信息资产、资产面临的威胁、资产的安全需求、组织现行保护信息资产的措施等有关问题的理解。本阶段主要由4个过程组成。

过程1:收集高层管理部门的观点,参与者为组织的高层管理人员。

过程2:收集业务区域管理部门的观点,参与者为组织业务区域经理。

过程3:收集员工的观点,参与者是组织的一般员工,信息技术部门的员工通常与一般的员工分开,参与一个独立的讨论会。

过程4:建立威胁配置文件,包括整理过程1~3中所收集的信息、选择关键资产、提炼关键资产的安全需求、标志对关键资产构成影响的威胁等工作。

通用的配置文件是基于关键资产的威胁树。

(2) 第2阶段:识别基础设施的薄弱点。

这一阶段也称为OCTAVE Method的"技术观点"。因为在这一阶段,分析人员的注意力转移到组织的计算基础设施上。在这一阶段中,对当前信息基础设施的评价包括数据收集和分析活动。通过检查信息技术基础结构的核心运行组件,可以发现导致非授权行为的漏洞或技术脆弱性。本阶段主要由两个过程组成。

过程5:识别关键单元,包括识别结构单元的种类、要分析的基础设施的结构单元等。

过程6:评估选定的单元,包括对选定的基础设施的结构单元进行薄弱点检查、对技术薄弱点进行评审并总结。

(3) 第3阶段:开发安全策略和计划。

第3阶段旨在理解迄今为止在评估过程中收集到的信息,即分析风险。在这一阶段中,需要开发出解决组织内部存在的风险和问题的安全策略和计划。通过分析阶段1和阶段2中对组织和信息基础结构评估中得到的信息,可以识别出组织面临的风险,同时基于这些风险可能给组织带来的不良影响对其进行评估。此外,还要按照风险的优先级顺序制定出组织保护策略和风险缓解计划。本阶段主要由两个过程组成。

过程7:执行风险分析,包括识别关键资产的威胁、制定风险评估标准、评估关键资产的威胁所产生的影响等。

过程8:开发保护策略,评估小组开发整个组织的保护策略,该策略注重提高组织的安全实践，以及关键资产的重要风险的削减计划。

OCTAVE 的关键结果包括组织改进其安全状态的保护策略和减少组织关键资产风险的缓和计划。然而，评估结果仅为组织改进安全状态指明了方向，不一定有重大改进。为了有效地管理信息安全风险，必须根据风险评估的结果开发详细的行动计划，并对这些计划的实施进行管理。

3) OCTAVE-S

OCTAVE-S 即 OCTAVE 简化版，是为规模较小的组织而开发的，这里将 20～80 名员工的组织视为小规模的组织。通过这种方法，3～5 人的评估小组就可以完成整个评估活动。与 OCTAVE Method 一样，OCTAVE-S 评估方法同样包括 3 个阶段，但其中的过程有些不同。

(1) 第 1 阶段：建立资产的威胁描述文件。

本阶段主要由两个过程组成。

过程 Sl：收集组织信息。分析小组应识别与组织重要信息相关的资产，确定一组评估标准，并定义组织当前的安全实践状况。

过程 S2：建立威胁描述。分析小组应选择 3～5 个关键信息资产，并为每个关键信息资产定义相应的安全要求和威胁描述文件。

(2) 第 2 阶段：识别基础设施的薄弱点。

本阶段主要由一个过程组成。

过程 S3：检查与关键信息资产相关的计算基础设施。分析小组对关键资产支持系统中的访问路径进行分析，并确定这些技术措施对关键资产的保护程度。

(3) 第 3 阶段：开发安全策略和计划。

本阶段主要由两个过程组成。

过程 S4：确定和分析风险。分析小组就风险所产生的影响、发生的可能性进行评估。

过程 S5：开发保护策略和风险降低计划。评估小组根据实际情况，开发一个整个组织范围的保护策略和风险削减计划。

2. SSE-CMM

1) SSE-CMM 概述

SSE-CMM 是系统安全工程能力成熟度模型(System Security Engineering Capability Maturity Model)的缩写，它源于 CMM(能力成熟度模型)的思想和方法，是 CMM 在系统安全工程领域的应用，SSE-CMM 是偏向于对组织的系统安全工程能力的评估标准。

SSE-CMM 模型将信息系统安全工程分为 3 个相互联系的部分：风险评估、工程实施和可信度评估。针对这 3 个部分 SSE-CMM 定义了 11 项关键过程，并为每个过程定义了一组完成该过程必不可少的、确定的基本实践。同时模型还定义了 5 个能力成熟度等级，每个等级的判定反映为一组共同特性，而每个共同特性进而通过一组确定的通用实践来描述，通用实践是对所有过程通用的工程实践。只有某一级别的所有共同特性都得到满足时，该过程的实施能力才达到对应的能力级别。

从整体上看，SSE-CMM 模型定义了一个二维架构，横轴上是 11 个系统安全工程的过程域，纵轴上是 5 个能力成熟度等级，如果给每个过程域赋予一个能力成熟度等级的评定，所得到的二维图形便形象地反映了安全工程的质量以及工程在安全上的可信度，也间接地反映了工程队伍实施安全系统工程的能力成熟性。

2）安全工程过程

(1) 风险过程。风险是潜在的威胁、利用有用资源的脆弱性造成资源的破坏和损失。风险事件有3个组成部分：威胁、系统脆弱性、事件造成的影响。

安全机制在系统中存在的根本目的是将风险控制在可接受的程度内，SSE-CMM模型定义了4种风险过程：评估威胁过程(PA04)、评估脆弱性过程(PA05)、评估风险事件影响过程(PA02)，以及在前3种过程基础上的评估安全风险过程(PA03)。

(2) 工程过程。安全工程是一个包括概念、设计、实现、测试、部署、运行、维护、废弃的完整过程。针对工程实施管理，SSE-CMM模型定义了安全需求说明过程(PA10)、安全方案制定过程(PA09)、安全控制实施过程(PA01)、安全状态监测过程(PA08)。安全工程不是一个独立的实体，而是整个信息系统工程的一个组成部分，模型强调系统安全工程与其他工程的合作和协调，并定义了专门的协调安全过程(PA07)。

(3) 保证过程。保证是指安全需求得到满足的信任程度。用可信度描述对建立的安全系统正确执行其安全功能的信心究竟有多大信任程度。传统方法是面向最终系统的方法，通过对系统所有文档和产品的严格分析和测试来建立可信度指标。但这种测试结果缺少继承性，当前工程的安全可信度与同一实施队伍依照类似工程过程在此之前所完成的工程的安全可信度并无直接关系，对每个工程的评测都要从头做起，于是导致了测试过程的复杂和冗长。SSE-CMM模型在信任度问题上强调对安全工程结果可重复性的信任程度，它通过对现有系统安全体系真实性和有效性的测试(PA11)来构造系统安全可信度论据(PA06)。

3）能力成熟度等级

SSE-CMM模型定义了5个能力级别。

1级：非正式执行的过程。仅仅要求一个过程域的所有基本实践都被执行，而对执行的结果并无明确要求。

2级：计划并跟踪的过程。这一级强调过程执行前的计划和执行中的检查。这使工程组织可以基于最终结果的质量来管理其实践活动。

3级：完善定义的过程。过程域的所有基本实践均应依照一组完善定义的操作规范来进行。这组规范是实施队伍根据以往经验制定出来的，其合理性是验证过的。

4级：定量控制的过程。能够对实施队伍的表现进行定量的度量和预测。过程管理成为客观的和准确的实践活动。

5级：持续改善的过程。为过程行为的高效和实用建立定量的目标。可以准确地度量过程的持续改善所收到的效益。

3. GAO/AIMD

1998年5月美国审计总署(GAO)出版了《信息安全管理指南——向先进公司学习》(GAO/AIMD-98-68)，并出版了其支持性文件《信息安全风险评估指南——向先进公司学习》(GAO/AIMD-99-139)，GAO/AIMD-99-139风险评估指南有针对性地对风险评估过程进行了分析和阐述，是在开展类似公司风险评估工作的过程中可以参考和借鉴的标准。

1) GAO/AIMD-99-139 的组成

GAO/AIMD-99-139 由以下 3 个部分组成。

第 1 部分是引言,介绍了风险评估指南的产生背景、风险评估在风险管理中的地位、风险评估过程的基本要素,以及信息安全风险评估过程中的难点。

第 2 部分给出了第 3 部分案例研究的概述,分析了风险评估过程中关键的成功因素、风险评估工具,以及风险评估带来的益处。

第 3 部分案例分析,美国审计总署从调查的众多组织中挑选了有代表性的 4 个组织,对他们的风险评估过程进行了分析和阐述。

GAO/AIMD-99-139 风险评估指南给出了风险评估指南的目标和方法论。

2) 风险评估过程的基本要素

风险评估过程通常要包括下列要素。

(1) 识别可能危害关键运作和资产并对其造成负面影响的威胁。

(2) 在历史信息及有经验人员判断的基础上,估计此类威胁发生的现实可能性。

(3) 识别并评价可能受到此类威胁发生影响的运作和资产的价值、敏感度和关键度,以确定哪些运作和资产是重要的。

(4) 对最关键、最敏感的运作和资产,估计威胁发生可能造成的潜在损失或破坏,包括恢复成本。

(5) 识别经济有效的措施以减轻或降低风险。

(6) 将结果形成文件并建立活动计划。

4. NIST SP 800-30

NIST SP 800-30 是由美国国家标准和技术学会(The National Institute of Standards and Technology,NIST)颁布的"信息技术系统风险管理指南",提供了把风险减少到一个可接受水平的非强制性指导原则,这个指南为开发一个有效的风险管理程序奠定了基础,包括一些定义和评估与减少 IT 系统内的风险所需的实用指南。

风险管理对一个组织通过以有效方式保护和管理 IT 资源来完成其使命非常重要。风险管理也支持信息系统的认证和鉴定。

在风险管理中担任一定角色的关键人员如下:高级管理者、首席信息官(Chief Information Officer,CIO)、系统和信息的所有者、商业和部门经理、信息系统安全官员(Information System Security Officer,ISSO)、IT 安全从业人员、安全意识培训师。

NIST SP 800-30 将风险定义为既定威胁源利用特定潜在漏洞的可能性和该负面事件对组织造成的影响的函数。

NIST SP 800-30 定义风险管理具有以下 3 种成分:风险评估、风险缓解、风险评价。

风险评估的步骤包括:系统表征、威胁识别、漏洞识别、控制分析、可能性判断、影响分析、风险确定、控制建议、结果文档。

风险缓解优先考虑从风险评估活动中得出的被推荐的控制措施。要对控制措施进行成本效益分析,以把风险限制到完成组织任务所需的一个可接受的水平。为了缓解风险,可以运用技术、管理和操作控制。风险缓解包括:风险规避、风险承担、风险限制、风险转移、风险规划和研发。

一个组织经常会经历人事、网络体系结构和信息系统的变动,因此风险管理是一个连续过程,需要不断进行评价和评估。

5. NIST SP 800-39

SP 800-39：2011是美国国家标准和技术研究院(NIST)在联邦信息安全管理法案(the Federal Information Security Management Act of 2002,FISMA)项目实施中产生的重要标准之一,是支撑FIMSA项目实施系列标准的旗舰性文件,是其他标准的重要基础和指导。该标准主要为联邦信息系统和组织提供了开展风险管理行动的过程方法,提出了风险管理层次结构,详细介绍了联邦政府如何将风险管理过程应用到风险管理结构的3个层次。

该标准与下列一系列管理信息安全风险有关的安全标准和指南一起,为联邦政府统一的信息安全框架提供支撑。

(1) SP 800-37：联邦信息系统风险管理框架应用指南。

(2) SP 800-53：推荐的联邦信息系统和组织安全控制措施。

(3) SP 800-53A：评估联邦信息系统和组织的安全控制措施及建立有效的安全评估计划指南。

(4) SP 800-30：风险评估实施指南。

6. TCSEC

1985年,美国颁布了可信计算机系统评估标准(Trusted Computer System Evaluation Criteria, TCSEC),该标准为计算机安全产品的评测提供了测试内容和方法,指导信息安全产品的制造和应用,通常称为信息安全橘皮书。它将安全分为4个方面(安全政策、可说明性、安全保障和文档)和7个安全级别(从低到高依次为D、C1、C2、B1、B2、B3和A级)。

7. ISO/IEC 15408(CC)

信息安全产品和系统安全性测评标准,是信息安全标准体系中非常重要的一个分支,这个分支的发展已经有很长历史了,期间经历了多个阶段,先后涌现出一系列的重要标准,包括TCSEC、ITSEC、CTCPEC等,而信息产品通用测评准则(Common Criteria,CC)则是最终的集大成者,是目前国际上最通行的信息技术产品及系统安全性评估准则,也是信息技术安全性评估结果国际互认的基础。

CC的发展经历了一个漫长而复杂的过程,如图1-7所示。

从图1-7可以看出,CC是由TCSEC等标准发展而来的；CC、ISO/IEC 15408和GB/T 18336实际上是同一类标准,只不过CC是最早的称谓,ISO/IEC 15408是正式的ISO标准,GB/T 18336则是我国等同采用ISO/IEC 15408之后的国际标准。

CC定义了评估信息技术产品和系统安全性所需的基础准则,是度量信息技术安全性的基准。它针对在安全评估过程中信息技术产品和系统的安全功能及相应的保证措施提出了一组通用要求,使各种相对独立的安全评估结果具有可比性,这有助于信息技术产品和系统的开发者或者用户确定产品或系统对其应用是否足够安全,以及在使用中存在的安全风险是否可以容忍。

CC的主要目标读者是用户、开发者和评估者。CC标准由3个文件构成,如表1-3所示。

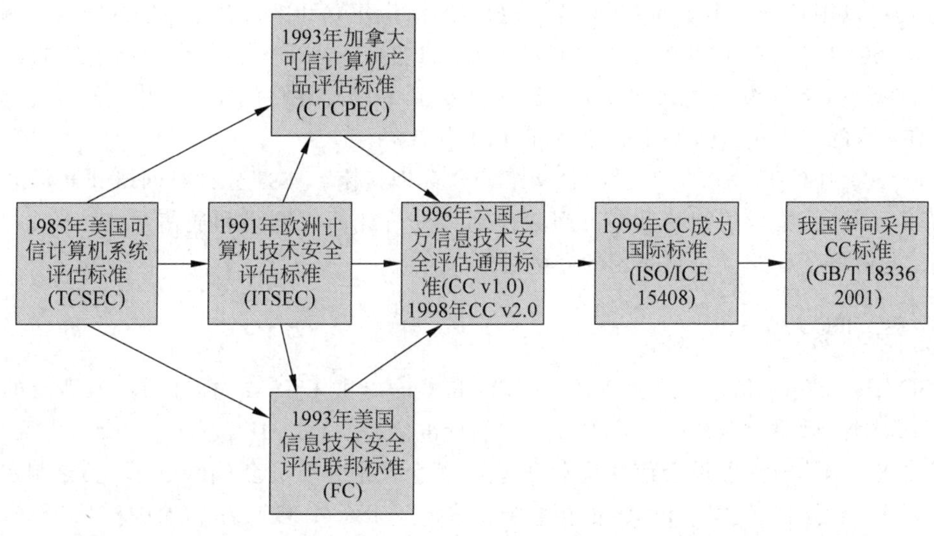

图 1-7 CC 的发展过程

表 1-3 CC 标准组成

代　号	名　称	简　介
ISO/IEC 15408-1	Introduction and general model	介绍和一般模型。该部分定义了 IT 安全评估的基本概念和原理，提出了评估的通用模型
ISO/IEC 15408-2	Security functional requirements	安全功能要求。该部分按照"类—子类—组件"的方式提出了安全功能要求
ISO/IEC 15408-3	Security assurance requirements	安全保证要求。该部分定义了评估保证级别，介绍了"保护轮廓"和"安全目标"的评估，提出了安全保证要求

通过依据某个标准的风险评估或者得到该标准的评估认证，不但可为信息系统提供可靠的安全服务，而且可以树立单位的信息安全形象，提高单位的综合竞争力。

8. ISO/IEC 13335

ISO/IEC 13335 是国际标准《IT 安全管理指南》，英文名称为 Guidelines for the Management of IT Security(GMITS)。该标准由以下 5 个部分组成。

(1) ISO/IEC TR 13335-1：1996《信息技术 信息技术安全管理指南 第 1 部分 信息技术安全概念和模型》，本部分提供基本的管理概念和模型。这些概念和模型是后续标准进一步讨论和开发 IT 安全管理的基础，本部分对完整理解 ISO/IEC TR 13335 的以下部分非常重要。

(2) ISO/IEC TR 13335-2：1997《信息技术 信息技术安全管理指南 第 2 部分 管理和规划信息技术安全》，本部分描述了管理和计划方面的内容。它涉及组织 IT 系统管理相关职责的人员，包括负责 IT 系统设计、实施、测试、采购、操作的人员，以及那些负责组织信息化的管理人员。

(3) ISO/IEC TR 13335-3：1998《IT 安全管理技术》，本部分描述项目生命周期内 IT 安全管理相关的技巧，包括项目的规划、设计、实施、测试、采购和操作等过程相关的技巧。

这些技巧可以用来评估组织的IT安全风险,帮助组织建立和维持合适级别的安全控制。

(4) ISO/IEC TR 13335-4：2000《安全措施的选择》,本部分在安全控制措施的选择方面提供了指南,指导组织如何根据第3部分所提到的风险评估的结果,选择适合组织的控制,并对采取的控制进行进一步的评估,以评价其效果。

(5) ISO/IEC TR 13335-5：2001《网络安全管理指南》,本部分针对网络和通信的安全管理提供了指南,指导组织从哪些方面来识别和分析计算机网络和通信系统相关的IT安全要求,同时概括介绍了可供采用的安全对策。

9. ISO/IEC 27000

ISO/IEC 27000信息安全管理体系、基础和术语提供了ISMS标准族中所涉及的通用术语及基本原则,是ISMS标准族中最基础的标准之一。ISO/IEC JTC1/SC27/WG1(国际标准化组织/国际电工委员会信息技术委员会/安全技术分委员会/第一工作组)是制定和修订ISMS标准的国际组织。ISMS的概念最初来源于ISO/IEC 17799的前身BS 7799,随着其作为国际标准发布和普及被广泛接受。ISMS标准族中的每个标准都有"术语和定义"部分,但不同标准的术语间往往缺乏协调性,而ISO/IEC 27000则主要用于实现这种协调。图1-8是该标准的发展历程。

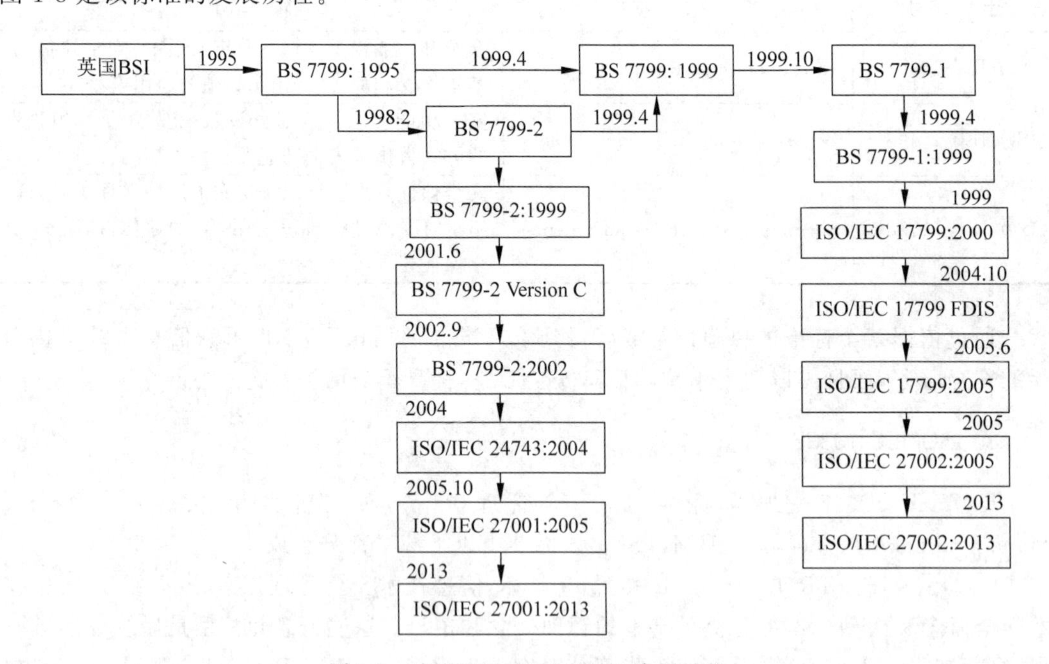

图1-8 ISO/IEC 27001：2013发展过程

(1) ISO/IEC 27000族标准是国际标准化组织专门为ISMS预留下来的一系列相关标准的总称。

(2) ISO/IEC 27000信息安全管理体系基础和术语。

(3) ISO/IEC 27001信息安全管理体系要求。

(4) ISO/IEC 27002信息安全控制实践指南。

(5) ISO/IEC 27003信息安全管理体系指南。

(6) ISO/IEC 27004 信息安全管理监视、测量、分析和评价。

(7) ISO/IEC 27005 信息安全风险管理。

(8) ISO/IEC 27006 信息安全管理体系审核和认证机构要求。

(9) ISO/IEC 27007 信息安全管理体系审核指南。

(10) ISO/IEC 27008 信息安全控制审核指南。

下列编号对应不同行业而设立。

(1) ISO/IEC 27009 特定行业应用 ISO/IEC 27001 要求。

(2) ISO/IEC 27010 信息安全管理跨行业和跨组织的通信。

(3) ISO/IEC 27011 基于 ISO/IEC 27002 的电信组织信息安全控制使用规则。

(4) ISO/IEC 27012 电子政务服务信息安全管理指南。

(5) ISO/IEC 27013 信息安全管理体系与服务管理整理。

(6) ISO/IEC 27014 信息安全治理。

(7) ISO/IEC 27015 金融服务信息安全管理指南。

(8) ISO/IEC 27016 信息安全管理组织经济学。

(9) ISO/IEC 27017 基于 ISO/IEC 27002 的云服务信息安全控制实用规则。

(10) ISO/IEC 27018 公有云中作为个人身份信息处理者保护个人身份信息的实用规则。

(11) ISO/IEC 27019 基于 ISO/IEC 27002 用于能源公共事业行业过程控制的信息安全管理指南。

(12) ISO/IEC 27021 信息安全管理体系专业人员能力要求。

(13) ISO/IEC TR 27023 ISO/IEC 27001 与 ISO/ IEC 27002 版本映射。

下列编号涉及具体的安全域。

(1) ISO/IEC 27031 ICT 业务连续性指南。

(2) ISO/IEC 27032 网络空间安全。

(3) ISO/IEC 27033 网络安全。

① ISO/IEC 27033-1 框架与概念。

② ISO/IEC 27033-2 网络安全的设计与实现指南。

③ ISO/IEC 27033-3 参考网络方案 威胁、设计技术和控制问题。

④ ISO/IEC 27033-4 使用安全网关保护网络之间的通信。

⑤ ISO/IEC 27033-5 使用虚拟专用网的跨网通信安全保护。

⑥ ISO/IEC 27033-6 无线 IP 网络访问保护。

(4) ISO/IEC 27034 应用安全。

① ISO/IEC 27034-1 综述与概念。

② ISO/IEC 27034-2 组织规范性框架。

③ ISO/IEC 27034-3 应用安全管理过程。

④ ISO/IEC 27034-4 应用安全验证。

⑤ ISO/IEC 27034-5 协议与应用安全控制数据结构。

⑥ ISO/IEC 27034-6 案例研究。

⑦ ISO/IEC 27034-7 应用安全保障预测框架。

(5) ISO/IEC 27035 信息安全事件管理。

① ISO/IEC 27035-1 事件管理原则。

② ISO/IEC 27035-2 事件响应规划与准备指南。

③ ISO/IEC 27035-3 事件响应操作指南。

(6) ISO/IEC 27036 供应商关系中的信息安全。

① ISO/IEC 27036-1 综述与概念。

② ISO/IEC 27036-2 要求。

③ ISO/IEC 27036-3 ICT 供应链安全指南。

④ ISO/IEC 27036-4 云服务安全指南。

(7) ISO/IEC 27037 数字证据识别、收集、获取与保护指南。

(8) ISO/IEC 27038 数字编校规范。

(9) ISO/IEC 27039 入侵检测系统的选择、部署和操作。

(10) ISO/IEC 27040 存储安全。

(11) ISO/IEC 27041 事件调查方法的适宜性与充分性保护指南。

(12) ISO/IEC 27042 数字证据分析与解释指南。

(13) ISO/IEC 27043 事件调查原则与过程。

(14) ISO/IEC 27050 电子举证。

① ISO/IEC 27050-1 综述与概念。

② ISO/IEC 27050-2 电子举证治理与管理指南。

③ ISO/IEC 27050-3 电子举证实用规则。

④ ISO/IEC 27050-4 电子举证准备。

(15) ISO/IEC 27102 网络保险信息安全管理指南。

(16) ISO/IEC 27103 网络安全与 ISO 及 IEC 标准。

10. ITBPM

IT 基准安全防护手册(ITBPM-IT Baseline Protection Manual,ITBPM)是德国联邦信息安全局召集信息安全专家共同编撰的信息安全防护准则,采用手册的形式为典型 IT 系统提供了一套完整的安全防护建议,其目标不仅要保证 IT 系统处于合理且充分满足一般安全防护需求的水平,并且为 IT 系统及其应用系统提升安全防护等级做好必要准备。

ITBPM 比其他信息安全管理系统标准更加详细地对威胁和安全措施加以分类,具体详细地罗列出信息资产清单、威胁清单和安全措施清单。依照其分类方式,首先对信息资产划分层次后再分割为若干模块,然后分析每一模块面临的威胁,最后对每一模块提供一系列可行且有效的安全防护措施建议。用户依据这些建议配置信息安全机制,即可满足基本的安全防护要求,有效保护信息资产的安全。如果用户有进一步的安全等级需求,可以再进行更深层次的风险评估工作,增加必要的安全防护措施以提高信息资产的安全防护水平。在整个信息资产风险评估过程中,用户只需要将组织内部的潜在风险与 ITBPM 的威胁项目检查表进行对照就能够完成必要的风险评估工作,不仅大大简化了评估过程,而且使用户对每个潜在的安全风险一目了然。

将 ITBPM 应用于 IT 系统的信息安全防护一般通过 5 个步骤完成:绘制整个 IT 系统

的资产构架，包括一般部件资产、基础设施资产、IT 系统特定资产等；分析资产面临的威胁，包括每个资产的一般性描述，存在的潜在威胁；分析威胁对应的安全措施，依据威胁分类进行安全措施分类，包括各项防护措施的安全防护等级和具体操作的详细描述；列举 IT 系统现有防护措施清单；对比现有防护措施和建议防护措施，实施防护措施从而满足 IT 系统信息安全的基准防护要求。

11. AS/NZS 4036

AS/NZS 4360：1999 是澳大利亚和新西兰联合开发的风险管理标准，第 1 版于 1995 年发布。1992 年，澳大利亚标准委员会和新西兰标准委员会成立联合技术委员会，其 31 个成员分别由代表来自 22 个行业、专业和各级政府组织的专家组成。经过广泛的信息搜集、整理和讨论，并多次修改，联合技术委员会于 1995 年制定和出版了风险管理标准：澳大利亚/新西兰风险管理标准（AS/NZS 4360：1995），并于 1999 年重新修订。该标准的特点是实用范围广泛，为各行业各部门的风险管理提供了一个共同框架，被澳大利亚和新西兰的公共部门和私人企业单位广泛采纳，并在世界其他国家和地区广受欢迎。该标准于 1996 年稍微改动后成为国际电工委员会（IEC）推荐使用标准。该标准广泛应用于新南威尔士州、澳大利亚政府、英联邦卫生组织等机构。在 AS/NZS 4360：1999 中，风险管理分为建立环境、风险识别、风险分析、风险评价、风险处置、风险监控与回顾、通信和咨询 7 个步骤，AS/NZS 4360 界定的风险管理程序如图 1-9 所示。

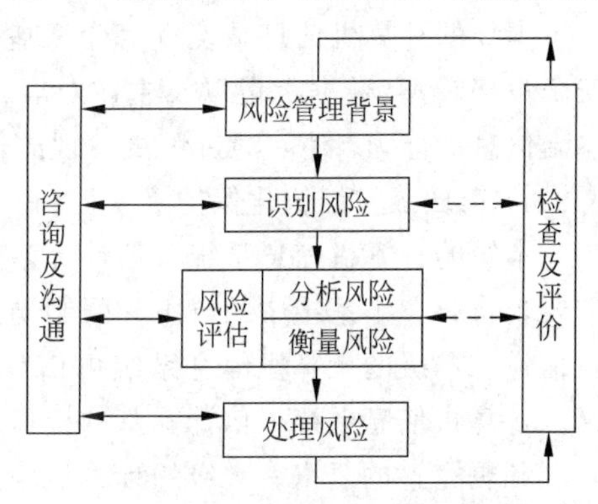

图 1-9 AS/NZS 4360 风险管理程序

澳大利亚/新西兰风险管理标准（AS/ NZS 4360）的正文包括 5 个部分：一是应用范围与概念；二是风险管理要求；三是风险管理概论；四是风险管理步骤；五是风险管理记录和档案。另外 7 个附件为风险管理实际操作提供了一套适合于各种机构和个人风险管理的方法和程序，满足了综合风险管理的需求。为适应此要求，特别将风险的概念拓展为“一个事件发生的概率与影响的组合。风险是预期的背离，而事件的发生可以是确定或不确定、一个或多个、单独发生或与其他事件一起发生”。风险管理是“针对潜在机会及不良影响的有效管理的文化、程序和框架”。

1.5.2 国内主要相关标准

1. GB 17895—1999

GB 17895—1999 是《计算机信息系统安全保护等级划分准则》，该标准规定了计算机系统安全保护能力的 5 个等级，明确了各个保护级别的技术保护措施要求，属于国家强制性技术规范。该标准界定了计算机信息系统的基本概念，将信息系统按照安全保护能力划分为五个等级，第一级为用户自主保护级、第二级为系统审计保护级、第三级为安全标记保护级、第四级为结构化保护级、第五级为访问验证保护级。从自主访问控制、强制访问控制、标记、身份鉴别、客体重用、审计、数据完整性、隐蔽信道分析、可信路径、可信恢复 10 个方面,采取逐级递增的方式提出了计算机信息系统的安全保护技术要求。

该标准适用计算机信息系统安全保护技术能力等级的划分。计算机信息系统安全保护能力随着安全保护等级的增高逐渐增强。

1) 第一级　用户自主保护级

本级的计算机信息系统可信计算基通过隔离用户与数据,使用户具备自主安全保护的能力。它具有多种形式的控制能力,对用户实施访问控制,即为用户提供可行的手段,保护用户和用户组信息,避免其他用户对数据的非法读写与破坏。

2) 第二级　系统审计保护级

与用户自主保护级相比,本级的计算机信息系统可信计算基实施了粒度更细的自主访问控制,它通过登录规程、审计安全性相关事件和隔离资源,使用户对自己的行为负责。

3) 第三级　安全标记保护级

本级的计算机信息系统可信计算基具有系统审计保护级所有功能。此外,还提供有关安全策略模型、数据标记以及主体对客体强制访问控制的非形式化描述;具有准确地标记输出信息的能力;消除通过测试发现的任何错误。

4) 第四级　结构化保护级

本级的计算机信息系统可信计算基建立于一个明确定义的形式化安全策略模型之上,它要求将第三级系统中的自主和强制访问控制扩展到所有主体与客体。此外,还要考虑隐蔽信道。本级的计算机信息系统可信计算基必须结构化为关键保护元素和非关键保护元素。计算机信息系统可信计算基的接口也必须明确定义,使其设计与实现能经受更充分的测试和更完整的复审。本级的计算机信息系统可信计算基加强了鉴别机制;支持系统管理员和操作员的职能;提供可信设施管理;增强了配置管理控制。系统具有相当的抗渗透能力。

5) 第五级　访问验证保护级

本级的计算机信息系统可信计算基满足访问监控器需求。访问监控器仲裁主体对客体的全部访问。访问监控器本身是抗篡改的,必须足够小,能够分析和测试。为了满足访问监控器需求,计算机信息系统可信计算基在其构造时,排除那些对实施安全策略来说并非必要的代码;在设计和实现时,从系统工程角度将其复杂性降低到最低程度。本级的计算机信息系统可信计算基支持安全管理员职能;扩充审计机制,当发生与安全相关的事件时发出信号;提供系统恢复机制。系统具有很高的抗渗透能力。

2. GB/T 18336—2001

GB/T 18336—2001《信息技术 安全技术 信息技术安全性评估准则》是我国在 2001 年参照国际标准 ISO/IEC 15408:1999 制定的在信息安全技术方面的第一个国家标准,作为评估信息技术产品与信息安全特性的基础准则。GB/Z 24364—2009 是信息安全风险管理指南。

3. GB/T 20269—2006

GB/T 20269—2006《信息安全技术 信息系统安全管理要求》依据 GB 17859—1999 的

五个安全保护等级的划分，规定了信息系统安全所需要的各个安全等级的管理要求，适用于按等级划分要求进行的信息系统安全的管理。

4. GB/T 20984—2007

GB/T 20984—2007《信息安全技术 信息安全风险评估规范》提出了风险评估的基本概念、要素关系、分析原理、实施流程和评估方法，以及风险评估在信息系统生命周期不同阶段的实施要点和工作形式。本标准适用于规范组织开展的风险评估工作。

随着我国信息化应用的逐步深入，信息安全问题也日益受到关注，针对我国没有信息安全风险评估标准的现状，2004 年，国务院信息化工作办公室组织专家启动信息安全风险评估的研究与标准的编制工作，标准编制工作于 2004 年 3 月正式启动，2007 年 7 月通过了国家标准化管理委员会的审查批准，标准编号和名称为 GB/T 20984—2007《信息安全技术 信息安全风险评估规范》，于 2007 年 11 月正式实施。

GB/T 20984—2007《信息安全技术 信息安全风险评估规范》包括正文和附录两部分，正文由前言、引言和 7 章内容组成，附录部分包括附录 A 和附录 B，均为资料性附录。

前言：对本标准的制定做了简单介绍。

引言：简单介绍了信息安全风险评估的重要性。

第 1 章 范围：阐述了本标准的范围。

第 2 章 规范性引用文件：阐述了本标准的规范性引用文件。

第 3 章 术语和定义：介绍了信息安全风险评估中涉及的术语和它们的定义。

第 4 章 风险评估框架及流程：阐述了信息安全风险评估中各要素的关系、风险分析的原理、风险评估的实施流程。

第 5 章 风险评估实施：详细介绍了信息安全风险评估的实施过程及每一阶段的具体任务和职能。

第 6 章 信息系统生命周期各阶段的风险评估：阐述了信息安全风险评估在信息系统生命周期各阶段中的不同要求。

第 7 章 风险评估的工作方式：介绍了风险评估的两种形式，即自评估和检查评估。

附录 A 风险的计算方法：详细介绍了目前比较常用的两种风险计算方法，即矩阵法和相乘法。

附录 B 风险评估工具：对当前的风险评估工具进行了分类和综述。

5. GB/T 22239—2008

GB/T 22239—2008《信息安全技术 信息系统安全等级保护基本要求》是依据国家信息安全等级保护管理规定制定的信息安全等级保护相关系列标准之一。与该标准相关的系列标准包括：GB/T 22240—2008《信息安全技术 信息系统安全等级保护定级指南》、GB/T 25058—2010《信息安全技术 信息系统安全等级保护实施指南》。该标准与 GB 17895—1999、GB/T 20269—2006、GB/T 20270—2006《网络基础安全技术要求》、GB/T 20271—2006《信息系统通用安全技术要求》等标准共同构成了信息系统安全等级保护的相关配套标准。其中，GB 17895—1999 是基础性标准，GB/T 20269—2006、GB/T 20270—2006、GB/T 20271—2006、GB/T 22239—2008 等是在 GB 17895—1999 基础上的进一步细化和扩展。

该标准在GB 17895—1999、GB/T 20269—2006、GB/T 20270—2006、GB/T 20271—2006等技术类标准的基础上，根据现有技术的发展水平，提出和规定了不同安全保护等级信息系统的最低保护要求，即基本安全要求，基本安全要求包括基本技术要求和基本管理要求，该标准适用于指导不同安全保护等级信息系统的安全建设和监督管理。

1.5.3 网络安全等级保护标准体系

1. 网络安全等级保护相关标准类别

1）基础类标准

《计算机信息系统安全保护等级划分准则》(GB 17859—1999)。

2）应用类标准

(1) 网络定级。

《信息系统安全保护等级定级指南》(GB/T 22240—2008)。

《网络安全等级保护定级指南》(GA/T 1389—2017)。

(2) 等级保护实施。

《信息系统安全等级保护实施指南》(GB/T 25058—2010)。

(3) 网络安全建设。

《信息系统安全等级保护基本要求》(GB/T 22239—2008)。

《信息系统通用安全技术要求》(GB/T 20271—2006)。

《信息系统等级保护安全设计技术要求》(GB/T 24856—2009)。

《信息系统安全管理要求》(GB/T 20269—2006)。

《信息系统安全工程管理要求》(GB/T 20282—2006)。

《信息系统物理安全技术要求》(GB/T 21052—2007)。

《网络基础安全技术要求》(GB/T 20270—2006)。

《信息系统安全等级保护体系框架》(GA/T 708—2007)。

《信息系统安全等级保护基本模型》(GA/T 709—2007)。

《信息系统安全等级保护基本配置》(GA/T 710—2007)。

正在修订出台的标准有《网络安全等级保护基本要求》。

(4) 等级测评。

《信息系统安全等级保护测评要求》(GB/T 28448—2012)。

《信息系统安全等级保护测评过程指南》(GB/T 28449—2012)。

《信息系统安全管理测评》(GA/T 713—2007)。

正在修订出台的标准有《网络安全等级保护测评要求》。

3）其他类标准

《信息安全风险评估规范》(GB/T 20984—2007)。

《信息安全事件管理指南》(GB/Z 20985—2007)。

《信息安全事件分类分级指南》(GB/Z 20986—2007)。

《信息系统灾难恢复规范》(GB/T 20988—2007)。

2. 相关标准与等级保护各工作环节的关系

1）基础标准

《计算机信息系统安全保护等级划分准则》是强制性国家标准，也是等级保护的基础性标准，在此基础上制定了《信息系统通用安全技术要求》等技术类、《信息系统安全管理要求》《信息系统安全工程管理要求》等管理类、《操作系统安全技术要求》等产品类标准，为相关标准的制定起到了基础性作用。

2）定级类标准

《信息系统安全等级保护定级指南》《网络安全等级保护定级指南》和信息系统安全等级保护行业定级细则为确定信息系统安全保护等级提供支持。

《信息系统安全等级保护定级指南》(GB/T 22240—2008)规定了定级的依据、对象、流程和方法及等级变更等内容，用于指导开展信息系统安全保护等级定级工作。

《网络安全等级保护定级指南》(GA/T 1389—2017)是依据《中华人民共和国计算机信息系统安全保护条例》(国务院令第147号)和《信息安全等级保护管理办法》(公通字〔2007〕43号)制定的。

该标准综合考虑保护对象在国家安全、经济建设、社会生活中的重要程度，以及保护对象遭到破坏后对国家安全、社会秩序、公共利益及公民、法人和其他组织的合法权益的危害程度等因素，提出确定保护对象安全保护等级的方法。该标准为公共安全行业标准，对《信息系统安全等级保护定级指南》进行了修改完善，将对公民、法人和其他组织的合法权益产生特别严重损害调整到第三级；增加了对云计算平台、大数据平台、物联网、工业控制系统、大数据的定级方法。

3）安全要求类标准

《信息系统安全等级保护基本要求》及行业标准规范或细则构成了网络安全建设整改的安全需求。

《信息系统安全等级保护基本要求》是在《计算机信息系统安全保护等级划分准则》技术类标准和管理类标准基础上，总结几年的实践经验，结合当前信息技术发展的实际情况研究制定的。该标准提出了各级信息系统应当具备的安全保护能力，并从技术和管理两方面提出了相应的措施。

《信息系统安全等级保护基本要求》(GB/T 2229—2008)于2008年成为国家标准，该标准在我国推行网络安全等级保护制度过程中起到了非常重要的作用，被广泛应用于各行业的用户开展网络安全等级保护的建设整改、等级测评工作中，但是随着信息技术的发展，该标准在时效性、易用性、可操作性上需要进一步完善。公安部牵头组织对该标准进行了修订，形成了《网络安全等级保护基本要求》(下称《基本要求》)，修订情况如下。

网络安全等级保护基本要求的行业标准或细则，重点行业可以按照《基本要求》等国家标准，结合行业特点，在公安部等有关部门指导下确定《基本要求》的具体指标，在不低于《基本要求》的情况下，结合系统安全保护的特殊需求制定行业标准规范或细则。

4）方法指导类标准

《信息系统安全等级保护实施指南》和《网络安全等级保护安全设计技术要求》构成了指导网络安全建设整改的方法指导类标准。《信息系统安全等级保护实施指南》(GB/T 25058—

2010)阐述了等级保护实施的基本原则、参与角色及在信息系统定级、总体安全规划、安全设计与实施、安全运行与维护、信息系统终止等主要工作阶段中如何按照网络安全等级保护政策、标准要求实施等级保护工作。

5) 现状分析类标准

《信息系统安全等级保护测评要求》《网络安全等级保护测评要求》《信息系统安等级保护测评过程指南》构成了指导开展等级测评的标准规范。

《信息系统安全等级保护测评要求》阐述了等级测评的原则、测评内容、测评强度、单元测评要求、整体测评要求、等级测评结论的产生方法等内容,用于规范和指导测评人员开展等级测评工作。

《网络安全等级保护测评要求》适用于信息安全测评服务机构、等级保护对象的主管部门及网络运营者对等级保护对象安全等级保护状况进行的安全测试评估。网络安全监管职能部门依法进行的网络安全等级保护监督检查也可以参考使用。该标准除了安全测评通用要求外,增加了云计算安全测评扩展要求、移动互联安全测评扩展要求、物联网安全测评扩展要求和工业控制系统安全测评扩展要求。等级测评机构应按照《网络安全等级保护测评要求》开展网络安全等级保护测评工作。

《信息系统安全等级保护测评过程指南》阐述了信息系统等级测评的测评过程,明确了等级测评的工作任务、分析方法及工作结果等,包括测评准备活动、方案编制活动、现场测评活动、分析与报告编制活动,用于规范测评机构的等级测评过程。

3. 网络安全等级保护主要标准简要说明

1)《计算机信息系统安全保护等级划分准则》(GB 17859—1999)

本标准将计算机信息系统的安全保护能力划分成五个等级,并明确了各个保护级别的技术保护措施要求。本标准是国家强制性技术规范,其主要用途包括:规范和指导计算机信息系统安全保护有关标准的制定;为安全产品的研究开发提供技术支持;为计算机信息系统安全法规的制定和执法部门的监督检查提供依据。

2)《网络安全等级保护定级指南》(GA/T 1389—2017)

网络定级是等级保护工作的首要环节,是开展网络安全建设整改、等级测评、监督检查等后续工作的重要基础。

《网络安全等级保护定级指南》从网络对国家安全、经济建设、社会生活的重要作用,网络承载业务的重要性及业务对网络的依赖程度等方面,提出确定网络的安全保护等级的方法。

3)《网络安全等级保护基本要求》

网络按照重要性和被破坏后对国家安全、社会秩序、公共利益的危害性分为5个安全保护等级。不同安全保护等级的网络有着不同的安全需求,为此,针对不同等级的网络提出了相应的基本安全保护要求,各个级别网络的安全保护要求构成了《网络安全等级保护基本要求》。

4)《网络安全等级保护测评要求》

根据《信息安全等级保护管理办法》的规定,网络建设完成后,网络运营者应当选择符合规定条件的测评机构,依据《网络安全等级保护测评要求》等技术标准,定期对网络的安全等级状况开展等级测评。《网络安全等级保护测评要求》(下称《测评要求》)依据《网络安全等级保护基本要求》规定了对网络进行等级保护测试评估的内容和方法,用于规范和指导测评人员的等级测评活动。

5)《信息系统安全等级保护测评过程指南》(GB/T 28449—2012)

根据《信息安全等级保护管理办法》的规定,网络建设完成后,网络运营者应当选择符合规定条件的测评机构,依据《网络安全等级保护测评要求》等技术标准,定期对网络的安全保护状况开展等级测评。为规范等级测评机构的测评活动,保证测评结论准确、公正,《信息系统安全等级保护测评过程指南》(下称《测评过程指南》)明确了网络等级测评的测评过程,阐述了等级测评的工作任务、分析方法及工作结果等,为等级测评机构、网络运营者在等级测评工作中提供指导。

1.6 相关工具

1. MBSA

微软基准安全分析器(Microsoft Baseline Security Analyzer,MBSA)可以检查操作系统和SQL Server更新。MBSA还可以扫描计算机上的不安全配置。检查Windows服务包和修补程序时,它将Windows组件、如Internet信息服务(IIS)和COM+也包括在内。MBSA使用一个XML文件作为现有更新的清单。该XML文件包含在文档Mssecure.cab中,由MBSA在运行扫描时下载,也可以下载到本地计算机上,或通过网络服务器使用。

2. MSAT

微软安全评估工具(Microsoft Security Accessement Tool,MSAT)是微软的一个风险评估工具。与MBSA直接扫描和评估系统不同,MSAT通过填写详细的问卷以及相关信息、处理问卷反馈,来评估组织在诸如基础结构、应用程序、操作和人员等领域中的安全实践,然后提出相应的安全风险管理措施和意见。一般地,如果说MBSA是个扫描器,则MSAT就是个风险评估工具。

3. COBRA

COBRA(Consultative Objective and Bi-functional Risk Analysis)是英国的C&A系统安全公司推出的一套风险分析工具软件,它通过问卷的方式来采集和分析数据,并对组织的风险进行定性分析,最终的评估报告中包含已识别风险的水平和推荐措施。此外,COBRA还支持基于知识的评估方法,可以将组织的安全现状与ISO 27001标准相比较,从中找出差距,提出弥补措施。

4. CRAMM

CRAMM(CCTA Risk Analysis and Management Method)是由英国政府的中央计算机与电信局(Central Computer and Telecommunications Agency,CCTA)于1985年开发的一种定量风险分析工具,同时支持定性分析。经过多次版本更新,CRAMM目前由Insight

咨询公司负责管理和授权。CRAMM是一种可以评估信息系统风险并确定恰当对策的结构化方法,适用于各种类型的信息系统和网络,也可以在信息系统生命周期的各个阶段使用。CRAMM的安全模型数据库基于著名的"资产/威胁/脆弱点"模型,评估过程经过资产识别与评价、威胁和脆弱点评估、选择合适的推荐对策3个阶段。CRAMM与BS 7799标准保持一致,它提供的可供选择的安全控制多达3000个。除了风险评估,CRAMM还可以对符合信息技术基础设施库(IT Infrastructure Library,ITIL)指南的业务连续性管理提供支持。

5. ASSET

ASSET(Automated Security Self-Evaluation Tool)是美国国家标准技术协会(National Institute of Standard and Technology,NIST)发布的一个可用来进行安全风险自我评估的自动化工具,它采用典型的基于知识的分析方法,利用问卷方式来评估系统安全现状与NIST SP 800-26指南之间的差距。NIST Special Publication 800-26,即信息技术系统安全自我评估指南(Security Self-Assessment Guide for Information Technology Systems),为组织进行信息系统风险评估提供了众多控制目标和建议技术。

6. RiskWatch

美国RiskWatch公司综合各类相关标准,开发了风险分析自动化软件系统,进行风险评估和风险管理,分别针对信息系统安全、物理安全、HIPAA标准、港口和海运安全,共包括五类产品。RiskWatch工具具有以下特点:有好的用户界面;预定义的风险分析模板,给用户提供高效、省时的风险分析和脆弱性评估;数据关联功能;经过证明的风险分析模型。

7. CORA

CORA(Cost of Risk Analysis)是由国际安全技术公司(International Security Technology)开发的一种风险管理决策支持系统,它采用典型的定量分析方法,可以方便地采集、组织、分析并存储风险数据,为组织的风险管理决策支持提供准确的依据。

风险评估工具是一种辅助性的手段,通过对某一个系统对象的自动化或半自动化的分析,反映出系统主要部件的客观状况。评估工具还能够将专家知识进行集中,通过专家知识的应用,在风险评估中发挥重要的辅助作用。根据工具应用的目标和在风险评估中的工作方式,可将风险评估工具分为:主动型评估工具、被动型评估工具、管理型评估工具3种类型。

主动型评估工具是基于某种固定的"询问—回答"模式,将某些人工指令操作集成在一起自动执行。"询问—回答"方式是建立在大量设备知识或协议知识基础上的,如通过对服务器某个端口的询问,并分析设备的返回结果而得到关于该设备端口状况的结论。主动型评估工具集成的知识可以弥补评估人员知识面的不足。各类扫描器是典型的主动型评估工具,如:TenableNessus、X-Scan、AppDetective、ISSDBScanner、MetasploitFranework等。被动型评估工具是一种立足于"防御"的角度收集系统信息并进行简单分析的工具。最典型的被动型评估工具如入侵检测产品、网络监控流量分析产品、主机完整性检测产品等。与主动型评估工具不同,被动型评估工具并不主动"询问"评估对象,而是采用被动方式捕获目标

利用脆弱性,脆弱性越大则风险越大;脆弱性使资产暴露,是未被满足的安全需求,威胁通过利用脆弱点危害资产,从而形成风险;资产的重要性和对风险的意识将会导出安全需求;安全需求要通过安全措施来得以满足,且是有成本的;安全措施可以抗击威胁,降低风险,减弱安全事件的影响;风险不可能、也没有必要降为零,在实施了安全措施后还会有残留的风险;部分残余风险来自于安全措施可能不当或无效,在以后需要继续控制这部分风险,另一部分残余风险则是在综合考虑了安全成本与资产价值后,有意未去控制的风险,这部分风险是可以被接受的;残余风险应受到密切监视,因为它可能会在将来诱发新的安全事件。

下面主要参考ISO/IEC TR 18044、ISO/IEC Guide 73：2002等国际标准给出相关要素的定义。

资产：是任何对组织有价值的事物。

信息安全事件(Event)：识别出的发生的系统、服务或网络事件,表明可能违反信息安全策略或防护措施失效;或以前未知的与安全相关的情况。

信息安全事故(Incident)：一个或系列非期望的或非预期的信息安全事件,这些信息安全事件可能对业务运营造成严重影响或威胁信息安全。

残余风险：实施风险处置后仍旧残留的风险。

接受风险：接受风险的决策。

风险分析：系统地使用信息以识别来源和估计风险。

风险评估：风险分析和风险评价的全过程。

风险评价：将估计的风险与既定的风险准则进行比较以确定重要风险的过程。

风险管理：指导和控制一个组织风险的协调的活动。

风险处置：选择和实施措施以改变风险的过程。

控制目标和控制措施是基于风险评估和风险处理过程的结果和结论、法律法规要求、合同和组织对信息安全的业务要求而确定的。

2.1.2 风险分析原理

风险分析原理如图2-2所示。

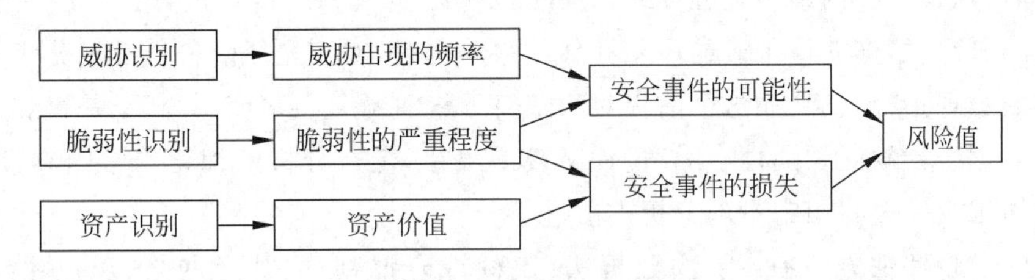

图2-2 风险分析原理图

风险分析中涉及资产、威胁、脆弱性等基本要素。每个要素有各自的属性,资产的属性是资产价值;威胁属性可以是威胁主体、影响对象、出现频率、动机等;脆弱性的属性是资产弱点的严重程度。风险分析的主要内容如下所示。

(1) 对资产进行识别,并对资产的价值进行赋值。

(2) 对威胁进行识别,描述威胁的属性,并对威胁出现的频率赋值。

(3) 对资产的脆弱性进行识别,并对具体资产的脆弱性的严重程度赋值。

(4) 根据威胁及威胁利用弱点的难易程度判断安全事件发生的可能性。

(5) 根据脆弱性的严重程度及安全事件所作用资产的价值计算安全事件的损失。

(6) 根据安全事件发生的可能性以及安全事件的损失,计算安全事件一旦发生对组织的影响,即风险值。

2.1.3 风险评估方法

评估方法的选择直接影响到信息系统安全风险评估过程中的每个环节,甚至可能影响最终的评估结果,因此需要根据组织中系统的具体情况,选择合适的风险评估方法。风险评估的方法有很多种,概括起来可分为 3 大类:定性的风险评估方法、定量的风险评估方法、定性与定量相结合的评估方法。

1. 定性评估方法

定性评估方法是目前采用最为广泛的一种方法,它需要凭借评估者的知识、经验和直觉,结合标准和惯例,为风险评估要素的风险大小或高低程度定性分级,带有很强的主观性。定性分析的操作方法可以多种多样,包括小组讨论、检查列表、问卷、人员访谈、调查等。定性分析操作起来相对容易,但可能因为评估者在经验和直觉上的偏差而使评估结果失准。

常用的定性评估方法有:安全检查表法、专家评价法、事故树分析法、事件树分析法、潜在问题分析法、因果分析法、作业安全分析法等。

2. 定量评估方法

定量的评估方法对构成风险的各个要素和潜在损失的水平赋以数值或价值金额,当度量风险的所有要素,包括资产价值、威胁可能性、弱点利用程度、安全措施的效率和成本等都被赋值以后,风险评估的整个过程和结果就可以进行量化。通过定量分析可以对安全风险进行准确的分级,能够获得很好的风险评估结果。但是,对安全风险进行准确分级的前提是可供参考的数据指标正确,而这个前提对于信息系统日益复杂多变的今天,是很难得到保证的。由于数据统计缺乏长期性,计算过程又极易出错,定量分析的细化非常困难,所以目前的风险评估很少完全只用定量的分析方法进行分析。

常用的定量评估方法有:层次分析法、模糊综合评判法、神经网络、灰色系统预测模型等。

3. 定量分析和定性分析方法的比较

定量的风险评估方法、定性的风险评估方法、定性与定量相结合的风险评估方法的比较如表 2-1 所示。

表 2-1　风险评估方法的比较

项目	定性评估方法	定量评估方法	定量与定性结合方法
定义	主要依据评估者的知识、经验、历史教训、政策走向及特殊案例等非量化资料对系统风险状况做出判断的过程	运用数量指标来对风险进行评估	定量是分析基础和前提；定性分析是灵魂，是形成概念、观点，做出判断，得出结论所必须依靠的
优点	可以挖掘出一些蕴藏很深的思想，使评估的结论更全面、更深刻；便于组织管理、业务和技术人员更好地参与评估工作，大大提高评估结果的适用性和可接受性	能够通过投资收益计算的客观结果来说服组织管理人员来推动风险管理；随着组织建立数据的历史记录并获得经验，其精确度将随着时间的推移而提高	在复杂的信息系统风险评估过程中，将这两种方法融合起来，取其优点
缺点	主观性很强，对评估者本身的要求很高；缺乏客观数据支持	计算过程复杂、耗时，需要专业工具支持和一定的专业知识基础；计算结果量化以后用财务术语描述有可能被误解和曲解	难度大，复杂度高

2.2　信息安全风险评估工作概述

2.2.1　风险评估依据

风险评估依据国家政策法规、技术规范与管理要求、行业标准或国际标准进行，其依据主要包括如下 4 个方面。

1. 政策法规

国家信息化领导小组关于加强信息安全保障工作的意见（中办发〔2003〕27 号）。

2. 国际标准

(1) ISO/IEC 27001 信息安全管理体系要求。
(2) ISO/IEC 27002 信息安全管理实用规则。
(3) ISO/IEC TR 13335 信息技术安全管理指南。
(4) SSE-CMM 系统安全工程能力成熟模型。

3. 国家标准

(1) GB/T 20984—2007 信息安全技术 信息安全风险评估规范。
(2) GB 17859—1999 计算机信息系统安全保护等级划分准则。
(3) GB/T 18336.1～18336.3—2001 信息技术 安全技术 信息技术安全性评估准则。

4. 行业通用标准

(1) CVE 公共漏洞数据库。

(2) 信息安全应急响应机构公布的漏洞。

(3) 国家信息安全主管部门公布的漏洞。

2.2.2 风险评估原则

通过风险评估有助于认清信息环境的安全状况,明确责任达成共识;有助于采取并完善更加经济有效的安全保障措施;有助于保持信息安全策略的一致性和连续性,从而服务于国家网络安全与信息化的发展,促进信息安全保障体系的建设,提高网络空间的安全保障能力。

风险评估原则包括:可控性原则,包括人员可控性、工具可控性、项目过程可控性;完整性原则;最小影响原则;保密原则。风险评估原则具体如下。

1. 可控性原则

1) 人员可控性

所有参与信息安全风险评估的人员均应进行严格的资格审查和备案,明确其职责分工,并对人员工作岗位的变更执行严格的审批手续,确保人员可控。评估人员的安排需在评估工作说明中明确定义,并要得到双方的同意、确认。如果根据项目的具体情况,需要进行人员调整时,必须经过正规的项目变更程序,得到正式认可和签署。

2) 工具可控性

所使用的风险评估工具均应通过多方综合性能对比、精心挑选,并取得有关专家论证和相关部门的认证。评估工作中所使用的技术工具均应事先通告评估对象,向评估对象介绍主要工具的使用方法并进行实验后方可使用。

3) 项目过程可控性

评估项目管理将依据项目管理方法,重视项目管理的沟通管理,达到项目过程的可控性。

2. 完整性原则

严格按照委托单位的评估要求和指定的范围进行全面的评估服务。

3. 最小影响原则

从项目管理层面和工具技术层面,力求将风险评估对信息系统的正常运行的可能影响降低到最低限度。

4. 保密原则

与评估对象签署保密协议和非侵害性协议。

2.2.3 风险评估组织管理

由于信息安全风险评估工作必然涉及系统当中的关键部分和核心信息,敏感性极强,如果处理不当,反而可能引入新的风险。因此,必须高度重视信息安全风险评估的组织管理工作。网络与信息系统的拥有、运营、使用单位和主管部门要按照“谁主管谁负责，谁运营谁负责”的原则，负起严格管理的责任。一方面，对评估者的技术水平要提出高要求；另一方面，参与信息安全风险评估工作的单位及有关人员必须遵守国家信息安全的有关法律法规，承担相应的责任和义务。风险评估工作的发起方必须采取相应保密措施，并与参与评估的有关单位或人员签订具有法律约束力的保密协议。对关系国计民生和社会稳定的基础信息网络和重要信息系统，信息安全风险评估工作必须遵守国家的有关规定。

信息系统风险评估的参与角色一般有主管机关、信息系统拥有者、信息系统承建者、信息系统安全评估机构、信息系统的关联者（即因信息系统互联、信息交换和共享、系统采购等行为与该系统发生关联的机构）。他们在信息系统安全风险评估中的责任如表2-2所示。

表2-2　风险评估中的角色和责任

角　色	责　任
主管机关	提出、制定并批准本部门的信息安全风险管理策略。 领导和组织本部门内的信息系统安全评估工作。 基于本部门内信息系统的特征以及风险评估的结果，判断信息系统残余风险是否可接受，并确定是否批准信息系统投入运行。 检查信息系统运行中产生的安全状态报告。 定期或不定期地开展新的信息安全风险评估工作
信息系统拥有者	制定安全计划，报主管机关审批。 组织实施信息系统自评估工作。 配合强制性检查评价或委托评估工作，并提供必要的文档等资源。 向主管机关提出新一轮风险评估的建议。 改善信息安全防护措施，控制信息安全风险
信息系统承建者	根据对信息系统建设方案的风险评估结果，修正安全方案，使安全方案成本合理、积极有效，能有效地控制风险。 规范建设，减少在建设阶段引入的新风险。 确保安全组件产品得到了相关机构的认证
信息系统安全评估机构	提供独立的信息系统安全风险评价。 对信息系统中的安全防护措施进行评估，以判断： (1) 这些安全防护措施在特定运行环境中的有效性； (2) 实现了这些措施后系统中存在的残余风险。 提出调整建议，以减少信息系统中的脆弱性，有效对抗安全威胁，控制风险。 保护风险评估中获得的敏感信息，防止被未授权的、无关人员和单位获得
信息系统的关联机构	遵守安全策略、法规、合同等涉及信息系统交互行为的安全要求，减少信息安全风险。 协助风险评估机构确定评估边界。 在风险评估中提供必要的资源和资料

2.2.4　风险评估实施流程

如何对一个复杂的信息系统进行正确的评估，并使得这个过程更有效率、更具可操作性，一个科学、合理的评估流程必不可少。图2-3给出了一个比较通用的评估实施流程。

风险评估准备：组织评估信息系统的安全性是一种战略性的考虑。评估前充分的准备

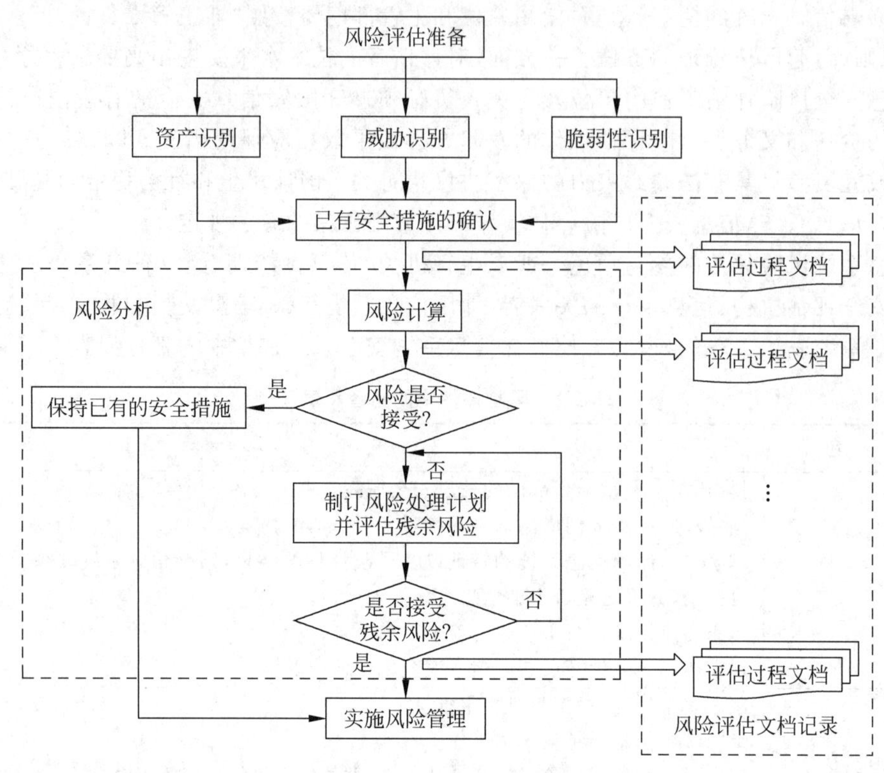

图 2-3 风险评估流程图

能保证整个风险评估过程的有效性。

风险因素识别：包括资产识别、威胁识别和脆弱性识别、现有安全控制措施确认。通过前期准备阶段收集到的信息，将划入范围和边界的资产进行确认评估，并根据资产目前所处的环境条件和以前的报告记录情况来识别每项资产可能面临的威胁，对每一项需要保护的信息资产，找到可能被威胁利用的脆弱点并对其进行评估。现有的安全控制措施也是威胁事件发生的决定因素之一，因此也需要确认。

风险分析管理：依据前面对资产、威胁、脆弱性以及现有安全风险控制措施的识别结果，通过给定的风险计算模型进行风险计算，确定出各种风险所处的安全等级，并针对高风险区域给出风险控制方案。没有绝对的安全，风险评估的最终目的是使信息系统的安全风险降低到组织和决策者能够接受的程度。

风险评估文档记录：在项目进展过程中，风险评估的方法和结果都可能发生变化，所以详尽而完整的文档和材料非常重要。

信息系统的风险评估管理是一个不断降低风险的过程，可能需要进行多次评估。每次可根据条件和目的的不同，对这些步骤进行适当的调整。

2.3 风险评估的准备工作

风险评估的准备是整个风险评估过程有效性的保证。组织实施风险评估是一种战略性的考虑，其结果将受到组织的业务战略、业务流程、安全需求、系统规模和结构等方面的影响。因此，在风险评估实施前，组织应当做到如下 7 条。

(1) 确定风险评估的目标。

(2) 确定风险评估的范围。

(3) 组建适当的评估管理与实施团队。

(4) 进行系统调研。

(5) 确定评估依据和方法。

(6) 制定风险评估方案。

(7) 获得最高管理者对风险评估工作的支持。

1. 确定风险评估的目标

根据满足组织业务持续发展在信息安全方面的需要、法律法规的规定等内容，识别现有信息系统及其管理上的不足以及可能造成的风险大小。

2. 确定风险评估的范围

风险评估范围可能是组织全部的信息及与信息处理相关的各类资产、管理机构，也可能是某个独立的信息系统、关键业务流程、与客户知识产权相关的系统或部门等。

3. 组建评估团队

风险评估实施团队是由管理层、相关业务骨干、信息技术等人员组成的风险评估小组。必要时，可组建由评估方、被评估方领导和相关部门负责人参加的风险评估领导小组，聘请相关专业的专家和骨干组成专家小组。

评估实施团队应做好评估前的表格、文档、检测工具等各项准备工作，进行风险评估培训和保密教育，制定风险评估过程管理相关规定。可根据被评估方要求，双方签署保密合同，视情签署个人保密协议。

4. 进行系统调研

系统调研是确定被评估对象的过程，风险评估小组应进行充分的系统调研，为风险评估依据和方法的选择、评估内容的实施奠定基础。调研内容至少应包括如下内容。

(1) 业务战略及管理制度。

(2) 主要的业务功能和要求。

(3) 网络结构与网络环境，包括内部连接和外部连接。

(4) 系统边界。

(5) 主要的硬件、软件。

(6) 数据和信息。

(7) 系统和数据的敏感性。

(8) 支持和使用系统的人员。

(9) 其他。

系统调研可以采取问卷调查与现场面谈相结合的方式进行。调查问卷是提供一套关于管理或操作控制的问题表格，供系统技术或管理人员填写；现场面谈则是由评估人员到现场观察并收集系统在物理、环境和操作方面的信息。

5. 确定评估依据和方法

根据系统调研结果,确定评估依据和评估方法。评估依据主要包括如下5种。

(1) 现有国际标准、国家标准、行业标准。

(2) 行业主管机关的业务系统的要求和制度。

(3) 网络安全保护等级要求。

(4) 系统互联单位的安全要求。

(5) 系统本身的实时性或性能要求等。

根据评估依据,应考虑评估的目的、范围、时间、效果、人员素质等因素来选择具体的风险分析方法,并依据业务实施对系统安全运行的需求,确定相关的判断依据,使之能够与组织环境和安全要求相适应。

6. 制定评估方案

风险评估方案的目的是为后面的风险评估实施活动提供一个总体计划,用于指导实施方开展后续工作。风险评估方案的内容一般包括以下3方面。

(1) 团队组织:包括评估团队成员、组织结构、角色、责任等内容。

(2) 工作计划:风险评估各阶段的工作计划,包括工作内容、工作形式、工作成果等内容。

(3) 时间进度安排:项目实施的时间进度安排。

7. 获得最高管理者支持

上述所有内容确定后,应形成较为完整的风险评估实施方案,得到组织最高管理者的支持、批准;对管理层和技术人员进行传达,在组织范围就风险评估相关内容进行培训,以明确有关人员在风险评估中的任务。

2.4 资产识别

识别阶段主要工作内容是:识别信息安全风险的主要构成要素——资产、威胁、脆弱性,以及分析和确定已有安全控制措施的有效性。经过识别阶段采集到的上述信息,在分析阶段将被用于风险分析的输入数据。识别阶段获得的原始信息越翔实,就越能保证风险分析结果的客观性和相应建议的针对性,被评估组织就能从评估活动中获得更大的安全收益。

信息资产是具有价值的信息或资源,它能够以多种形式存在,有无形的、有形的,有硬件、软件,有文档、代码,也有服务、形象等。保密性、完整性和可用性是评价信息资产的三个安全属性。风险评估中资产的价值不仅以资产的经济价值来衡量,而且由资产在这三个安全属性上的达成程度或者其安全属性未达成时所造成的影响程度来决定。

但在实际客户环境中,信息系统可能会非常复杂,划分了大量的子系统、应用以及模块,并包括各种元素。若对资产仅仅进行笼统的划分,对于真正的评估没有任何意义,而进行笼统划分得到的最终评估结果往往只是对单台设备的漏洞检查和分析,或是单条制度的修改,无法从整体意义或是不同客户群体关心的问题出发,得到相应的安全等级划分,以及进一步的安全建议或技术方案。因此,在资产识别过程中,除了要对资产进行合理分类之外,还应体现出资产之间的关联和层次。

2.4.1 工作内容

信息资产作为信息系统的构成元素,分布十分广泛,不同信息资产的功能、重要程度也互不相同。因此,需要对信息资产进行合理分类,分析安全需求,确定资产的重要程度。本部分的主要工作是在评估实施方案确定的范围之内,按照评估方案约定的方式,进行如下4项工作。

1. 回顾评估范围内的业务

回顾这些信息的主要目的是:帮助资产识别小组对其所评估的业务和应用系统有一个大致了解,为后续的资产识别活动做准备。如果在准备阶段已就这部分信息进行过交流并生成了相应的描述性的文档,这部分工作不必重复进行,直接阅读该描述性文档即可。

2. 识别信息资产,进行合理分类

针对前一个活动中识别出来的每个主要业务或系统,识别完成业务或保证系统正常运转所必需的资产,并注明资产的类别。资产分类的目的是为后续工作做准备、降低后续分析和赋值活动的工作量。

3. 确定每类信息资产的安全需求

在对资产进行合理分类之后,便可从保密性、完整性和可用性3个方面对每种资产类别进行安全需求分析,而不是对每个资产进行安全需求分析。

4. 为每类信息资产的重要性赋值

在上述安全需求分析的基础上,按照一定方法,确定资产的价值或重要程度等级。

2.4.2 参与人员

资产识别阶段主要参与人员包括:来自评估单位的项目负责人和资产识别小组,以及各活动中来自被评估组织的被访谈人员。被访谈人员与本阶段各活动的对应关系如下所述。

(1) 回顾评估范围之内的业务和系统。参与此活动的被访谈人员,应了解被评估组织的业务特点以及支撑业务运转的信息系统的架构。

(2) 识别信息资产进行合理分类。此项活动主要由评估单位来完成,但也可以考虑邀请被评估组织的项目负责人加入此项活动。

(3) 确定每类信息资产的安全需求。此项活动应邀请资产所有者或负责人加入。

(4) 为每类信息资产的重要性赋值。此项活动由资产识别小组负责,需要被评估组织的人员参与。

被评估组织的项目负责人负责上述工作的协调。

2.4.3 工作方式

1. 评估范围之内的业务识别

同一个组织有多种不同的业务，不同的业务部门分别进行不同的活动来共同实现组织的目标。然而，组织的各种业务在组织整体经营活动中的重要程度不同，因此，为便于评估报告的分析和对比，要将组织各项业务按其重要性级别赋值。表 2-3 为一个简单示例，其中，5 为重要性等级最高、1 为最低。用户可根据自己的实际情况和需要来具体赋值。

表 2-3　业务重要性级别调查表

业务名称	业务描述	重要性级别
仓储	产品库存和资产保管	4
生产	产品制造和生产	5
研发	新产品和技术的研究与开发	4
财务	企业财务管理	3
销售	产品和服务销售	4
人事	人员招聘和工资管理等	3
行政	后勤等服务管理	1
宣传	企业对外宣传等	2

2. 资产的识别与分类

每个类别的资产都具有一定的安全属性；同一资产类别中的不同资产之间安全属性的差别是将每个资产类别进一步划分为多个信息资产子类的依据。《信息安全风险评估规范》中给出了基于表现形式的资产分类方式，见表 2-4。

表 2-4　《信息安全风险评估规范》中基于表现形式的资产分类方式

分类	示例
数据	保存在信息媒介上的各种数据资料，包括源代码、数据库数据、系统文档、运行管理规程、计划、报告、用户手册等
软件	系统软件：操作系统、语言包、工具软件、各种库等。 应用软件：外部购买的应用软件、外包开发的应用软件等。 源程序：各种共享源代码、自行或合作开发的各种代码等
硬件	网络设备：路由器、网关、交换机等。 计算机设备：大型机、小型机、服务器、工作站、台式计算机、移动计算机等。 存储设备：磁带机、磁盘阵列、磁带、光盘、软盘、移动硬盘等。 传输线路：光纤、双绞线等。 保障设备：动力保障设备(UPS、变电设备等)、空调、保险柜、文件柜、门禁、消防设施等。 安全保障设备：防火墙、入侵检测系统、身份验证等。 其他：打印机、复印机、扫描仪、传真机等

续表

分 类	示 例
服务	办公服务：为提高效率而开发的管理信息系统，包括各种内部配置管理、文件流转管理等服务。 网络服务：各种网络设备、设施提供的网络连接服务。 信息服务：对外依赖该系统开展的各类服务
文档	纸质的各种文件，如传真、电报、财务报告、发展计划等
人员	掌握重要信息和核心业务的人员，如主机维护主管、网络维护主管及应用项目负责人等
其他	企业形象、客户关系等

在对资产进行分类时，应遵循以下原则：分类方法简单、直观，全面覆盖、避免重叠。业务和资产的识别工作通常经由业务部门实现，支持业务应用的关键资产要通过对文档的审核以及跟业务部门的管理者和相关业务、技术人员的面谈来进行。工作流程要确保资产识别过程的一致性，识别内容包括物理资产和地点、网络和逻辑连接、软件(操作系统和应用软件等)、通过网络传送的数据流等。访谈的重点应集中于信息资产如何被各种类型的用户(如系统管理员、客户和雇员等)所使用。表 2-5 给出了一个业务单元信息资产调查表的例子。

表 2-5 信息资产调查表举例

财务部门信息资产调查表	
1. 系统和应用软件	
应用系统	资金管理系统、账务管理系统
操作系统	Windows XP、Windows 2003 Server
其他	
2. 硬件	
服务器	HP
网络和通信设备	Cisco 2600 路由器、Cisco 3550 交换机、调制解调器
个人电脑	联想、DELL
其他设备	HP 打印机
3. 其他信息资产	
备份数据	磁带
纸质文档和文件	
其他移动数据存储	
备注	U 盘、笔记本电脑

至于各个具体的信息资产，如操作系统、服务器硬件等，还需要进一步对其进行设备厂家、型号、CPU、内存、操作系统类型、版本号、当前已安装补丁版本号等进行详细调查统计。

3. 安全需求分析

根据被分析的资产类别在其业务或应用系统中的位置以及所发挥的作用，分析每个资产类别在保密性(C)、完整性(I)和可用性(A)3 个方面的要求。

此项活动中，来自资产识别小组成员和被评估组织的参与人员的意见都应予以考虑。

当双方人员发生意见分歧时,双方项目负责人应促使双方达成共识。

4．资产赋值

为了后续风险计算过程的需要,必须对资产进行赋值。对资产进行赋值不仅需要考虑它本身的财务价值,还要考虑它的损失可能会对业务造成的影响,如导致营业收入的减少或竞争对手得益等。甚至有时相对于对组织业务的影响造成的损失而言,损失资产本身的物理价值可以忽略不计。风险评估方法一般包括定量评估和定性评估两种方法。定量评估中对资产本身的财务价值和其本身会对业务造成的影响损失来综合赋值,而在许多情况下,资产本身的财务价值相对于企业业务损失影响所占比例非常小。为了分析的简化和方便,许多企业在风险评估时干脆就不考虑资产本身的财务价值了。但是对一些中小企业而言,资产本身的财务价值不能不加以考虑,这时就需要结合起来进行综合赋值。用户可以根据需要,自由考虑选用这两种方式。

国外流行的一些定量风险评估方法通常是将资产按其经综合考虑后的财务价值来赋值。

1 表示 1～100 元。

2 表示 101～1000 元。

3 表示 1001～10 000 元。

……

而定性风险评估一般是将资产按其对于业务的重要性来赋值。

1 表示极低。

2 表示低。

3 表示中。

4 表示高。

5 表示极高。

考虑以上两种方法的优点,可采用表 2-6 所示的方法对信息资产赋值,其中,重要性级别 10 为最高、1 为最低。这样,无论用户根据需要采用定量评估还是定性评估,这个信息资产赋值方法不需修改就都能适用,大大增加了它的适用性和统一性。

表 2-6 信息资产赋值表

资产赋值	经综合考虑后的财务价值/元	对于业务的重要性级别
1	1～100	1
2	101～1000	2
3	1001～10 000	3
4	10 001～100 000	4
5	100 001～1 000 000	5
6	1 000 001～10 000 000	6
7	10 000 001～100 000 000	7
8	100 000 001～1 000 000 000	8
9	1 000 000 001～10 000 000 000	9
10	10 000 000 001～100 000 000 000	10

2.4.4　工具及资料

资产识别活动中，可能会使用下述工具或资料。

1. 自动化工具

尽管目前尚不存在可以完成资产识别活动的自动化工具，但可以借助一些资产管理工具或带有资产识别和管理功能的其他安全产品，如扫描工具、SOC或专门为评估定制的工具等，快速完成资产识别活动，缩短本活动所占用的时间。

1）资产管理工具

尽管不太多见，但市场上确实存在专门的资产管理产品或解决方案。这类产品专门为企业用户设计，便于管理员管理企业的IT资产，被管理的对象主要是主机（包括其中的操作系统和应用程序）和网络设备，这些被管理对象一般都具有IP地址。某些较为高级的产品具有拓扑结构发现功能。

为了实现更多的管理功能，需要在被管理的服务器或客户端上安装相应的代理程序。征得被评估单位的同意后，才可以使用资产管理工具来完成资产识别工作。

另外，更加复杂的安全解决产品或方案，可能具有用于资产管理的功能模块，例如SOC。

2）主动探测工具

对于评估单位来说，更倾向于使用一些可以针对IT资产进行主动探测的工具。因为使用这类产品无须在被评估组织的实际业务系统中大规模部署。

目前一些较为先进的漏洞扫描工具，在专门的扫描策略下，可以完成对绝大部分IT资产的精确辨别，其基本要求是被辨别或被识别的对象应该具有各自的IP地址，这样就可以省去资产识别人员大量的现场调查和访谈工作，大大节约资产识别活动花费的时间。

根据相关标准对信息资产的定义，信息资产并非仅限于带有IP地址的信息系统组件，通常还会包括人员、数据存储介质、文档、线路、非IT辅助设备等。而这些对象都无法被前面提到的两类工具自动发现。因此，实际评估项目中，还需要人工完成上述资产的识别活动。

2. 手工记录表格

在资产识别活动中，评估单位需要提供用于资产识别活动的记录表格，示例见表2-7。以下人工资产识别活动的记录表格仅供参考，可根据评估活动的实际情况或用户要求，对表格中的记录项进行增加或删除。

3. 辅助材料

被评估组织应提供最新的、详细的网络拓扑图，以及业务运行流程图，这有助于资产识别活动的开展，还可以避免在资产识别过程中发生遗漏。

如果被评估组织以前曾经进行过风险评估，可以在上次评估活动生成的资产识别列表的基础上，仅对变更的资产进行识别，也可大大节约本阶段所需要的时间，提高工作效率。

表 2-7 资产识别记录表格示例

<table>
<tr><th colspan="4">资产识别记录表</th></tr>
<tr><td>项目名称或编号</td><td></td><td>表格编号</td><td></td></tr>
<tr><th colspan="4">资产识别活动信息</th></tr>
<tr><td>日　　期</td><td></td><td>起止时间</td><td></td></tr>
<tr><td>访谈者</td><td></td><td rowspan="2">访谈对象及说明</td><td></td></tr>
<tr><td>地点说明</td><td></td><td></td></tr>
<tr><th colspan="4">记录信息</th></tr>
<tr><td>所属业务</td><td></td><td>业务编号</td><td></td></tr>
<tr><td>所属类别</td><td></td><td>类别编号</td><td></td></tr>
<tr><td>资产名称</td><td></td><td>资产编号</td><td></td></tr>
<tr><td>IP 地址</td><td></td><td>物理位置</td><td></td></tr>
<tr><td>功能描述</td><td colspan="3"></td></tr>
<tr><td>保密性要求</td><td colspan="3"></td></tr>
<tr><td>完整性要求</td><td colspan="3"></td></tr>
<tr><td>可用性要求</td><td colspan="3"></td></tr>
<tr><td>重要程度</td><td colspan="3"></td></tr>
<tr><td>安全控制措施</td><td colspan="3"></td></tr>
<tr><td>负责人</td><td colspan="3"></td></tr>
<tr><td>备注</td><td colspan="3"></td></tr>
</table>

2.4.5 输出结果

在资产划分的基础上，再进行资产的统计、汇总，形成完备的《资产及评价报告》。此报告属于评估活动的中间结果，将被视为分析阶段的输入文档之一。在评估方案中，如果未明确指明此报告需要作为中间结果提交给被评估方，那么此报告可以不必提交给被评估组织。

2.5 威胁识别

根据《信息安全风险评估规范》对应部分的阐述：“威胁是一种对组织及其资产构成潜在破坏的可能性因素，是客观存在的。”

威胁是构成信息安全风险不可缺少的要素之一：在信息资产及其相关资产存在脆弱性和相应的安全控制措施缺失或薄弱的条件下，威胁总是通过某种具体的途径或方式，作用到特定的信息资产之上，并破坏该资产的一个或多个安全属性，从而产生信息安全风险。

威胁识别主要是识别被评估组织或资产直接或间接面临的威胁，以及相应的分类和赋值等活动。威胁识别活动的主要目的是建立风险分析所需要的威胁场景。

2.5.1　工作内容

1. 威胁识别

(1) 实际威胁识别：通过访谈和检测工具识别并记录被评估组织近期曾经实际出现过的威胁。

(2) 潜在威胁识别：根据被评估组织的特点，结合当前信息安全总体的威胁统计和趋势，分析被评估组织面临的潜在威胁。

2. 威胁分类

对上述实际发生过的和潜在的威胁进行分类。与资产分类的目的类似，对威胁进行分类可以简化后续分析、赋值和计算等活动的工作量。

3. 威胁赋值

某些具体的风险计算方法，需要在这个阶段中对威胁进行赋值。因此，需要对具体威胁或威胁类别进行赋值，作为后续计算的输入。

4. 构建威胁场景

在前面威胁识别、威胁分类和威胁赋值的基础上，为每个或每类关键资产构建威胁场景。

2.5.2　参与人员

威胁识别活动的主体是评估团队中的威胁识别小组。另外，在实际威胁调查的活动中，如访谈和工具检测等，还需要来自于被评估组织的人员参与。

(1) 访谈：关键资产的所有者或负责人作为访谈对象。

(2) 工具检测：被检测网络的管理员、被检测系统的管理员。

被评估组织的项目负责人负责上述本方人员的落实。

2.5.3　工作方式

1. 威胁识别

1) 针对实际威胁的识别活动

本活动的目的是：识别并记录被评估组织实际发生过的威胁。完成此活动可以通过人员访谈和工具检测等方式。

人员访谈方式可以使威胁识别小组快速地了解被评估组织近期发生过何种威胁。被访谈的对象应是关键资产的所有者或负责人。通过面对面交流，围绕特定的关键资产或资产类别，威胁识别小组成员可以从被访谈对象口中，直接获得关键资产曾经遭受过哪些具体威胁的破坏，或对一些安全事件表面现象进行分析后，间接获得安全事件背后的威胁源头。在进行人员访谈时，应指定威胁小组中的一位成员负责访谈过程中的记录工作。

由于能力或手段上的局限,被评估组织人员无法察觉所有实际发生过的威胁。这就需要依靠威胁识别小组成员的专业技能或使用专业的工具来检测这些不易察觉的威胁。工具检测活动主要从网络流量和日志两个方面入手。

从网络流量入手是通过对网络流量进行不间断地分析,从中发现攻击、入侵或非法访问等行为。一般使用IDS来完成这项工作;条件允许时,还可以考虑使用协议分析工具,来检测网络中的异常活动。如果被评估组织已经部署了上述工具,威胁小组可以直接获取检测结果。而从日志记录入手的原理在于,信息系统各组件一般都具有丰富的审计能力并生成日志记录,威胁识别小组可以利用日志分析工具,从这些日志记录中,快速地获取威胁信息。

上面两种威胁识别活动,应采取统一的格式记录被识别的威胁。记录中应包含以下信息。

(1) 关键资产名称或类别名称。

(2) 工具检测活动的说明信息:时间、地点和检测方式。

(3) 威胁主体。

(4) 威胁来源或方位。

(5) 途径和方式说明。

(6) 现象,如次数、周期等。

(7) 结果和影响。

(8) 后续补救措施。

需要注意的是,应将工具检测过程中的原始数据全部保留下来,便于被评估组织日后的核查和加固工作。针对那些对安全性和实时性要求非常苛刻的系统进行威胁识别时,使用工具检测需要谨慎。另外,工具检测内容毕竟有限,因此,可能需要威胁识别小组成员对被评估的系统或设备进行更深入的人工检查。

2) 针对潜在威胁的识别活动

上述针对实际威胁的识别活动,只能发现那些曾经发生过的威胁。某些威胁从未发生过,并不意味着这些威胁永远不会出现。而且,随着技术的发展,总会有新的威胁出现;组织业务和信息系统的调整,也可能会引入新的威胁。所以,除了识别实际威胁外,还应根据当前总体的威胁态势,识别被评估组织面临的一些潜在威胁。

经过准备阶段中"前期系统调研"活动,评估团队主要成员已经对被评估组织的业务、信息系统、组织和人员等方面有了基本了解。在此基础上,威胁识别小组成员通过对整体威胁态势的掌握和依靠外部威胁的统计报告,结合被评估组织的实际情况,便可大致确定被评估组织面临的潜在威胁。

既然此项活动识别的是潜在威胁,这就意味着这种威胁可能发生,也可能不发生。被评估单位的人员就会对此项活动的识别结果产生不同程度的怀疑。那么,对于每个被识别出来的潜在威胁,评估人员应提供详细的描述和实例,以说明潜在威胁分析、识别的结论。通常可以从以下几个方面说明理由。

威胁途径:根据被评估组织的实际情况,描述出某种威胁具备发生或传播的途径。

防护措施:安全防护或检测措施的缺失或薄弱,使得某种威胁有可乘之机。

威胁动机:组织通常将绝大部分的安全投资用于抵御外部威胁,而对于其内部人员控制措施较薄弱,同时无法排除内部人员具有不良动机。

外部统计数据:国际和国内的一些机构,如国家计算机网络应急技术处理协调中心,会在 http://www.cert.org.cn 网站上定期发布安全公告和阶段性安全事件的统计数据。这些数据对被评估单位进行威胁分析很有帮助。

潜在威胁识别记录内容应包括：

① 威胁主体和动机；

② 威胁来源或方位；

③ 途径和方式说明；

④ 缺失或薄弱的安全控制措施；

⑤ 威胁的客体；

⑥ 可能的结果；

⑦ 后续补救措施。

2. 威胁分类

对已经发生过的和潜在的威胁进行分类。与资产分类的目的类似，对威胁进行分类可以简化后续分析、赋值和计算等活动的工作量。

《信息安全风险评估规范》给出了两种威胁分类的方式：一种是基于来源对威胁进行分类，见表 2-8；一种是基于表现形式对威胁进行分类，见表 2-9。

表 2-8 《信息安全风险评估规范》中基于来源的威胁分类表

来源		描述
环境因素		断电、静电、灰尘、潮湿、温度、鼠蚁虫害、电磁干扰、洪灾、火灾、地震等环境条件或自然灾害，意外事故或软件、硬件、数据、通信线路方面的故障
人为因素	恶意人员	不满的或有预谋的内部人员对信息系统进行恶意破坏。 采用自主或内外勾结的方式盗窃机密信息或进行篡改，获取利益。 外部人员利用信息系统的脆弱性，对网络或系统的保密性、完整性和可用性进行破坏，以获取利益或炫耀能力
	非恶意人员	内部人员由于缺乏责任心，或者由于不关心和不专注，或者没有遵循规章制度和操作流程而导致故障或信息损坏。 内部人员由于缺乏培训、专业技能不足、不具备岗位技能要求而导致信息系统故障或被攻击

表 2-9 《信息安全风险评估规范》中基于表现形式的威胁分类表

种类	描述	威胁子类
软硬件故障	由于设备硬件故障、通信链路中断、系统本身或软件缺陷造成对业务实施、系统稳定运行的影响	设备硬件故障、传输设备故障、存储媒体故障、系统软件故障、应用软件故障、数据库软件故障、开发环境故障
物理环境影响	断电、静电、灰尘、潮湿、温度、鼠蚁虫害、电磁干扰、洪灾、火灾、地震等环境问题或自然灾害	
无作为或操作失误	由于应该执行而没有执行相应的操作，或无意地执行了错误的操作，对系统造成的影响	维护错误、操作失误

续表

种　　类	描　　述	威胁子类
管理不到位	安全管理无法落实、不到位,造成安全管理不规范或者管理混乱,从而破坏信息系统正常有序运行	
恶意代码和病毒	具有自我复制、自我传播能力,对信息系统构成破坏的程序代码	恶意代码、木马后门、网络病毒、间谍软件、窃听软件
越权或滥用	通过采用一些措施,超越自己的权限,访问了本来无权访问的资源,或者滥用自己的职权,做出破坏信息系统的行为	未授权访问网络资源、未授权访问系统资源、滥用权限非正常修改系统配置或数据、滥用权限泄露秘密信息
网络攻击	利用工具和技术,如侦察、密码破译、安装后门、嗅探、伪造和欺骗、拒绝服务等手段,对信息系统进行攻击和入侵	网络探测和信息采集、漏洞探测、嗅探(账户、口令、权限等)、用户身份伪造和欺骗、用户或业务数据的窃取和破坏、系统运行的控制和破坏
物理攻击	通过物理的接触造成对软件、硬件、数据的破坏	物理接触、物理破坏、盗窃
泄密	信息泄露给不应了解的他人	内部信息泄露、外部信息泄露
篡改	非法修改信息、破坏信息的完整性,使系统的安全性降低或信息不可用	篡改网络配置信息、篡改系统配置信息、篡改安全配置信息、篡改用户身份信息或业务数据信息
抵赖	不承认收到的信息和所做的操作和交易	原发抵赖、接收抵赖、第三方抵赖

3. 构建威胁场景

在前面威胁识别和威胁分类的基础上,接下来需要为每个关键资产或关键资产类别构建威胁场景图,为后续的风险分析和计算活动进一步缩小范围。

威胁场景实质上是为每个关键资产或关键资产类别与其所面临的实际和潜在威胁建立对应关系。这样做可以获得以下两个方面的益处:首先,排除掉那些不可能存在的“关键资产-威胁”对,避免在后续的风险分析和计算活动中浪费时间和人力;其次,威胁场景除了建立起关键资产与其面临威胁之间的对应关系外,还明确了威胁的来源、途径和结果,有助于后续风险分析阶段结合脆弱性和已有的安全控制措施进行影响和可能性分析。

一旦威胁突破了已有的安全控制措施,利用了资产或其相关资产的脆弱性,就会对该资产的某个或某些安全属性造成破坏,从而导致以下不期望的结果发生。

(1) 泄露——保密性(C)遭破坏,主要针对数据类的资产。

(2) 篡改——完整性(I)遭破坏,主要针对数据类或软件类的资产。

(3) 中断——可用性(A)遭破坏,主要指网络通信和服务。

(4) 损失或破坏——可用性(A)遭破坏,主要指数据、软件和物理形式的资产。

4. 威胁赋值

对威胁出现的频率进行等级化处理,不同等级分别代表威胁出现的频率的高低。等级数值越大，威胁出现的频率越高。如果不考虑其他因素(例如，资产、脆弱性和已有的安全措施，以及被评估组织其他的实际情况)而单纯地对威胁进行评价或赋值，就势必会割裂风险构成要素之间的内在联系，使得后面风险分析和计算结果的可信程度受到质疑，所以威胁识别要与资产识别相联系。

威胁识别要从威胁源、事件发生后对信息资产的影响程度(或造成的损失)和事件发生的可能性等多方面来考虑。某个信息资产面临的单个威胁综合值计算公式为

$$t = T_s + T_i$$

其中，t 为单个威胁综合值，T_s 为威胁来源值，被定义为一个1～5内的数值，T_i 为影响程度值，也被定义为一个1～5内的数值，因此可以计算出某个信息资产面临的单个威胁综合值。

威胁来源值 T_s：按照威胁性级别的不同可定义为1～5内的数值。暂时定为将每一个威胁都为它分配一个威胁来源值，这样在以后的计算中，就可以根据用户对威胁的选择来自动计算威胁综合值了。威胁源示例必须补充、分配给每一个威胁源。

影响程度值 T_i：按照安全事件发生后会对业务产生的影响，暂时定为让用户来选择，让用户看到定义，根据实际情况来选择影响程度值。

综上所述，一个信息资产面临的所有威胁综合值，等于所有单个威胁综合值相加后除以威胁个数的2倍，再将此计算结果四舍五入，最后的结果是一个1～5的整数。计算公式为

$$T = \mathrm{INT}\left\{\sum_{i=1}^{N}(t_i)\right\}/2N + 0.5$$

例如，某一信息资产共有5个威胁源，它们各自的威胁来源值和影响程度值见表2-10。

表2-10　某一信息资产各威胁源的威胁来源值和影响程度值

威胁源	威胁来源值 T_s	影响程度值 T_i	单个威胁综合值 t_i
威胁 T_1	1.5	3.5	5.0
威胁 T_2	3.7	4.0	7.7
威胁 T_3	2.3	0.5	2.8
威胁 T_4	2.2	3.0	5.2
威胁 T_5	1.9	1.5	3.4

由表2-10已知，数据可得5个威胁源的单个威胁综合值相加后的和为 $\sum_{i=1}^{5}(t_i) = 24.1$，从而该信息资产面临的所有威胁综合值为 $T = 3$。

2.5.4　工具及资料

在针对实际威胁识别活动中，可能会使用IDS、安全审计等工具，以及人员访谈所需的记录表格。

2.5.5　输出结果

(1) 威胁列表。

(2) 关键资产的威胁场景。

2.6 脆弱性识别

脆弱性是指资产中可能被威胁所利用的弱点,包括技术脆弱性和管理脆弱性。

2.6.1 工作内容

各类技术脆弱性的存在,势必会大大增加安全事件发生的可能性,从而加大信息系统整体的安全风险。因此,需要对信息系统中当前的脆弱性进行识别,脆弱性识别应包括以下活动。

(1) 脆弱性识别。通过扫描工具或手工等不同方式,识别当前系统中存在的脆弱性。

(2) 识别结果整理与展示。在实际评估项目中,被评估组织往往会要求评估单位提交脆弱性识别活动的阶段成果,所以在脆弱性识别阶段,还应将脆弱性识别结果以合理的方式展现给被评估组织。

(3) 脆弱性赋值。某些具体的风险分析和计算方法,需要对脆弱性赋值后方能完成后续的风险计算活动。如果评估活动选用了上述类型的风险分析和计算方法,应根据一定的赋值准则,对被识别的脆弱性进行赋值。

2.6.2 参与人员

本部分具体活动与参与人员的对应关系见表 2-11。

表 2-11 脆弱性识别工作的参与人员

序号	活动名称	参与人员	
		来自于评估单位	来自于被评估单位
1	脆弱性识别	项目负责人 脆弱性识别小组	项目负责人 识别活动中配合人员或访谈对象
2	脆弱性识别结果整理与展现	脆弱性识别小组	
3	脆弱性赋值	脆弱性识别小组	

2.6.3 工作方式

1. 脆弱性识别方法

依据《信息安全风险评估规范》相关内容的阐述,脆弱性识别所采用的方法主要如下。

(1) 问卷调查。

(2) 工具检测。

(3) 人工检查。

(4) 文档查阅。

(5) 渗透性测试等。

其中,工具检测具有非常高的效率,因而是在实际评估项目中评估单位大都会选用的一种方式。但考虑到工具扫描具有一定风险,在对可用性要求较高的重要系统进行脆弱性识别时,经常会使用人工检查的方式。

2. 脆弱性识别原则

在识别信息系统的脆弱性时,需要坚持以下原则。

1) 全面考虑和突出重点相结合的原则

由于脆弱性可能存在于系统的任何环节、任何部位,所以识别时要进行全面的考虑,仔细考察每一个因素。可以从信息系统的共性总结出共通的脆弱性。但是,每个信息系统都有其独有的特点,其所处环境、服务对象和目的、系统结构、提供服务和操作人员各不相同,所具有的脆弱性也各有侧重,需要针对具体系统做出具体分析,从组织的实际需求出发,从业务角度进行识别,兼顾安全管理和业务运营。

2) 局部与整体相结合的原则

信息系统是由硬件设备及其软件、应用服务、文档等对象组成的一个整体,系统中任何元素的脆弱性都会造成整个系统的脆弱性。因此,确定信息系统的脆弱性时,必须考虑每个主机和设备甚至其单个组件的脆弱性。但这并不够,因为复杂的信息系统是组成它的各个元素相互作用的结果,所有元素本身不存在脆弱性并不能保证它们交互的结果——整个系统不会产生新的脆弱性。所以,在从微观的角度考察各个组成元素的同时,更需要从整体上、从系统的层面来辨识脆弱性。

3) 层次化原则

国际标准化组织在开放系统互连标准中定义了包含七层的网络互连参考模型,不同的层次完成不同的功能。现有网络信息系统架构基本上遵循这一标准,因此,为了保障系统的安全性,需要在各层分别提供不同的安全机制和安全服务。相应地,系统在各个层次上都可能存在脆弱性,而且脆弱性也具有层次性,评估时必须考虑层次化特点。

4) 手工与自动化工具相结合的原则

当前已经出现许多脆弱性自动扫描工具,工具的使用可大大减轻手工劳动的强度,加快进度,但在涉及管理方面的问题时,工具往往无能为力。例如,人员管理、制度等方面的脆弱性往往难以通过工具识别。而且目前的识别工具大多只是进行局部识别,最多也只是能够对单一主机的多种组件进行简单的相关检查,目前还无法对多台主机构成的网络和系统进行有效的脆弱性识别,只能依靠人力完成。通过问卷调查、会议、访谈、专家检查、网上脆弱性信息收集、渗透测试、入侵检测、审计和自评估等方法识别出系统的脆弱性后,还需要对这些脆弱性进行等级赋值,由被威胁利用的可能性和可能造成资产损失的严重性确定,脆弱性被利用和造成损失程度越高,所应赋的等级也越高,通过对照标准表可以确定所有脆弱性的等级。

3. 脆弱性识别内容

脆弱性是资产本身存在的,如果没有被相应的威胁利用,单纯的脆弱性本身不会对资产造成损害。而且如果系统足够强健,严重的威胁也不会导致安全事件发生,造成损失。即威胁总是要利用资产的脆弱性才可能造成危害。资产的脆弱性具有隐蔽性,有些脆弱性只有在一定条件和环境下才能显现,这是脆弱性识别中最为困难的部分。不正确的、起不到应有作用的或没有正确实施的安全措施本身就可能是一个脆弱性。

脆弱性识别是风险评估中最重要的一个环节。脆弱性识别可以以资产为核心,针对每一项需要保护的资产,识别可能被威胁利用的弱点,并对脆弱性的严重程度进行评估;也可以从物理、网络、系统、应用等层次进行识别,然后与资产、威胁对应起来。脆弱性识别的依据可以是国际或国家安全标准,也可以是行业规范、应用流程的安全要求。对应用在不同环境中的相同的弱点,其脆弱性严重程度是不同的,评估者应从组织安全策略的角度考虑、判断资产的脆弱性及其严重程度。信息系统所采用的协议、应用流程的完备与否、与其他网络的互联等也应考虑在内。表 2-12 和表 2-13 分别给出了《信息安全风险评估规范》中的脆弱性分类表和脆弱性与威胁对应关系表。

表 2-12 脆弱性分类表

类型	识别对象	识别内容
技术脆弱性	物理环境	从机房场地、机房防火、机房供配电、机房防静电、机房接地与防雷、电磁防护、通信线路的保护、机房区域防护、机房设备管理等方面进行识别
	网络结构	从网络结构设计、边界保护、外部访问控制策略、内部访问控制策略、网络设备安全配置等方面进行识别
	系统软件(含操作系统及系统服务)	从补丁安装、物理保护、用户账号、口令策略、资源共享、事件审计、访问控制、新系统配置(初始化)、注册表加固、网络安全、系统管理等方面进行识别
	数据库软件	从补丁安装、鉴别机制、口令机制、访问控制、网络和服务设置、备份恢复机制、审计机制等方面进行识别
	应用中间件	从协议安全、交易完整性、数据完整性等方面进行识别
	应用系统	从审计机制、审计存储、访问控制策略、数据完整性、通信、鉴别机制、密码保护等方面进行识别
管理脆弱性	技术管理	从物理和环境安全、通信与操作管理、访问控制、系统开发与维护、业务连续性等方面进行识别
	组织管理	从安全策略、组织安全、资产分类与控制、人员安全、符合性等方面进行识别

表 2-13 脆弱性与威胁对应关系表

脆弱性类别	描述	威胁映射
环境类	缺乏对建筑物、门、窗等的物理保护	盗窃
	对建筑物和房屋等的物理访问控制不充分或不仔细	故意破坏
	不稳定的电力供应	电涌
	建筑物坐落于易发洪水的区域	洪水
硬件	缺少硬件定期更换的计划	存储介质失效
	电压敏感性	电压波动
	温度敏感性	温度大幅度变化
	对湿度、灰尘、泥土等敏感	潮湿、灰尘、泥土等
	电磁辐射敏感性	电子干扰
	缺乏配置更改控制	配置人员错误

续表

脆弱性类别	描 述	威胁映射
软件	软件测试过程缺失或不充分	未授权用户使用
	用户接口复杂	操作人员错误
	缺少用户认证、鉴权机制	用户身份被冒名顶替
	缺乏审计记录	软件被非授权使用
	广为人知的软件漏洞	软件被非授权使用
	未受保护的口令表	用户身份被冒名顶替
	口令管理机制薄弱(如使用易被猜出的口令、用明文存储口令和口令没有强制性定期更改策略等)	用户身份被冒名顶替
	错误的访问权限分配	用非授权的方式使用软件
	对下载和使用软件没有进行控制	恶意软件
	离开计算机时没有退出登录	软件被非授权使用
	缺乏有效的代码修改控制	软件错误
	缺少文档	操作人员错误
	缺少备份软件	人为威胁或环境威胁
	重复使用的介质未进行合适的数据清除处理	未授权用户使用
	不必要的服务被启用	软件被非授权使用
	不成熟的或新软件	不完全和不充分的测试
	广泛分发软件	分发过程中软件的一致性破坏
通信	未保护的通信线路	窃听
	电缆连接点	通信渗透
	缺乏对发送方和接收方身份认证和鉴权机制	身份冒用
	明文传送口令	非法用户访问网络
	缺乏对发送和接受信息的证明	抵赖
	拨号线路	非法用户访问网络
	敏感流量未保护	窃听
	不足的网络管理	流量过载
	未保护的公共网络连接	软件被非授权使用
	不安全的网络结构	网络入侵
文档	未保护的存储介质	盗窃
	丢弃	盗窃
	未对复制进行控制	盗窃
人员	人员旷工	人手不足
	未对外部人员或清洁工人的工作进行监管	盗窃
	安全训练不足	操作人员错误
	缺乏安全意识	用户错误
	软件和硬件的错误使用	操作人员错误
	缺乏监控机制	软件被非授权使用
	缺乏对通信介质和消息正确使用的策略	网络设施的非授权使用
	缺乏信息处理设施使用授权	故意破坏
	对公共可用信息的正式处理缺乏授权机制	输入垃圾数据
	缺乏对访问权限审核的正式处理流程	非授权的访问
	缺乏对移动计算机使用的安全策略	盗窃

续表

脆弱性类别	描　　述	威胁映射
人员	缺乏对 ISMS 文档进行控制的处理流程	输入垃圾数据
	缺乏对用户进行注册和注销的正式处理流程	非授权的访问
	缺乏对工作场所外资产的控制	盗窃
	缺乏服务等级协议	维护错误
	缺乏对办公桌和计算机屏幕的清空策略	信息偷窃
	同客户和第三方的合同里缺乏安全相关的条款	非授权的访问
	同雇员的合同里缺乏安全相关的条款	非授权的访问
	缺少持续性的计划	技术故障
	缺少信息安全责任的合理分配	抵赖
	缺乏电子邮件的使用策略	消息的错误传播
	缺乏风险的识别和评估流程	非授权的系统访问
	缺乏信息处理的分类	用户错误
	缺乏对知识产权的保护流程	信息偷窃
	缺乏安全漏洞的报告流程	非授权的网络设施使用
	缺乏新软件安装的管理流程	操作人员错误
	缺乏对信息处理设施的监控	非授权的访问
工作流程	缺乏定期审计	非授权的访问
	缺乏定期的管理审核	资源滥用
	缺乏对安全入侵行为的监控机制	故意破坏
	缺乏对工作岗位的信息安全责任描述	用户错误
	缺乏对管理和操作日志中错误报告的记录	软件被非授权使用
	缺乏对管理和操作日志中的记录	操作人员错误
	缺乏对安全事故的处理规则	信息盗窃
业务应用	不正确的参数设置	用户错误
	对应用程序使用了错误的数据	数据不可用
	不能生成管理报告	非授权访问
	日期不正确	用户错误
常见应用	单点故障	通信服务故障
	不充分的维护响应服务	不合适的选择和操作控制等

脆弱性识别时的数据应来自于资产的所有者、使用者,以及相关业务领域和软硬件方面的专业人员等。脆弱性识别所采用的方法主要有:问卷调查、工具检测、人工核查、文档查阅、渗透测试等。脆弱性识别主要从技术和管理两方面进行,技术脆弱性涉及物理层、网络层、系统层、应用层等各个层面的安全问题。管理脆弱性又可分为技术管理脆弱性和组织管理脆弱性两方面,前者与具体技术活动相关,后者与管理环境相关。对不同的识别对象,其脆弱性识别的具体要求应参照相应的技术或管理标准实施。例如,对物理环境的脆弱性识别应按 GB/T 9361 中的技术指标实施;对操作系统、数据库应按 GB 17859—1999 中的技术指标实施。对管理脆弱性识别方面应按 GB/T 19716—2005 的要求对安全管理制度及其执行情况进行检查,发现管理漏洞和不足。

4. 脆弱性赋值

可以根据对资产的损害程度、技术实现的难易程度、弱点的流行程度，采用等级方式对已识别的脆弱性的严重程度进行赋值。由于很多弱点反映的是同一方面的问题，或可能造成相似的后果，赋值时应综合考虑这些弱点，以确定这一方面脆弱性的严重程度。

对某个资产，其技术脆弱性的严重程度还受到组织管理脆弱性的影响。因此，资产的脆弱性赋值还应参考技术管理和组织管理脆弱性的严重程度。脆弱性严重程度可以进行等级化处理，不同的等级分别代表资产脆弱性严重程度的高低。等级数值越大，脆弱性严重程度越高。将脆弱性基于严重性分级，对计算出的结果可以按表2-14所示进行定义。

表2-14 脆弱性等级表

等级	表示	定义
3	高	如果被威胁利用，将对资产造成完全破坏的结果
2	中	如果被威胁利用，将对资产造成一般损害的结果
1	低	如果被威胁利用，将对资产造成的损害可以忽略

与威胁识别相同，脆弱性的识别也要针对资产，并且还要求资产必须已存在威胁，这样才能正确地完成风险评估的任务，同时也可以让使用该系统的用户了解到资产与威胁和脆弱性之间的联系，深入理解风险评估的意义。

5. 脆弱性分类的设计

信息系统或资产存在的脆弱性一般可以分为脆弱性类型、识别对象、识别内容3个方面。通过对此3个方面的选择可确定具体的脆弱性。

2.6.4 工具及资料

1. 漏洞扫描工具

绝大部分评估项目中，都会使用到漏洞扫描工具。

在脆弱性识别活动中，使用漏洞扫描工具对被评估系统进行扫描，花费低、效果好、节省人力和时间。扫描工具与网络相对独立，并且安装运行简单，可以避免仅靠人工方式来检查漏洞，是进行风险分析的有力工具。

在评估项目中，安全扫描主要是通过评估工具以本地扫描的方式对评估范围内的系统和网络进行扫描，从内部和外部两个角度来查找网络结构、网络设备、服务器主机、数据和用户账号/口令等安全对象目标存在的安全风险、漏洞和威胁。

使用工具扫描活动，可以检测以下对象的安全漏洞。

(1) 信息探测类。

(2) 网络设备与防火墙。

(3) RPC服务。

(4) Web服务。

(5) CGI问题。

(6) 文件服务。

(7) 域名服务。

(8) Mail 服务。

(9) Windows 远程访问。

(10) 数据库问题。

(11) 后门程序。

(12) 其他服务。

(13) 网络拒绝服务(DoS)。

(14) 其他问题。

从网络层次的角度来看,扫描活动可以覆盖如下 3 个层面的安全:系统层安全、网络层安全和应用层安全。

2. 各类检查列表

评估单位根据相关安全标准、最佳安全实践以及各自的经验积累,为各类评估实体对象设计的检查表用于手工识别信息系统中常见组件中存在的安全漏洞。

除了可以规避扫描工具引入的风险外,依靠检查列表进行手工的脆弱性识别,还可以识别那些工具不易检测到的安全漏洞或薄弱设置。

3. 渗透测试

渗透测试是指在获取用户授权后,通过真实模拟黑客使用的工具、分析方法来进行实际的漏洞发现而利用的安全测试方法。这种测试方法可以非常有效地发现安全隐患,尤其是与代码审计相比,其使用的时间更短,也更有效率。在测试过程中,用户可以选择渗透测试的强度,例如,不允许测试人员对某些服务器或在线应用进行测试,防止影响其正常运行。通过对某些重点服务器进行准确、全面的测试,可以发现系统最脆弱的环节,以便对危害性严重的漏洞及时修补,以防后患。

进行渗透测试活动应在业务应用空闲的时候,或者在搭建的系统测试环境中进行。另外,渗透测试中采用的测试工具和攻击手段应在可控范围内,并同时准备完善的系统恢复方案。

建议选用技术水平高、有经验和具有良好职业道德的测试人员进行渗透性测试,这样才能达到良好的测试效果。

2.6.5 输出结果

1. 原始的识别结果

原始漏洞检测、识别报告文件。

2. 漏洞分析报告

对漏洞识别结果进行汇总、分析、分类,有助于被评估组织的信息安全主管或高层领导了解当前信息系统的安全状况,报告的原始数据可能来源于漏洞扫描的结果,也可能来源于漏洞扫描和手工检查的结果。

2.7 已有安全措施确认

2.7.1 工作内容

已有安全控制措施的识别与确认包括以下两个方面：技术控制措施的识别与确认，是识别已有的技术控制措施，并对其有效性进行分析和确认；管理和操作控制措施的识别与确认，是识别已有的管理和操作控制措施，并对其有效性进行分析和确认。

2.7.2 参与人员

本部分具体活动与参与人员的对应关系见表 2-15。

表 2-15 安全控制措施识别与确认工作的参与人员

序号	活动名称	参与人员	
		来自于评估单位	来自于被评估单位
1	技术控制措施的识别与确认	项目负责人 安全控制措施识别小组	项目负责人 识别活动中配合人员或访谈对象，主要包括被评估组织的安全主管、负责安全的管理员
2	管理和操作控制措施的识别与确认	项目负责人 安全控制措施识别小组	项目负责人 被评估组织的安全主管

2.7.3 工作方式

1. 技术控制措施的识别与确认

1）识别活动

技术安全控制措施一般会随着信息系统的建立、运行和维护，不断建设和完善，其保护对象一般十分明确，所以识别的工作比较简单。例如，通过查看被评估组织最新的网络拓扑图，可以识别被评估组织目前已有的网络安全技术控制措施；配合人员访谈方式，便可以更详细地了解技术控制措施。

为了便于开展识别工作，建议安全控制措施识别小组按照信息系统的层次进行识别活动，如按照以下层次进行。

(1) 网络层。关注在网络层面上的安全技术控制措施，如 Firewall/VPN、NIDS、安全网关、加密机等。

(2) 系统层。关注在系统层面上的安全技术控制措施，一般主要用于保护特定的系统，如防毒软件、HIDS、补丁分发工具等。

(3) 应用层。关注于专门针对应用或应用自身所固有的安全控制措施，如用于特定应用的 CA/PKI 设施、特定应用的审计功能。

(4) 数据层。关注于专门用于数据防护的安全控制措施,如一致性校验、存储和备份系统。

上述分层识别的方式比较直观,但在识别每一个层面的安全技术控制措施时,还是难免发生遗漏。所以可以针对每个层面,从不同安全服务或功能入手,识别已有技术控制措施。

识别结束后,应按照一定的格式记录识别结果。记录已有技术控制措施时,应注明每项技术控制措施的目的、型号、所在位置和防护范围等。另外,通过访谈、分析,安全控制措施识别小组应提出缺失的技术控制措施及理由。

2) 确认有效性

确认已有安全控制措施的有效性,是指检查控制措施是否达到了被评估组织的期望。确定安全技术控制措施的有效性方式多种多样,其中主要的有访谈和调查、工作原理分析、无害测试三种。

2. 管理和操作控制措施的识别与确认

对于管理和操作方面的安全控制措施的识别和有效性确认活动,可以对照有关信息安全管理标准(ISO/IEC 27001)或最佳安全实践(NIST 的有关手册)制定的评估表格进行。本活动采用的具体工作方式主要是访谈和调查。识别小组在推动安全管理和操作控制措施识别和确认工作时,应按照如下工作流程进行:制定评估表格,确定访谈对象,访谈与调查。

3. 分析与统计

识别小组成员对调查结果进行统计和展现,便于被评估组织的高层能够从全局了解当前的安全管理状况。

根据统计结果,识别小组应结合被评估组织的实际情况,明确指明安全管理的哪些具体方面急需加强。安全控制措施赋值如表 2-16 所示。

表 2-16 安全控制措施赋值

已有控制措施值	定 义
0	没有相应的控制措施
50%	有相应的控制措施但不够完善或未得到很好的实施
100%	有相应的控制措施且比较完善,并得到很好的实施

2.7.4 工具及资料

安全控制措施识别与确认活动,需要用到以下工具或表格。

(1) 技术控制措施调查表。用于调查和记录被评估组织已经部署的安全控制措施。

(2) 管理和操作控制措施调查表。对照安全管理标准,调查和记录被评估组织已经采取的安全管理和操作控制措施。

(3) 涉密信息系统评测表格(可选,针对涉密信息系统的评估)。一般用于涉密信息系统的检查和评估,或一些重要信息系统的安全评估,如银行系统可以参考使用。

(4) 符合性检查工具。用于检查被评估组织当前对安全标准或策略的符合程度。

2.7.5 输出结果

安全控制措施识别与确认过程应提交以下输出结果：技术控制措施识别和确认结果；管理和操作控制措施识别和确认结果。

技术控制措施识别和确认结果包括：已有安全技术体系的描述，各项技术控制措施有效性分析结果，缺失或薄弱的安全控制措施的列表等。

管理和操作控制措施识别和确认结果包括：已有安全管理和操作控制措施的调查结果及其统计和分析结果，已有安全管理和操作控制措施的有效性检查结果，缺失或已经失效的安全管理和操作控制措施情况等。

2.8 风险分析与风险处理

2.8.1 风险分析与计算

在完成了资产识别、威胁识别、脆弱性识别，以及已有安全措施确认后，将采用适当的方法与工具确定威胁利用脆弱性导致安全事件发生的可能性。综合安全事件所作用的资产价值及脆弱性的严重程度，判断安全事件造成的损失对组织的影响，即安全风险。下面给出风险计算原理，以形式化加以说明。

$$风险值=R(A,T,V)=R(L(T,V),F(I_a,V_a))$$

其中，R 表示安全风险计算函数；A 表示资产；T 表示威胁；V 表示脆弱性；I_a 表示安全事件所作用的资产价值；V_a 表示脆弱性严重程度；L 表示威胁利用资产的脆弱性导致安全事件的可能性；F 表示安全事件发生后造成的损失。风险计算包括以下 3 个关键计算环节。

1. 计算安全事件发生的可能性

根据威胁出现频率及脆弱性的状况，计算威胁利用脆弱性导致安全事件发生的可能性，即

$$安全事件发生的可能性=L(威胁出现频率,脆弱性)=L(T,V)$$

在具体评估中，应综合攻击者的技术能力（专业技术程度、攻击设备等）、脆弱性被利用的难易程度（可访问时间、设计和操作知识公开程度等）、资产吸引力等因素来判断安全事件发生的可能性。

2. 计算安全事件发生后造成的损失

根据安全事件所作用的资产价值及脆弱性严重程度，计算安全事件一旦发生后造成的损失，即

$$\begin{aligned}安全事件发生后造成的损失&=F(安全事件所作用的资产价值,脆弱性严重程度)\\&=F(I_a,V_a)\end{aligned}$$

部分安全事件的发生造成的损失不仅仅是针对该资产本身，还可能影响业务的连续性；不同安全事件的发生对组织的影响也是不一样的。在计算某个安全事件的损失时，应将对组织的影响也考虑在内。

部分安全事件造成的损失的判断还应参照安全事件发生可能性的结果,对发生可能性极小的安全事件,例如处于非地震带的地震威胁、在采取完备供电措施状况下的电力故障威胁等,可以不计算其损失。

3. 计算风险值

根据计算出的安全事件发生的可能性以及安全事件发生后造成的损失,计算风险值,即

$$\begin{aligned}\text{风险值} &= R(\text{安全事件发生的可能性},\text{安全事件发生后造成的损失})\\ &= R(L(T,V),F(I_a,V_a))\end{aligned}$$

评估者可根据自身情况选择相应的风险计算方法计算风险值,如矩阵法或相乘法。矩阵法通过构造一个二维矩阵,形成安全事件的可能性与安全事件造成的损失之间的二维关系;相乘法通过构造经验函数,将安全事件的可能性与安全事件造成的损失进行运算得到风险值。

目前通用的风险评估中风险值计算涉及的风险要素一般为资产、威胁、脆弱性;由威胁和脆弱性确定安全事件发生可能性,由资产和脆弱性确定安全事件的损失,以及由安全事件发生的可能性和安全事件的损失确定风险值。

GB/T 20984—2007 附录 A 中有矩阵法和相乘法的风险计算示例。

1) 风险计算:相乘法

相乘法主要用于由两个或多个要素值确定一个要素值的情形,即 $z=f(x,y)$,函数 f 可以采用相乘法。

相乘法的原理为

$$z=f(x,y)=x\odot y$$

当 f 为增量函数时,$\odot$可以为直接相乘,也可以为相乘后取模等。例如,$z=f(x,y)=x\cdot y$,或 $z=f(x,y)=\sqrt{x\cdot y}$ 等。

相乘法提供一种定量的计算方法,直接使用两个要素值进行相乘得到另一个要素的值。相乘法的特点是简单明确,直接按照统一公式计算,即可得到所需结果。

共有两个重要资产:资产 A_1 和资产 A_2。

资产 A_1 面临三个主要威胁:威胁 T_1、T_2 和 T_3。

资产 A_2 面临两个主要威胁:威胁 T_4 和 T_5。

威胁 T_1 可以利用的资产 A_1 存在的一个脆弱性,脆弱性 V_1。

威胁 T_2 可以利用的资产 A_1 存在的两个脆弱性,脆弱性 V_2 和脆弱性 V_3。

威胁 T_3 可以利用的资产 A_1 存在的一个脆弱性,脆弱性 V_4。

威胁 T_4 可以利用的资产 A_2 存在的一个脆弱性,脆弱性 V_5。

威胁 T_5 可以利用的资产 A_2 存在的一个脆弱性,脆弱性 V_6。

资产价值分别是:资产 $A_1=4$,资产 $A_2=5$。

威胁发生频率分别是:威胁 $T_1=1$,威胁 $T_2=5$,威胁 $T_3=4$,威胁 $T_4=3$,威胁 $T_5=4$。

脆弱性严重程度分别是:脆弱性 $V_1=3$,脆弱性 $V_2=1$,脆弱性 $V_3=5$,脆弱性 $V_4=4$,脆弱性 $V_5=4$,脆弱性 $V_6=3$。

以下为相乘法风险计算过程。

两个资产的风险值计算过程类似,下面以资产 A_1 为例使用相乘法计算风险值。

资产 A_1 面临的主要威胁包括威胁 T_1、威胁 T_2 和威胁 T_3,威胁 T_1 可以利用的资产 A_1

存在的脆弱性有一个，威胁 T_2 可以利用的资产 A_1 存在的脆弱性有两个，威胁 T_3 可以利用的资产 A_1 存在的脆弱性有一个，则资产 A_1 存在的风险值包括 4 个。4 个风险值的计算过程类似，下面以资产 A_1 面临的威胁 T_1 可以利用的脆弱性 V_1 为例，计算安全风险值。其中计算公式使用：$z=f(x,y)=\sqrt{x\cdot y}$，并对 z 的计算值四舍五入取整得到最终结果。

(1) 计算安全事件发生可能性。

威胁发生频率：威胁 $T_1=1$。

脆弱性严重程度：脆弱性 $V_1=3$。

计算安全事件发生可能性，安全事件发生可能性$=\sqrt{1\times3}=\sqrt{3}$。

(2) 计算安全事件的损失。

资产价值：资产 $A_1=4$。

脆弱性严重程度：脆弱性 $V_1=3$。

计算安全事件的损失，安全事件的损失$=\sqrt{3\times4}=\sqrt{12}$。

(3) 计算风险值。

安全事件发生的可能性$=\sqrt{3}$。

安全事件损失$=\sqrt{12}$。

安全事件风险值$=\sqrt{3}\times\sqrt{12}=6$。

按照上述方法进行计算，得到资产 A_1 的其他风险值，以及资产 A_2 和资产 A_3 的风险值。然后再进行风险结果等级判定。

(4) 结果判定。

为实现对风险的控制与管理，可以对风险评估的结果进行等级化处理。可将风险划分为 5 级，等级越高，风险越高。

评估者应根据所采用的风险计算方法，计算每种资产面临的风险值，根据风险值的分布状况，为每个等级设定风险值范围，并对所有风险计算结果进行等级处理。每个等级代表了相应风险的严重程度。

表 2-17 提供了一种风险等级划分方法。

表 2-17 风险等级划分表

等级	标识	描述
5	很高	一旦发生将产生非常严重的经济或社会影响，如组织信誉严重破坏，严重影响组织的正常经营，经济损失重大，社会影响恶劣
4	高	一旦发生将产生较大的经济或社会影响，在一定范围内给组织的经营和组织信誉造成损害
3	中等	一旦发生会造成一定的经济、社会或生产经营影响，但影响面和影响程度不大
2	低	一旦发生造成的影响程度较低，一般仅限于组织内部，通过一定手段能很快解决
1	很低	一旦发生造成的影响几乎不存在，通过简单的措施就能弥补

结果判定：风险等级划分如表 2-18 所示。

表 2-18　风险等级划分

风险值	1～5	6～10	11～15	16～20	21～25
风险等级	1	2	3	4	5

根据上述计算方法，得到两个重要资产的风险值，并根据风险等级划分表，确定风险等级，如表 2-19 所示。

表 2-19　风险结果

资　　产	**威　　胁**	**脆 弱 性**	**风 险 值**	**风 险 等 级**
资产 A_1	威胁 T_1	脆弱性 V_1	6	2
	威胁 T_2	脆弱性 V_2	4	1
	威胁 T_2	脆弱性 V_3	22	5
	威胁 T_3	脆弱性 V_4	16	4
资产 A_2	威胁 T_4	脆弱性 V_5	15	3
	威胁 T_5	脆弱性 V_6	13	3

在风险值计算中，通常需要对两个要素确定的另一个要素值进行计算，例如由威胁和脆弱性确定安全事件发生的可能性值，由资产和脆弱性确定安全事件的损失值，因此相乘法在风险分析中得到广泛采用。

2）风险计算：矩阵法

矩阵法主要适用于由两个要素值确定一个要素值的情形。首先需要确定二维计算矩阵，矩阵内各个要素的值根据具体情况和函数递增情况采用数学方法确定，然后将两个元素的值在矩阵中进行比对，行列交叉处即为所确定的计算结果，即 $z=f(x,y)$，函数 f 可以采用矩阵法。

矩阵法的原理为

$$\boldsymbol{x}=\{x_1,x_2,\cdots,x_i,\cdots,x_m\},\quad 1\leqslant i\leqslant m,\quad x_i\ \text{为正整数}$$

$$\boldsymbol{y}=\{y_1,y_2,\cdots,y_j,\cdots,y_n\},\quad 1\leqslant j\leqslant n,\quad y_i\ \text{为正整数}$$

以要素 $\boldsymbol{x}$ 和要素 $\boldsymbol{y}$ 的取值构建一个二维矩阵，如表 2-20 所示。矩阵第 1 行为要素 $\boldsymbol{y}$ 的所有取值，矩阵第 1 列为要素 $\boldsymbol{x}$ 的所有取值。矩阵内 $m\times n$ 个值即为要素 $\boldsymbol{z}$ 的取值，$\boldsymbol{z}=\{z_{11},z_{12},\cdots,z_{ij},\cdots,z_{mn}\}$，$1\leqslant i\leqslant m$，$1\leqslant j\leqslant n$，$z_{ij}$ 为正整数。

表 2-20　矩阵构造

$\boldsymbol{x}$	$\boldsymbol{y}$					
	y_1	y_2	…	y_j	…	y_n
x_1	z_{11}	z_{12}	…	z_{1j}	…	z_{1n}
x_2	z_{21}	z_{22}	…	z_{2j}	…	z_{2n}
…	…	…	…	…	…	…
x_i	z_{i1}	z_{i2}	…	z_{ij}	…	z_{in}
…	…	…	…	…	…	…
x_m	z_{m1}	z_{m2}	…	z_{mj}	…	z_{mn}

对于 z_{ij} 的计算,可以采取以下公式:

$$z_{ij}=x_i+y_j$$

或

$$z_{ij}=x_i\times y_j$$

或

$$z_{ij}=\alpha\times x_i+\beta\times y_j$$

其中,α 和 β 为正常数。

z_{ij} 的计算需要根据实际情况确定,矩阵内 z_{ij} 值的计算不一定遵循统一的计算公式,但必须具有统一的增减趋势,即如果 f 是递增函数,z_{ij} 值应随着 x_i 与 y_j 的值递增,反之亦然。

矩阵法和相乘法计算过程基本相同。

共有 3 个重要资产,资产 A_1、资产 A_2 和资产 A_3。

资产 A_1 面临两个主要威胁,威胁 T_1 和威胁 T_2。

资产 A_2 面临一个主要威胁,威胁 T_3。

资产 A_3 面临两个主要威胁,威胁 T_4 和 T_5。

威胁 T_1 可以利用的资产 A_1 存在 2 个脆弱性,即脆弱性 V_1 和脆弱性 V_2。

威胁 T_2 可以利用的资产 A_1 存在 3 个脆弱性,即脆弱性 V_3、脆弱性 V_4 和脆弱性 V_5。

威胁 T_3 可以利用的资产 A_2 存在两个脆弱性,即脆弱性 V_6 和脆弱性 V_7。

威胁 T_4 可以利用的资产 A_3 存在一个脆弱性,即脆弱性 V_8。

威胁 T_5 可以利用的资产 A_3 存在一个脆弱性,即脆弱性 V_9。

资产价值分别是:资产 $A_1=2$,资产 $A_2=3$,资产 $A_3=5$。

威胁发生频率分别是:威胁 $T_1=2$,威胁 $T_2=1$,威胁 $T_3=2$,威胁 $T_4=5$,威胁 $T_5=4$。

脆弱性严重程度分别是:脆弱性 $V_1=2$,脆弱性 $V_2=3$,脆弱性 $V_3=1$,脆弱性 $V_4=4$,脆弱性 $V_5=2$,脆弱性 $V_6=4$,脆弱性 $V_7=2$,脆弱性 $V_8=3$,脆弱性 $V_9=5$。

(1) 计算安全事件发生可能性。

威胁发生频率:威胁 $T_1=2$。

脆弱性严重程度:脆弱性 $V_1=2$。

首先构建安全事件发生可能性矩阵,如表 2-21 所示。

表 2-21 安全事件发生可能性矩阵

威胁发生频率	脆弱性严重程度				
	1	**2**	**3**	**4**	**5**
1	2	4	7	11	14
2	3	6	10	13	17
3	5	9	12	16	20
4	7	11	14	18	22
5	8	12	17	20	25

然后根据威胁发生频率值和脆弱性严重程度值在矩阵中进行对照,确定安全事件发生可能性值等于 6。

由于安全事件发生可能性将参与风险事件值的计算,为了构建风险矩阵,对上述计算得到的安全风险事件发生可能性进行等级划分,如表 2-22 所示,安全事件发生可能性等级等于 2。

表 2-22 安全事件发生可能性等级划分

安全事件发生可能性值	1～5	6～11	12～16	17～21	22～25
发生可能性等级	1	2	3	4	5

(2) 计算安全事件的损失。

资产价值:资产 $A_1=2$。

脆弱性严重程度:脆弱性 $V_1=2$。

首先构建安全事件损失矩阵,如表 2-23 所示。

表 2-23 安全事件损失矩阵

资产价值	脆弱性严重程度				
	1	2	3	4	5
1	2	4	6	10	13
2	3	5	9	12	16
3	4	7	11	15	20
4	5	8	14	19	22
5	6	10	16	21	25

然后根据资产价值和脆弱性严重程度值在矩阵中进行对照,确定安全事件损失值等于 5。

由于安全事件损失将参与风险事件值的计算,为了构建风险矩阵,对上述计算得到的安全事件损失进行等级划分。如表 2-24 所示,安全事件损失等级等于 1。

表 2-24 安全事件损失等级划分

安全事件损失值	1～5	6～10	11～15	16～20	21～25
安全事件损失等级	1	2	3	4	5

(3) 计算风险值。

安全事件发生可能性=2;安全事件损失等级=1。

首先构建风险矩阵,如表 2-25 所示。

表 2-25 风险矩阵

损失等级	可　能　性				
	1	2	3	4	5
1	3	6	9	12	16
2	5	8	11	15	18
3	6	9	13	17	21
4	7	11	16	20	23
5	9	14	20	23	25

然后根据安全事件发生可能性和安全事件损失在矩阵中进行对照，确定安全事件风险等于 6。

按照上述方法进行计算，得到资产 A_1 的其他的风险值，以及资产 A_2 和资产 A_3 的风险。然后再进行风险结果等级判定。

(4) 结果判定。

风险等级划分方法见表 2-26。

表 2-26 风险等级划分

风险值	风险等级	风险值	风险等级	风险值	风险等级
1～6	1	13～18	3	24～25	5
7～12	2	19～23	4		

根据上述计算方法，并根据风险等级划分表，确定风险等级，如表 2-27 所示。

表 2-27 风险结果

资 产	威 胁	脆 弱 性	风 险 值	风 险 等 级
资产 A_1	威胁 T_1	脆弱性 V_1	6	1
	威胁 T_1	脆弱性 V_2	8	2
	威胁 T_2	脆弱性 V_3	3	1
	威胁 T_2	脆弱性 V_4	9	2
	威胁 T_2	脆弱性 V_5	3	1
资产 A_2	威胁 T_3	脆弱性 V_6	11	2
	威胁 T_3	脆弱性 V_7	8	2
资产 A_3	威胁 T_4	脆弱性 V_8	20	4
	威胁 T_5	脆弱性 V_9	25	5

矩阵法的特点在于通过构造两两要素计算矩阵，可以清晰罗列要素的变化趋势，具备良好的灵活性。在风险值计算中，通常需要对两个要素确定的另一个要素值进行计算，同时需要整体掌握风险值的确定，因此矩阵法在风险分析中同样得到广泛采用。

2.8.2 风险处理计划

风险评估和风险管理的过程是组织确定安全需求的重要一环。在确定风险、管理风险、选择控制目标与控制措施降低风险的过程中，组织应当在业务上考虑各种经济的、业务的、法律的约束条件。通过详细的风险分析，可以确定组织所面临的各种主要风险，通过引入适当的控制，将风险降到组织可以接受的程度，就可以满足风险所提出的安全需求。

了解组织信息安全需求的最主要的方式就是实施风险评估，对信息资产评估风险以后，组织能够：

(1) 评审风险的后果，评审安全事件的发生会对组织的业务有什么样的影响与损害；

(2) 对怎样管理风险做出决策，包括接受风险、避免风险、转移风险、降低风险；

(3) 采取相应的措施来实施风险管理决策和控制措施。

通过风险评估的结果，加上组织的业务和法律法规对信息安全的要求，组织就可以得到总的安全需求。为满足总的安全需求，可以通过以下流程与方法进行风险管理，见图 2-4 和图 2-5。

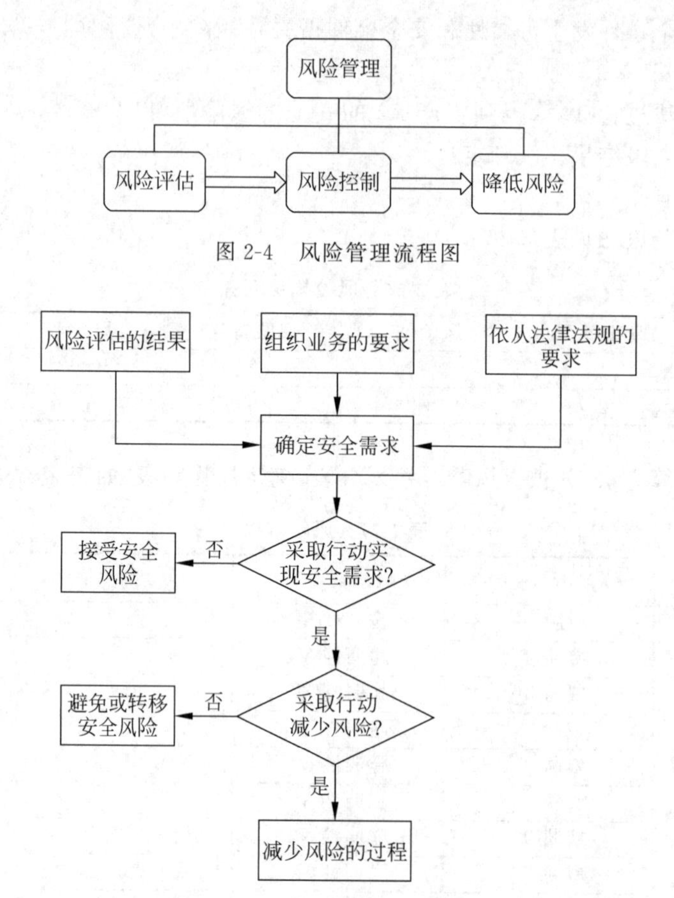

图 2-4　风险管理流程图

图 2-5　风险管理方法图

2.8.3　现存风险判断

依据信息安全风险评估结果，确定系统可接受的风险等级，把信息安全风险评估得出的风险等级划分为可接受和不可接受两种，形成风险接受等级划分表，表 2-28 是一种风险接受等级划分表的示例。

表 2-28　风险接受等级划分表示例

资 产 编 号	资 产 名 称	风 险 等 级	风险接受等级

2.8.4　控制目标确定

1. 风险控制需求分析

根据信息安全方针与策略的要求，为保护信息资产，管理层需要做出决策，对某些重要风险采取降低风险的办法，那么就需要导入合适的过程来选择相应的控制措施，通过选择和实施 ISO/IEC 27001 标准中的控制目标与控制措施，可以通过各种不同的方式来满足这些安全需求。

按照系统的风险等级接受程度，通过对信息系统技术层面的安全功能、组织层面的安全控制和管理层面的安全对策进行分析描述，形成已有安全措施的需求分析结果，表 2-29 是一种风险控制需求分析表的示例。

表 2-29　风险控制需求分析表示例

编　号	控制需求	说　明

2. 风险控制目标

控制目标的确定和控制措施的选择要考虑风险平衡与成本效益的原则，而且要考虑信息安全是一个动态的系统工程，组织应及时对选择的控制目标和控制措施加以校验和调整，以适应变化了的情况，使组织的信息资产得到有效、经济、合理的保护。

一方面，ISO/IEC 27001 标准中的控制措施并不是无所不包的，组织需要考虑额外的控制目标和控制措施来适应其特殊的需要；另一方面，ISO/IEC 27001 的控制措施不是在任何情况下都必须使用，不能解释所有的环境和技术限制，也不能以适应所有潜在用户的方式进行提交。所以组织需要检查这些控制措施，选择他们自己必需的控制措施。用户根据实际情况，可以不使用其中的某些控制措施，或增加其中没有涉及的控制措施，这些需要在适用性声明中加以说明。

依据风险接受等级划分表、风险控制需求分析表，确定风险控制目标，表 2-30 是一种控制目标表的示例。

表 2-30　控制目标表示例

编　号	控制目标	说　明

2.8.5　风险管理的方法

在风险评估的基础上建立信息安全管理体系，进行风险的处理和控制措施的选择。法律需求与业务需求是整个控制选择过程的重要内容，不可忽视，处理风险的方法同样适用于法律需求与业务需求对控制措施的要求。

依据风险控制需求分析表、控制目标表，制定控制措施的优先级别，控制措施的优先级定义参见表 2-31。

表 2-31 控制措施优先级表示例

控制措施优先级	定 义
高	控制成本低和/或对控制目标的安全状况影响大,建议优先落实
中	控制成本较低和/或对控制目标的安全状况影响较大,在短时间内落实
低	控制成本高和/或对控制目标的安全状况影响较低,在一定时间内落实

针对控制目标,综合考虑控制成本和实际的风险控制需求,建议采取适当的控制措施,表 2-32 是一种安全控制措施选择表的示例。

表 2-32 安全控制措施选择表示例

编 号	控制措施	对应控制目标	优 先 级

为了识别风险,要综合考虑威胁、脆弱性及其他风险评估的结果。一旦风险被识别出来,下一步要做的工作就是选择控制措施,减少风险,即通过以下途径达到降低风险的目的,几种风险管理方法描述如下。

1. 接受风险

对风险评估确定的风险可以通过四种方法进行管理。第一种方法就是决定是否在某一点上接受风险,不做任何事情,不引入控制措施。但是一般还是推荐采取一定的措施来避免安全风险产生安全事故,防止由于缺乏安全控制而对正常业务运营造成损害。

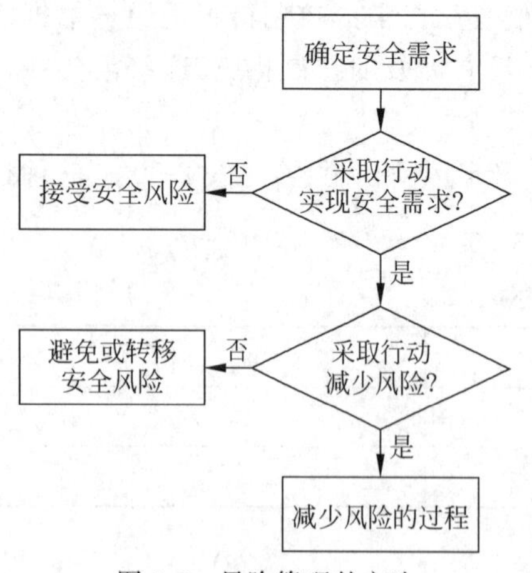

图 2-6 风险管理的方法

如果认为风险是组织不能接受的,那么就需要考虑其他 3 种方法来应对某个风险或某些风险,这 3 种方法如图 2-6 所示。

2. 避免风险

避免风险,又称规避风险,是组织决定绕过风险。例如,通过放弃某些业务活动或主动从风险区域撤离来避免风险,将重要的计算机系统与互联网隔离,免受外部网络的攻击。把整个组织撤离到安全场所可能会需要巨大的投入,这时可以考虑采用风险转移的方式;尽管有黑客的威胁,由于有业务的需要,组织不可避免地要使用互联网,这时可以考虑降低风险的方式。采用避免风险的措施时,需要在业务需求与资金投入方面进行权衡。

3. 转移风险

转移风险是组织在无法避免风险时的一种可能的选择,或者是在减少风险很困难、成本很高时采取的一种方法。例如,对已评估确认的价值较高、风险较大的资产进行投保,通过购买商业保险将风险进行转移。

另一种转移风险的方式把关键业务处理过程外包给专业的第三方组织，因为它们拥有更好的设备、更高水平的专业人员。这时，要考虑的是在与第三方签署的服务合同中详细描述所有的安全需求、控制目标与控制措施，以确保第三方提供服务时也能提供足够的安全。尽管这样，在许多外包项目的合同条款中，外购的信息及信息处理设施的安全责任大部分还是落在组织自己的身上，对于这一点，组织要有清醒的认识。

还有一种转移风险的方式是把要保护的资产从信息处理设施的风险区域转移出去，以减少对信息处理设施的安全要求。例如，一份高度机密的文件使得存储与处理此文件的网络的风险变得格外突出，如果把这份文件转移到单独的PC上，那么网络的风险就变得不那么突出了，也更容易处理了。

4. 降低风险

所谓降低风险就是通过选择控制目标与控制措施来降低评估确定的风险。需要结合下列各种控制措施来降低风险，使风险达到可接受的安全水平。

(1) 减轻威胁——减少威胁出现的可能性。

(2) 减少脆弱性——减轻并弥补系统脆弱性。

(3) 降低影响——把安全事件的影响降低到可接受的水平。

(4) 监测意外事件。

(5) 从意外事件中恢复。

这样就可以保证各种控制措施之间相互补充、相互支持，例如，技术控制与过程控制结合使用可以使两者更有效。再如，通过安装防病毒软件，防止系统受病毒感染；系统经常性地安装补丁包，修补系统漏洞，以防止系统脆弱性被利用；建立业务持续性计划，把灾难造成的损失降到最低；使用网络管理系统，网络性能与故障进行监测，及时发现出现的问题。

选择哪一种减少风险的方式，要根据组织运营的具体业务环境与条件来决定，总的原则是及时为减少风险所选的控制措施要与特定的业务要求相匹配，而且要对所选的控制措施进行充分的评估。

5. 处置残留风险

组织在实施所选择的控制措施后，总是有残留风险，这是因为组织的信息系统不可能是绝对安全的。甚至有些残留风险是组织有意未对某些资产进行保护而造成的，这是由于风险较低或要实施安全控制的成本太高。

风险接受是一个对残留风险进行确认和评价的过程。在安全控制实施后，组织就对已实施的安全控制进行评审，即对所选择的控制措施在多大程度上降低了风险做出判断，并根据残留风险的大小，将残留风险分为“可接受的”或“不可接受”的风险。对于无法接受的风险不应该容忍，而应该考虑再增加控制措施以降低那些风险。对于每一个无法接受的风险，必须将风险降低到一个可接受的水平。

组织的信息系统绝对安全(即零风险)是不可能的。组织在实施选择的控制后，总是有残留的风险，称为残留风险或残余风险。为确保组织的信息安全，残余风险应在可接受的范围内。一般情况下：

$$残余风险\ R_r = 原有风险\ R_o - 控制风险\ R_x$$

$$残余风险\ R_r \leqslant 可接受风险\ R_t$$

组织在完成了风险评估、降低风险与接受风险的风险管理过程后，可以将风险控制在一个可以接受的水平，但这并不意味着风险评估工作的结束。事实上，随着时间的推移，由于组织的业务环境在不断变化，新的威胁与脆弱性也在不断增加，组织由于业务要求可能要增加新的信息处理设施，有关信息的法律法规也在变化，所以风险也是随时间而变化的，风险管理是动态的、持续改进的过程，组织需要进行动态的风险评估与风险管理。特别是在以下情况发生时，应进行临时的风险评估，以便及时识别风险并进行有效控制。

(1) 当新增信息资产时。

(2) 当系统发生重大变更时。

(3) 发生严重信息安全事故时。

(4) 组织认为有必要时。

在选择控制措施时，组织应当建立一套标准，以便指导在可选与备选控制措施中选择最佳控制措施来满足安全需要。这种标准要包括所有的限制条件和限制因素，因为这对选择的决策有重要影响。

组织采用什么样的方法来评估安全需求和选择控制措施，完全由组织自己来决定，但无论采用什么样的方法、工具，都需要对前面所描述的 3 种安全需求进行评估，并逐一选择相关控制措施。

在法律需求、业务需求和风险评估结果基础上，选择控制措施的过程应当：

(1) 确定与评估能满足这 3 种安全需求的控制措施，使这些控制措施与业务环境匹配，并能应对可能出现的后果；

(2) 选择的控制措施要能最好地满足相关业务准则。

2.9 风险评估报告

通过信息安全风险评估，风险评估小组对组织的风险状况有一个非常清晰的理解，有关风险状况的信息必须以清晰有效的方式传达给组织。因此，需要编写记录评估过程所得结果的风险评估报告，供高层管理人员审阅，高层管理人员据此报告决定控制措施的选择和风险接受等问题。表 2-33 给出了一个信息安全风险评估报告示例。

表 2-33　信息安全风险评估报告示例

封皮	××××信息安全风险评估报告 被评估系统： 被评估单位： 评估类别： 负责人： 评估时间：
目录	
第 1 章　综述 介绍评估准备的相关内容。	

续表

第 2 章 识别并评价资产 介绍资产的识别和评价结果。
第 3 章 识别并评价威胁 介绍威胁的识别和评价结果。 第 4 章 识别并评价脆弱性 介绍脆弱性的识别和评价结果。
第 5 章 识别安全措施 介绍已有安全措施的识别和分析结果。
第 6 章 分析可能性和影响 介绍可能性和影响的分析结果。
第 7 章 风险计算 介绍风险的计算结果。 第 8 章 风险控制
介绍需控制的风险及控制措施。
第 9 章 总结 对本次评估进行总结。

2.10 信息系统生命周期各阶段的风险评估

信息安全风险评估应贯穿于信息系统的整个生命周期的各阶段中。信息系统生命周期是某一系统从无到有、再到废弃的整个过程,包括规划、设计、实施、运维和废弃 5 个基本阶段,各阶段中涉及的风险评估的原则和方法是一致的,但由于各阶段实施的内容、对象、安全需求不同,使得风险评估的对象、目的、要求等各方面也有所不同。

2.10.1 规划阶段的信息安全风险评估

在信息系统的规划阶段,确定信息系统的目的、范围和需求,分析和论证可行性,提出总体方案。

规划阶段信息安全风险评估的目的是识别系统的业务战略,用以支撑系统安全需求及安全战略等。规划阶段的评估应能够描述信息系统建成后对现有业务模式的作用,包括技术、管理等方面,并根据其作用确定系统建设应达到的安全目标。

本阶段评估中,资产、脆弱性不需要识别;威胁应根据未来系统的应用对象、应用环境、业务状况、操作要求等方面进行分析。评估着重以下几方面。

(1) 是否依据相关规则,建立了与业务战略一致的信息系统安全规划,并得到最高管理者的认可。

(2) 系统规划中是否明确信息系统开发的组织、业务变更的管理、开发优先级。

(3) 系统规划中是否考虑信息系统的威胁、环境,并制定总体的安全方针。

(4) 系统规划中是否描述信息系统预期使用的信息,包括预期的应用、信息资产的重要性、潜在的价值、可能的使用限制、对业务的支持程度等。

(5) 系统规划中是否描述所有与信息系统安全相关的运行环境，包括物理和人员的安全配置，以及明确相关的法规、组织安全政策、专门技术和知识等。

规划阶段的评估结果应体现在信息系统整体规划或项目建议书中。

2.10.2 设计阶段的信息安全风险评估

在信息系统的设计阶段：依据总体方案，设计信息系统的实现结构(包括功能划分、接口协议和性能指标等)和实施方案(包括实现技术、设备选型和系统集成等)。

本阶段风险评估中，应详细评估设计方案中对系统面临威胁的描述，将使用的具体设备、软件等资产及其安全功能需求列表。对设计方案的评估着重从以下几方面进行。

(1) 设计方案是否符合系统建设规划，并得到最高管理者的认可。

(2) 设计方案是否对系统建设后面临的威胁进行了分析。重点分析来自物理环境和自然的威胁，以及由于内、外部入侵等造成的威胁。

(3) 设计方案中的安全需求是否符合规划阶段的安全目标，并基于威胁的分析，制定信息系统的总体安全策略。

(4) 设计方案是否采取了一定的手段来应对系统可能的故障。

(5) 设计方案是否对设计原型中的技术实现以及人员、组织管理等各方面的脆弱性进行评估，包括设计过程中的管理脆弱性和技术平台固有的脆弱性。

(6) 设计方案是否考虑随着其他系统接入而可能产生的风险。

(7) 系统性能是否满足用户需求，并考虑到峰值的影响，是否在技术上考虑了满足系统性能要求的方法。

(8) 应用系统是否根据业务需要进行了安全设计。

(9) 设计方案是否根据开发的规模、时间及系统的特点选择开发方法，并根据设计开发计划及用户需求，对系统涉及的软件、硬件与网络进行分析和选型。

(10) 设计活动中所采用的安全控制措施、安全技术保障手段对风险结果的影响，在安全需求变更和设计变更后，也需要重复这项评估。

设计阶段的评估可以以安全建设方案评审的方式进行，判定方案提供安全功能与信息技术、安全技术标准的符合性。评估结果应体现在信息系统需求分析报告或建设实施方案中。

2.10.3 实施阶段的信息安全风险评估

在信息系统实施阶段，按照实施方案，购买和检测设备，开发定制功能集成、部署、配置和测试系统，培训人员等。

实施阶段信息安全风险评估的目的是根据系统安全需求和运行环境对系统开发、实施过程进行风险识别，并对系统建成后的安全性能进行验证。报据设计阶段分析的威胁和建立的安全控制措施，在实施及验收时进行质量控制。

基于设计阶段的资产列表、安全措施，实施阶段应对规划阶段的安全威胁进行进一步细分，同时评估安全措施的实现程度，从而确定安全措施能否抵御现有威胁、脆弱性的影响。实施阶段风险评估主要对系统的开发、技术、产品的获取与系统的交付实施两个过程进行评估。开发、技术、产品获取过程的评估要点包括如下几点。

(1) 法律、政策、适用标准和指导方针。直接或间接影响信息系统安全需求的特定法律；影响信息系统安全需求、产品选择的政府政策、国际或国家标准。

(2) 信息系统的功能需要。安全需求是否有效地支持系统的功能。

(3) 成本效益风险。是否根据信息系统的资产、威胁和脆弱性的分析结果，确定在符合相关法律、政策、标准和功能需要的前提下选择最合适的安全措施。

(4) 评估保证级别。是否明确系统建设后应进行怎样的测试和检查，从而确定是否满足项目建设、实施规范的要求。

系统交付实施过程的评估要点包括如下几点。

(1) 根据实际建设的系统，详细分析资产及其面临的威胁和脆弱性。

(2) 根据系统建设目标和安全需求，对系统的安全功能进行验收测试，评价安全措施能否抵御安全威胁。

(3) 评估是否建立了与整体安全策略一致的组织管理制度。

(4) 对系统实现的风险控制效果与预期设计的符合性进行判断，如存在较大的不符合，应重新进行信息系统安全策略的设计与调整。

本阶段的信息安全风险评估可以采取对照实施方案和标准要求的方式，对实际建设结果进行测试、分析。

2.10.4 运维阶段的信息安全风险评估

在信息系统的运行和维护阶段，保证信息系统在自身和所处环境的变化始终能正常工作和不断升级。

运维阶段信息安全风险评估是了解和控制运行过程中的信息系统安全风险较为全面的风险评估。评估内容包括真实运行的信息系统、资产、威胁、脆弱性等各方面。

(1) 资产评估。在真实环境下较为细致的评估，包括实施阶段采购的软硬件资产、系统运行过程中生成的信息资产、相关的人员与服务等。本阶段资产识别是前期资产识别的补充与增加。

(2) 威胁评估。应全面地分析威胁的可能性和影响程度。对非故意威胁导致安全事件的评估可以参照安全事件的发生概率；对故意威胁导致安全事件的评估主要就威胁的各个影响因素做出专业判断。

(3) 脆弱性评估。全面的脆弱性评估，包括运行环境中物理、网络、系统、应用、安全保障设备、管理等各方面的脆弱性评估。技术脆弱性评估可以采取核查、扫描、案例验证、渗透测试的方式实施；安全保障设备的脆弱性评估，应考虑安全功能的实现情况和安全保障设备本身的脆弱性。管理脆弱性评估可以采取文档、记录核查等方式进行验证。

(4) 风险计算。根据风险计算的相关方法，对重要资产的风险进行定性或定量的风险分析，描述不同资产的风险高低状况。

运维阶段的信息安全风险评估应定期执行；当组织的业务流程、系统状况发生重大变化时，也应进行风险评估。重大变更主要包括以下变更。

(1) 增加新的应用或应用发生较大的变更。

(2) 网络结构和连接状况发生较大的变更。

(3) 技术平台大规模的更新。

(4) 系统扩容或改造。

(5) 发生重大安全事件后,或基于某些运行记录怀疑将发生重大安全事件时。

(6) 组织结构发生重大变动对系统产生影响。

2.10.5 废弃阶段的信息安全风险评估

当信息系统不能满足要求时,信息系统进入废弃阶段,对信息系统的过时或无用部分进行报废处理。根据废弃的程度,分为部分废弃和全部废弃两种。

废弃阶段信息安全风险评估着重在以下几个方面。

(1) 确保硬件或软件等资产及残留信息得到适当的处置,并确保系统组件被合理地丢弃或更换。

(2) 如果被废弃的系统是某个系统的一部分,或与其他系统存在物理或逻辑上的连接。还应考虑系统废弃后与其他系统的连接是否被关闭。

(3) 如果在系统变更中废弃,除对废弃部分外,还应对变更的部分进行评估,以确保是否会增加风险或引入新的风险。

(4) 是否建立了流程,确保更新过程在一个安全、系统化的状态下完成。

本阶段应重点就废弃资产对组织的影响进行分析,并根据不同的影响制定不同的处理方式。对由于系统废弃可能带来的新的威胁进行分析,并改进新系统或管理模式。对废弃资产的处理过程应在有效的监督之下实施,同时对废弃的执行人员进行安全教育。

信息系统的维护工作的技术人员和管理人员均应该参与此阶段的评估。

思考题

1. 解释风险评估依据和风险评估原则的主要内容。
2. 解释风险要素关系模型和风险分析原理。
3. 叙述风险评估实施流程。
4. 展开叙述针对潜在威胁的识别活动的主要内容。
5. 结合实例叙述脆弱性识别的工作方式。
6. 查阅资料,归纳国内外信息安全风险评估相关标准。

第3章 信息安全管理体系

本章介绍建立信息安全管理体系的6个基本工作步骤，进而引入基本步骤中详细的工作流程、工作方式和工作内容，同时介绍信息安全管理体系认证的相关内容。

3.1 建立信息安全管理体系的工作步骤

不同的组织在建立与完善信息安全管理体系时，可根据自己的特点和具体的情况，采取不同的步骤和方法。但总体来说，建立信息安全管理体系一般要经过下列6个基本步骤：

(1) 信息安全管理体系的策划与准备。

(2) 信息安全管理体系文件的编制。

(3) 建立信息安全管理框架。

(4) 信息安全管理体系的运行。

(5) 信息安全管理体系的审核。

(6) 信息安全管理体系的管理评审。

3.2 信息安全管理体系的策划与准备

ISO/IEC 27001是建立和维持信息安全管理体系的标准，标准要求组织通过确定信息安全管理体系范围，制定信息安全方针，明确管理职责，以风险评估为基础选择控制目标与控制措施等一系列活动来建立信息安全管理体系。信息安全管理体系一旦建立，组织应按体系规定的要求进行运作，保持体系运行的有效性。信息安全管理体系应形成一定的文件，即组织应建立并保持文件化的信息安全管理体系，其中应阐述被保护的资产、组织风险管理方法、控制目标与控制措施、信息资产需要受保护的程度等内容。

组织内部成功实施信息安全管理体系的关键因素如下所示。

(1) 反映业务目标的安全方针、目标和活动。

(2) 与组织文化一致的、实施安全管理的方法。

(3) 来自管理层的有形支持与承诺。

(4) 对信息安全要求、风险评估和风险管理的良好理解。

(5) 向所有管理者及雇员推行信息安全意识。

(6) 向所有雇员和承包商分发有关信息安全方针和标准的导则。

(7) 提供适当的信息安全的培训与教育。

(8) 用于评价信息安全管理绩效及反馈改进建议、并有利于综合平衡的测量系统。

3.2.1 管理承诺

组织最高管理层应提供其承诺建立、实施、运行、监控、评审、维护和改进信息安全管理体系的证据,这是成功实施信息安全管理体系的重要保护,管理承诺如下所示。

(1) 建立信息安全方针。

(2) 建立信息安全目标和计划。

(3) 为信息安全确立角色和责任。

(4) 向组织传达信息安全目标和符合信息安全策略的重要性、组织的责任及持续改进的需要。

(5) 提供足够的资源以开发、实施、运行和维护信息安全管理体系。

(6) 确定可接受风险的水平。

(7) 进行信息安全管理体系的评审。

3.2.2 组织与人员建设

为在组织中顺利建立信息安全管理体系,需要建立有效的信息安全机构,对组织中的各类人员分配角色、明确权限、落实责任并予以沟通。

1. 成立信息安全委员会

信息安全委员会由组织的最高管理层及与信息安全管理有关的部门负责人、管理人员、技术人员组成,定期召开会议,就以下重要信息安全议题进行讨论并做出决策,为组织信息安全管理提供导向与支持。

(1) 评审和审批信息安全方针。

(2) 分配信息安全管理职责。

(3) 确认风险评估的结果。

(4) 对与信息安全管理有关的重大事项做出决策。

(5) 评审与监督信息安全事故。

(6) 审批与信息安全管理有关的其他重要事项。

2. 任命信息安全管理经理

组织最高管理者在管理层中指定一名信息安全管理经理,分管组织的信息安全事宜,具体有以下责任。

(1) 确定信息安全管理标准,建立、实施和维护信息安全管理体系。

(2) 负责组织的信息安全方针与安全策略的贯彻与落实。

（3）向最高管理者提交信息安全管理体系绩效报告，以供评审信息安全管理体系提供证据。

（4）就信息安全管理的有关问题与外部各方面进行联络。

3. 组建信息安全管理推进小组

在信息安全委员会的批准下，由信息安全管理经理组建信息安全管理推进小组并对其进行管理。小组成员要懂信息安全技术知识，有一定的信息安全管理技能，并且有较强的分析能力及文档编写能力，小组成员一般是企业各部门的骨干人员。

4. 保证有关人员的作用、职责和权限得到有效沟通

用适当的方式，如通过培训、制定并传达文件等方式，让每位员工明白自己的作用、职责与权限，以及与其他部门的关系，以保证全体员工各司其职，相互配合，有效地开展活动，为信息安全管理体系的建立做出贡献。

5. 组织机构的设立原则

（1）合适的控制范围：例如，一般情况下，一个经理直接控制的下属管理人员不应超过10人。

（2）合适的管理层次：例如，公司负责人与基层管理部门之间的管理层数应保持最低程度。

（3）一个上级的原则。

（4）责、权、利一致的原则。

（5）既无重叠又无空白的原则。

（6）执行部门与监督部门分离的原则。

（7）信息安全部门有一定的独立性，不应成为生产部门的下属单位。

6. 信息安全管理体系组织结构设立及职责划分的注意事项

（1）如果现有的组织结构合理，只需将信息安全标准的要求分配落实到现有的组织结构中即可；如果现有的组织结构不合理，则按上面所述组织机构的设定原则对组织结构进行调整。

（2）应将组织内的部门设置及各部门的信息安全职责、权限及相互关系以文件的形式加以规定。

（3）应将部门内岗位设置及各岗位的职责、权限和相互关系以文件的形式加以规定。

（4）日常的信息安全监督检查工作应由专门的部门负责。

（5）对于大型组织来说，可以设置专门的安全部，安全部设立首席安全执行官，首席安全执行官直接向组织最高管理层负责。

（6）对于小型组织来说，可以把信息安全管理工作划归到信息部或其他相关部门。

3.2.3　编制工作计划

建立信息安全管理体系是一个复杂的系统工程，它的建立需要半年甚至更长的时间，包

括培训、风险评估、文件编写等大量工作。

为确保体系顺利建立,组织应进行统筹安排,即制定切实可行的工作计划,明确不同时间段的工作任务与目标及责任分工,控制工作进度,突出工作重点,例如以表3-1的形式安排总体计划。总体计划被批准后,可针对具体工作项目制定详细计划,例如文件编写计划。

在制定计划时,组织应考虑资源需求,例如人员需求、培训经费、办公设施、聘请咨询公司的费用等。如果寻求体系的第三方认证,还要考虑认证的费用。组织最高管理层应确保提供建立体系所必需的人力与财务资源。信息安全管理体系总体工作计划如表3-1所示。

表3-1 信息安全管理体系总体工作计划

序号	阶段	项　目	负责部门/人	日期
1	准备阶段	(1) 领导决策 • 做出实施ISMS的决策 • 成立信息安全管理委员会 • 任命信息安全管理经理	最高管理者	
		(2) 建立信息安全组织机构,并设计方案 • 设立信息安全管理推进小组 • 拟定ISMS实施草稿,并由信息安全管理委员会讨论通过	信息安全管理委员会,信息安全管理经理	
		(3) 编制ISMS工作计划 • 详细实施计划 • 认证计划 • 培训计划	信息安全管理经理,信息安全管理推进小组	
		(4) 学习培训	信息安全管理经理,人事部	
2	初始状态评审	(5) 初始状态评审 • 了解组织概况、业务类别、企业文化等基本情况,收集适用于组织的法律、法规和其他与信息安全相关的文件和数据 • 评估信息安全风险,选择风险控制措施 • 评估现有信息安全控制措施的适用性 • 评价现行管理体系与ISO/IEC 27001的差距	信息安全管理经理,信息安全管理推进小组	
3	体系设计	(6) 确定ISMS方针和目标	最高管理者	
		(7) 编制ISMS管理方案	推进小组,组织内相关部门	
		(8) ISMS责任分配及资源配备 • 必要时对组织结构进行调整 • 将各项ISMS活动责任分配落实到各职能部门,编制职能分配矩阵表 • 识别资源需求,配置必要的资源	最高管理者,信息安全管理经理	

续表

序号	阶段	项　　目	负责部门/人	日期
4	文件编制	(9) 文件的总体设计 • 确定文件清单，确定 ISMS 文件与 ISO/IEC 27001 标准条款的对照表 • 制定文件编写计划 • 编写指导性文件	信息安全管理经理，推进小组	
		(10) 编写 ISMS 管理手册 • 编写，讨论修改，审核，批准	最高管理者，各部门经理，信息安全管理经理，推进小组	
		(11) 程序文件编写、配套表格设计 • 编写，讨论修改，审核，批准	各部门经理，信息安全管理经理，推进小组	
		(12) 作业指导书编写，配套表格设计 • 编写，讨论修改，审核，批准	相关业务人员，各部门经理，推进小组	
5	实施运行	(13) ISMS 文件的学习	各部门经理，信息安全管理经理	
		(14) 试运行前的准备 • 检查资源配置到位情况 • 制备各类标签、标识用记录表格、表卡等 • 试运行前或试运行初最好把计量工作做好 • 宣传鼓动	信息安全管理经理，各部门经理	
		(15) 宣布试运行	最高管理者	
		(16) 贯彻实施、完善整改	各部门经理	
		(17) 内审员的培训	信息安全管理经理，人事部	
		(18) ISMS 内部审核	内部审核小组	
		(19) 管理评审	最高管理者	
6	审核认证	(20) 申请认证	信息安全管理经理	
		(21) 认证	各部门经理	

3.2.4 能力要求与教育培训

组织的管理体系通常是按照国际标准或国家标准的要求建立起来的，信息安全管理体系建立的依据是 ISO/IEC 27001 信息安全管理体系规范标准。为了强化组织信息安全的意识，明确信息安全管理体系的基本要求，进行信息安全管理体系标准的培训是十分必要和必需的，这也是组织搞好信息安全管理的关键因素之一。

培训工作要分层次、分阶段、循序渐进地进行，而且必须是全员培训。分层次培训是指对不同层次的人员开展有针对性的培训，包括对决策层、管理层、审核验证人员及操作执行人员的培训，而且培训的内容也各有侧重；分阶段是指在信息安全管理体系的建立、实施与保持的不同阶段，培训工作要有计划地安排实施，如在体系建立初期对管理层的宣传贯彻培训、在风险评估前对评估人员所进行的风险评估方法的培训等；培训可以采用外部与内部相结合的方式。

对从事信息安全管理工作的人员，应具有相应的能力要求，在教育经历方面，组织应对其能力做出适当的规定。该规定有以下要点。

(1) 组织应对人员的培训、意识和能力的要求建立文件化的程序。

(2) 人员能力的基本要求。

① 适当的教育程度，通常是指为从事不同的、对信息安全有影响的工作所需的最低学历教育。

② 适当的培训，通常是指为从事某一岗位工作之前需接受的培训，例如对内审员的培训要求。

③ 适当的经历，通常是指为了更有效地完成工作任务所需的工作经验和专业技能。

(3) 保证人员能力的措施。

① 根据任职条件、法律法规要求、组织发展的需要，识别人员能力的需求。

② 提供培训或采取其他措施满足对人员的能力需求。

③ 评价所采取措施的有效性，评价方式有考核、业绩评定、管理人员评价、观察等。

(4) 培训的实施。

① 确定培训需求。

② 制定培训计划。

③ 实施培训。

④ 培训后考核。

⑤ 培训结果的处理。

⑥ 记录保存。

(5) 培训的内容。

① 信息安全知识、安全技能培训，实际操作技能考核等。

② 向所有管理者及雇员进行安全意识的培训。

③ 有关信息安全的法律、法规、制度的培训。

④ 向所有雇员和承包商培训有关信息安全政策和标准。

⑤ 书面的安全方针、策略、规程、作业指导书。

(6) 培训的方式。

① 内部培训、外部培训、实习、自学考试、学术交流。

② 采用不同媒体宣传信息安全，如公司邮件、网页。

③ 安全规则的可视化执行。

④ 模拟安全事故以改善安全规程。

⑤ 员工签订保密协议，了解安全需求。

3.3 信息安全管理体系的设计与建立

3.3.1 编写信息安全管理体系文件

1. ISMS 文件

信息安全管理体系需要编写各种层次的信息安全体系文件，这是建立信息安全管理体系的重要基础性工作。文件应包括管理决策的记录，以确保控制措施可以追溯到管理决策和方针。重要的是要能够展示从选择的控制措施回溯到风险评估和风险处置过程因果的关系,最终回溯到ISMS方针和目标。ISMS文件应包括如下。

(1) 文件化的ISMS方针与策略。

(2) ISMS范围。

(3) ISMS的支持性程序和控制。

(4) 风险评估方法的描述。

(5) 风险评估报告。

(6) 风险处置计划。

(7) ISMS的控制目标与控制措施。

(8) ISMS管理和具体操作的过程。

(9) 标准中所要求的记录。

(10) 信息系统安全相关职责描述和相关的活动事项。

(11) 适用性声明。

2. 文件的作用

从总体来看,文件的作用如下。

1) 阐述声明的作用

信息安全管理体系文件是客观地描述信息安全体系的法规性文件,为组织的全体人员了解信息安全管理体系创造了必要的条件。组织向客户或认证机构提供《信息安全管理手册》,起到了对外声明的作用。

2) 规定、指导的作用

信息安全管理体系文件规定了组织员工应该做什么、不应该做什么的行为准则,以及如何做的指导性意见,对员工的信息安全行为起到了规范、指导作用。

3) 记录、证实的作用

信息安全管理记录具有记录和证实信息安全管理体系运行有效的作用。其他文件则具有证实信息安全管理体系客观存在和运行适用性的作用。

从评价和改进信息安全管理体系的角度来看,文件具有以下3种具体作用。

(1) 评价信息安全管理体系的作用。

(2) 保障信息安全改进的作用。

(3) 平衡培训要求的作用。

3. 文件的层次

ISO/IEC 27001关于文件的描述中,没有强求将其形成专门的手册形式,没有刻意要求组织将体系文件分成若干层次,但依据成功经验,在具体实施中,为便于运作并具有操作性,建议把ISMS管理文件分成以下几个层次,即适用性声明、管理手册、程序文件、作业文件指导书、记录。

1) 适用性声明

适用性声明是组织为满足安全需要而选择的控制目标和控制方式的评论性文件。在适用性声明文件中,应明确列出组织根据信息安全要求(包括风险评估、法律法规、业务三方面)从 ISO/IEC 27001 中选择的控制目标与控制方式,并说明选择与不选择的理由;如果有额外的控制目标与控制方式也需要一并说明。

2) ISMS 管理手册

ISMS 管理手册是阐明组织的 ISMS 方针,并描述其 ISMS 的文件。ISMS 管理手册至少包括以下内容。

(1) 信息安全方针的阐述。

(2) 信息安全管理体系范围。

(3) 信息安全策略的描述。

(4) 控制目标与控制方式的描述。

(5) 程序及其引用。

(6) 关于手册的评审、修改与控制的规定。

3) 程序文件

程序是为进行某项活动所规定的途径或方法。信息安全管理程序包括两部分:一部分是实施控制目标与控制方式的安全控制程序,另一部分是为覆盖信息安全管理体系的管理与运作的程序。程序文件应描述安全控制或管理的责任及相关活动,是信息安全政策的支持性文件,是有效实施信息安全政策、控制目标与控制方式的具体措施。

4) 作业指导书

作业指导书是程序文件的支持性文件,用以描述具体的岗位和在工作现场如何完成某项工作任务的具体做法,包括作业指导书、规范、指南、图样、报告、表格等,例如设备维护规程或维护手册。作业指导性文件可以被程序文件所引用,对程序文件中整个程序或某些条款进行补充、细化。

5) 记录

记录作为信息安全管理体系运行结果的证据,是一种特殊的文件。组织在编写信息安全方针手册、程序文件及作业指导文件时,应根据安全控制与管理要求确定组织所需要的信息安全记录,组织可以通过利用现有的记录、修订现有的记录和增加新的记录三种方式来获得。记录可以是书面记录,也可以是电子媒体记录,每一种记录应进行标识,记录应有可追溯性。记录内容与格式应该符合组织业务运作的实际并反映活动结果,且方便记录人的使用。

4. 文件的编写

由于 ISMS 文件是信息安全管理体系的基础,组织应当建立恰当的程序对 ISMS 进行管理,在文件生命周期的各个阶段,如编写、审核、批准、发布、使用、保管、回收、销毁等,都需要有适宜的控制措施。

1) 文件编写的原则

(1) ISMS 文件层次清楚、结构合理。

(2) ISMS 文件应保持其相对的稳定性和连续性。

(3) ISMS 文件不是信息安全管理现状的简单写实,应随着 ISMS 的不断改进而完善。

(4) 编写 ISMS 文件时,要继承以往的有效经验与做法。

(5) 应发动各部门有实践经验的人员集思广益,共同参与。

(6) ISMS文件应当可以作为组织ISMS有效运行并得到保持的客观证据,向相关方、第三方证实组织ISMS的运行情况。

(7) 文件的编制和形式应考虑组织的业务特点、规模、管理经验等。文件的详略程度应与人员的素质、技能和培训等因素相适宜。

2) 编写前的准备

(1) 指定编写主管机构,指导和协调文件的编写工作。

(2) 收集整理组织现有文件。

(3) 对编写人员进行培训,使之明确编写的要求、方法、原则和注意事项。

(4) 为了使ISMS文件统一协调,达到规范化和标准化的要求,应编写指导性文件,就文件的要求、内容、体例和格式做出规定。

3) 编写的策划与组织

确定要编写的文件目录,制定编写计划,落实编写、审核、批准人员,拟定编写进度。

5. 文件的管理

1) 文件控制

组织必须对各种文件进行严格的管理,结合业务和规模的变化,对文档进行有规律、周期性的回顾和修正,ISMS要求的文件应得到保护和控制,主要控制措施如下。

(1) 文件发布须得到批准,以确保文件的充分性。

(2) 必要时对文件进行审批与更新,并再次批准。

(3) 确保文件的更改和现行修订状态得到识别。

(4) 确保在使用处可获得适用文件的有关版本。

(5) 确保文件保持清晰、易于识别。

(6) 确保文件可以为需要者所获得,并根据适用于他们类别的程序进行转移、存储和最终的销毁。

(7) 确保外来文件得到识别,并控制其分发。

(8) 确保在控制状态下进行文件的发放。

(9) 防止作废文件的非预期使用。

(10) 若因任何原因而保留作废文件时,对这些文件进行适当的标识。

当某些文件不再适合组织的信息安全管理策略需要时,必须将其废弃。但值得注意的是,某些文档虽然对组织来说可能已经过时,但由于法律或知识产权方面的原因,组织可以将相应文档确认后保留。

2) 记录控制

在实施ISMS的过程中,需要对发生的各种与信息安全相关的事件进行全面的记录,从而提供符合要求和信息安全管理体系的有效运行的证据。记录应该做到以下要求。

(1) 安全事件记录必须清晰,明确记录每个相关人员当时的活动。无论是书面的还是电子版的安全事件记录,都必须适当保存并进行维护,保证记录在受到破坏、损坏或丢失时容易挽救。

(2) 记录应保持清晰,易于识别和检索。

(3) 应编制文件化的程序,以规定记录的储存、保护、检索、保存期限和处置所需的控制。

(4) 应保留概要的过程绩效记录和所有与信息安全管理体系有关的安全事故发生的记录。

3.3.2 建立信息安全管理框架

组织建立 ISMS,首先要建立合理的信息安全管理框架,要从整体和全局的视角,从信息系统的所有层面进行整体信息安全建设,并从系统本身出发,通过建立资产清单,进行风险分析、需求分析和选择信息安全控制措施等步骤,建立信息安全管理体系并提出安全解决方案。

信息安全管理框架的建立必须按规范的程序进行。组织首先应根据自身的业务性质、组织特征、资产状况和技术条件定义 ISMS 的总体方针和范围,然后在信息安全风险评估的基础上进行风险分析,并确定信息安全风险管理制度,选择控制目标,准备适用性声明。

1. 定义信息安全策略

信息安全策略(Information Security Policy)从本质上说是描述组织具有哪些重要信息资产,并说明这些信息资产如何被保护的一个计划,其目的就是对组织中成员阐明如何使用组织中的信息系统资源,如何处理敏感信息,如何采用安全技术产品,在使用信息时应当承担的责任,详细描述对员工的安全意识和技能要求,列出被组织禁止的行为。

信息安全策略可以分为两个层次,一个是信息安全方针,另一个是具体的信息安全策略。

所谓信息安全方针就是组织的信息安全委员会或管理部门制定的高层文件,用于指导组织如何对资产(包括敏感性信息)进行管理、保护和分配的规则进行指示。信息安全方针必须要在 ISMS 实施的前期制定出来,阐明最高管理层的承诺,提出组织管理信息安全的方法,由管理层批准,指导 ISMS 的所有实施工作。

除了总的信息安全方针,组织还要制定具体的信息安全策略。信息安全策略是在信息安全方针的基础上,根据风险评估的结果,为降低信息安全风险,保证控制措施的有效执行而制定的具体明确的信息安全实施规则。

信息安全策略的制定要在风险评估工作完成后,在对组织的安全现状有明确了解的基础上,有针对性地编写,用于指导风险的管理与安全控制措施的选择。

根据组织业务特征、组织结构、地理位置、资产和技术等实际情况确定 ISMS 方针,ISMS 方针如下。

(1) 包括建立目标的框架,并建立信息安全活动的总方向和总原则。

(2) 考虑业务和法律法规要求,以及合同安全义务。

(3) 根据组织战略性的风险管理框架,建立和保持 ISMS。

(4) 定义风险评估的结构和建立风险评价的准则。

(5) 经过管理层的批准。

2. 定义 ISMS 的范围

根据组织业务特征、组织结构、地理位置、资产、技术等实际情况来确定 ISMS 范围。

ISMS 的范围可以根据整个组织或者组织的一部分进行定义,包括相关资产、系统、应用、服务、网络和用于各种业务过程中的技术、存储以及通信的信息等，ISMS 范围可以包括如下几项。

（1）组织所有的信息系统。

（2）组织的部分信息系统。

（3）特定的信息系统。

3. 实施信息安全风险评估

风险评估是进行安全管理必须要做的最基本的一步，它为 ISMS 的控制目标与控制措施的选择提供依据，也是对安全控制的效果进行测量评价的主要方法。

首先，组织应当确定风险评估方法。

（1）确定适用于 ISMS、已识别的业务信息安全和法律法规要求的风险评估方法。

（2）确定风险接受准则，识别风险的可接受水平。

（3）风险评估方法的选择应确保可以产生可比较的、可重复的结果。

其次，组织利用已确定的风险评估方法识别风险。

（1）识别 ISMS 范围内的资产及资产所有者。

（2）识别资产的威胁。

（3）识别可能被威胁利用的脆弱点。

（4）识别资产保密性、完整性、可用性损失的影响。

最后，组织进行分析并评价风险：

（1）评估安全失效可能导致的组织业务影响，考虑因资产保密性、完整性、可用性的损失而导致的后果。

（2）根据资产的主要威胁、脆弱性、有关的影响以及已经实施的安全控制，评估安全措施失效发生的现实可能性。

（3）估计风险的等级。

（4）根据已建立的准则，判断风险是否可接受或需要处理。

4. 实施信息安全风险管理

该阶段主要是根据风险评估的结果进行相应的风险管理。信息安全风险管理主要包括以下几种措施。

（1）接受风险。在确定满足组织策略和风险接受准则的前提下，有意识地、客观地接受风险。

（2）规避风险。有些风险很容易避免，通过消除风险的原因和后果来规避风险，如在识别出风险后放弃系统某项功能或关闭系统，或通过采用不同的技术、更改操作流程、采用简单的技术措施等。

（3）转移风险。通过使用其他措施来补偿损失，从而转移风险，将相关业务风险转嫁给他方，如保险公司、供方等。该措施一般用于低概率、而一旦风险发生时会对组织产生重大影响的风险。

（4）降低风险。实施适当的控制措施，把风险降低到一个可接受的水平。

5. 确定控制目标和选择控制措施

确定控制目标、选择控制措施,应考虑接受风险的准则以及法律法规和合同要求,以满足风险评估和风险处置过程所识别的要求。

从 ISO/IEC 27001 标准附录 A 中选择的控制目标和控制方式应作为这一过程的一部分,并满足这些要求。附录 A 的控制目标和控制方式并不详尽,可以选择其他的控制目标和控制方式。

控制目标的确定和控制措施的选择原则是成本不超过风险所造成的损失。由于信息安全管理是动态的系统工程,组织应实时对选择的控制目标和控制措施加以校验和调整,使组织的信息资产得到有效、经济、合理的保护。

6. 准备信息安全适用性声明

适用性声明(Statement of Application,SoA)是适合组织需要的控制目标和控制措施的评论,需要提交给管理者、职员以及具有访问权限的第三方认证机构。适用性声明应包括以下两方面内容。

(1) 组织选择的控制目标和控制措施,以及选择的原因。

(2) 附录 A 中控制目标和控制措施的删减,以及删减的合理性。

适用性声明提供了一个风险处置决策的总结。通过判断删减的合理性,再次确认控制目标没有被无意识地遗漏。SoA 的准备,一方面是为了向组织内的人员声明面对信息安全风险的态度,另一方面则是为了向外界表明组织的态度和作为,表明组织已经全面、系统地审视了组织的信息安全系统,并将所有应该得到控制的风险控制在能够被接受的水平内。

3.4 信息安全管理体系的实施与运行

信息安全管理体系文件编制完成后,组织应按照文件的控制要求进行审核与批准并发布实施,至此,信息安全管理体系将进入运行阶段。体系文件在试运行中必然会出现一些问题,全体员工应将实践中出现的问题和改进意见如实反馈给有关部门,以便采取纠正措施,将体系试运行中暴露出的问题,如体系设计不周、项目不全等进行协调、改进。

3.4.1 信息安全管理体系的试运行

在信息安全管理体系试运行过程中,在重点注意以下问题。

1. 领导动员,以身作则

最高管理层的支持是 ISMS 有效运行的重要基础,ISMS 试运行前应该召开全体员工大会,由最高管理层作宣传动员,并承诺对组织中实施信息安全体系的支持,明确提出对各级员工的信息安全职责要求,并以身作则,带头执行 ISMS 的有关规章制度。

2. 有针对性地宣传贯彻 ISMS 文件

ISMS 文件的培训工作是体系运行的首要任务,培训工作的质量直接影响体系运行的结果。组织应该按照培训工作计划的安排并按照培训程序的要求对全体员工实施各种层次的培训。培训包括信息安全意识、信息安全知识与技能和ISMS运行程序的培训。

3. 完善信息反馈与信息安全协调机制

体系运行过程中必然会出现一些问题,全体员工应当将实践中出现的问题,如体系设计不周、项目不全等问题进行反馈。信息安全管理体系的运行涉及组织体系范围的各个部门,在运行过程中,各项活动往往不可避免地发生偏离标准的现象,因此,组织应按照严密、协调、高效、精简、统一的原则,建立信息反馈与信息安全协调机制,对异常信息加以反馈和处理,对出现的问题加以改进,完善并保证体系的持续正常运行。

4. 加强ISMS运行信息的管理

加强有关体系运行信息的管理,不仅是信息安全管理体系本身的需要,也是保证试运行成功的关键。所有与信息安全管理体系活动有关的人员都应按照体系文件的要求,做好信息安全的信息收集、分析、传递、反馈、处理与归档工作。

3.4.2 实施和运行ISMS工作

实施和运行信息安全管理体系工作,主要包括以下内容。

(1) 阐明风险处理计划。为管理信息安全风险,识别适当的管理措施、资源、职责和优先顺序。

(2) 实施风险处理计划。为达到已识别的控制目标,应考虑资金需求以及角色和职责分配。

(3) 实施选择的控制措施。实施风险分析之后选择的控制措施,以满足控制目标的需要。

(4) 评价控制措施的有效性。确定如何测量所选择的控制措施或控制措施集的有效性,并指明如何用来评估控制措施的有效性,以产生可比较的和可再现的结果。

(5) 实施培训和意识教育计划。组织应通过合适的方式,如提供能力培训(必要时聘用有能力的人员),以确保有关ISMS职责的人员具有相应的执行能力。

(6) 管理ISMS的运行。

(7) 管理ISMS资源。

(8) 实施能够迅速检测安全事态和响应安全事件的程序和其他控制措施。

可执行的风险处置计划,必然要包括以下内容。

(1) 计划的任务内容。

(2) 任务展开与执行需要的职务、权限、责任的指派。

(3) 处置计划中的技术方案与资金预算。

(4) 资源提供,包括充足数量的具备实施技术方案相应能力的人员、软件或硬件产品与工具、必要的设备等。

针对风险评估的结果,需要进行处置的风险往往不止一项,风险处置计划当然也就不止一项。对于已经识别的不可接受的风险,风险处置的目的是要将风险水平降低到可接受水平以下;出于其他业务经营的需要,组织也可能制定风险处置计划,以改变原来的可能性或后果。

针对组织的信息安全管理现状和"适用性声明"的内容,风险处置计划中的任务内容可能包括如下内容。

(1) 制定管理信息安全相关活动的规程。

(2) 对基础设施和物理安全系统进行安全加固或技术更新。

(3) 对信息系统的硬件或软件实施安全加固或技术更新。

(4) 对人员进行信息安全相关知识、技能、工具使用等项目的培训,对人员进行有关风险后果的意识教育。

(5) 就信息安全管理规程的要求对人员进行培训,并推行信息安全规程。

(6) 与第三方服务提供方就信息安全管理事项进行沟通和协商等。

风险处置计划的实施应在受控条件下进行,做到责任分工明确。记录计划的实施和实施结果,这些数据将可作为对信息安全管理绩效和风险处置计划实施后风险的变化进行评估的输入。

3.5 信息安全管理体系的审核

3.5.1 审核概述

1. 审核的概念

体系审核是组织为获得审核证据并对其进行客观的评价,以确定满足审核准则的程度所进行的系统的、独立的并形成文件的过程。

ISMS 审核是 ISMS 审核人员为了获得审核证据,而独立地、客观地、正式地和有计划地评估被评审组织的 ISMS,确定其对 ISMS"审核准则"符合程度所进行的一系列活动。审核的结果产生书面的"审核报告"。

ISMS 审核包括管理和技术两方面的审核,管理性审核主要是定期检查有关信息安全方针、策略与规程是否被正确有效地实施;技术性审核是指定期检查组织的信息系统符合信息安全实施标准的情况,技术性的审核需要信息安全技术人员的支持,必要时会使用系统审核工具。

2. 审核的目的

组织应建立并保持审核方案和规程,定期开展信息安全管理体系的审核,以保证它的文件化过程,信息安全活动以及实施记录能够满足 ISO/IEC 27001 的标准要求和声明的范围,检查信息安全实施过程符合组织的方针、目标和策划要求,并向管理者提供审核结果,为管理者的信息安全决策提供支持。

ISMS 审核的主要目的如下所示。

(1) 检查 ISO/IEC 27001 的实施程度与标准的符合性情况。

(2) 检查满足组织安全策略与安全目标的有效性和适用性。

(3) 识别安全漏洞与弱点。

(4) 为管理者提供信息安全控制目标的实现状况,使管理者了解信息安全问题。

（5）指出存在的重大的控制弱点，证实存在的风险。
（6）建议管理者采用正确的校正行动，为管理者的决策提供有效支持。
（7）满足法律、法规与合同的需要。
（8）提供改善 ISMS 的机会。

3. 审核的分类

ISMS 审核可分为两种：一是内部信息安全管理体系审核，也称第一方审核，是组织的自我审核；二是外部信息安全管理体系审核，也称第二方、第三方审核。第二方审核是客户对组织的审核，第三方审核是第三方性质的认证机构对申请认证组织的审核。这两种审核在审核目的、审核方组成、审核依据、审核人员及审核后的处理等方面均不同。表 3-2 列出了它们的区别。

表 3-2 内、外部 ISMS 体系审核比较表

项　目	内部 ISMS 审核	外部 ISMS 审核
目的	审核 ISMS 的符合性、有效性，采取纠正措施，使体系正常运行和持续改进	第二方：选择合适的合作伙伴；证实合作方持续满足规定要求；促进合作方改进信息安全管理体系。 第三方：导致认证、注册
审核方	第一方	第二方、第三方
依据	ISO/IEC 27001 标准 ISMS 文件 适用于组织的有关 ISMS 法规及其他要求	第二方：合同，ISMS 文件；适用于被审核方的 ISMS 法规及其他要求。 第三方：ISO/IEC 27001 标准；ISMS 文件；适用于被审核方的 ISMS 法规及其他要求
审核方案	集中式/滚动式审核	集中式审核
审核员	有资格的内审员，也可聘请外部审核员	第二方：自己或外聘审核员。 第三方：注册审核员
文件审查	根据需要安排	必须进行
审核报告	提交不符合报告和采取纠正措施的建议	只提交不符合报告
纠正措施	重视纠正措施。对纠正措施计划可提方向性意见供参考；对纠正措施完成情况不仅要跟踪验证，还要分析研究其有效性	对纠正措施不能做咨询服务，对纠正措施计划的实施要跟踪验证
监督检查	无此内容	认证或认可后，每年至少进行一次监督检查

4. 审核的步骤

ISMS 审核的主要步骤如下。
（1）审核计划。

（2）审核准备。

（3）现场审核。

（4）编写审核报告。

（5）纠正措施的跟踪。

（6）全面审核报告的编写和纠正措施计划完成情况的汇总分析。

3.5.2 ISMS内部审核

1. 内部审核基本内容

组织应按策划的时间间隔进行ISMS内部审核，以确定组织ISMS的控制目标、控制措施、过程和程序是否达到下述要求。

（1）符合标准及相关法律法规的要求。

（2）符合已识别的信息安全要求。

（3）得到有效的实施和保持。

（4）按期望运行。

应策划审核方案，考虑被审核区域的审核过程和区域的状况及重要性，以及审核的结果。应规定审核准则、范围、频次和方法。审核员的选择和审核的实施应保证审核过程的客观和公正。审核员不能审核自己的工作。

应建立文件化的程序，以规定策划和实施审核、报告结果和保持记录的职责和要求。

被审核区域的负责人应确保立即采取措施以消除发现的不符合项及其原因。跟踪活动应包括所采取措施的验证以及验证结果的报告。

2. 内部审核流程

1）内部审核策划

内部审核周期及范围：正常情况下，信息安全管理体系的内部审核至少每年组织一次，两次时间间隔不得超过12个月。出现下列情况时可由管理者决定是否增加信息安全管理体系的内部审核次数。

（1）组织结构和职能分工出现重大变化。

（2）业务内容出现重大变化。

（3）信息安全管理体系出现重大变化。

（4）采用标准、适用法律或验证方法出现重大变化。

（5）出现重大客户投诉或信息安全事故。

（6）其他需要增加内审的情形。

信息安全管理体系审核对象为组织信息安全管理体系所涉及的部门和活动。审核范围可以是对组织进行整体审核，也可以按部门或过程进行局部审核。正常情况下，管理体系所涉及的所有部门和过程每年至少应覆盖一次。其中各部门或各过程的审核频次还应取决于其现状和重要程度，并考虑以往审核的结果。计划外的追加审核由管理者根据实际情况确定。

2）内部审核组织

（1）由管理者负责组织内审小组，并填写《内审组长、内审员任命书》。

（2）内部审核员通常要求由接受过信息安全管理体系内部审核培训并取得资格证书的人员组成；内审员应与被审核的活动无直接责任；内审员不应审核自己的工作，以保证审核的独立性；内部审核员应在组织内各部门挑选并经公司任命。

（3）内审组长应由管理者从内审员中指定，管理者可以自己担任审核组长。

3）内部审核计划

（1）内审组长负责组织制定和提出《内部审核计划》。

（2）《内部审核计划》应包含审核目的、审核范围、审核时间和进度安排、审核小组成员、审核的注意事宜等；审核时间的安排需要和被审核部门事先协调。

（3）《内部审核计划》由管理者审批后实施；管理者自己担任内审组长的情况下，需要组织内审小组其他成员对计划进行审核。

4）内部审核准备

（1）各审核员应准备好并熟悉本次审核所依据的文件，如标准、信息安全管理手册、有关程序文件、合同、法律法规、客户及相关方要求等。

（2）内审小组成员根据分工，编制《内审检查表》，并报内审组长批准。

5）内部审核实施

内部审核实施可划分为首次会议、现场审核和末次会议三个阶段进行。

由内审组长召开首次会议，参加的人员由内审员及被审核部门负责人组成。在会议上，内审组长将：

（1）介绍内审小组成员，审核目的、范围。

（2）介绍审核方法、依据和程序。

（3）提出审核要求，确认审核日程安排等。

（4）公布末次会议日期、时间、会议内容及参加人员。

（5）介绍审核计划中需说明的其他问题。

现场审核包括下述内容。

（1）现场审核时，内审员根据《内审检查表》逐项进行审核，通过观察、提问、查阅文件和记录、抽样、问题追踪等方法，以验证审核情况与体系的符合性。

（2）内审员应如实记录审核的情况，对发现的不符合项应详细记录并由被审核部门负责人或直接责任人确认，以保证不符合项已经得到被审核部门的理解，以便于纠正和预防。

（3）现场审核结束后，内审组长召开内审小组成员会议，听取内审员的审核情况汇报，复核发现的不符合项，编写《不符合项报告及纠正报告单》。

（4）内审组长应与受审核部门领导进行沟通，提出《不符合项报告及纠正报告单》，由被审核部门签字确认，并责成相关部门按要求制定纠正及预防措施，并填写在《不符合项报告及纠正报告单》上。

末次会议包括以下内容。

（1）末次会议由内审组长主持，由内审小组成员、受审核方负责人、不符合项相关人员参加。

（2）由内审小组通报审核结果，内容可包括：报告审核情况；通报不符合项及其严重程度；提出制定纠正措施、改进对策的限期；本次审核结论。

6）内审报告

完成信息安全管理体系内审后，由内审组长起草编写审核报告，审核报告内容需包括：

(1) 审核目的、审核范围、审核依据和审核时间。

(2) 内部审核组成员及其分工。

(3) 被审核的部门。

(4) 内部审核情况综述。

(5) 不符合项的综合分析。

(6) 对被审部门的评价、审核结论。

(7) 存在问题的分析及管理体系改进措施的建议。

《内审报告》经管理者批准后，打印或以电子文档的方式分发给被审核部门。《内审报告》由内审小组负责整理归档。

7）纠正不符合项

《不符合项报告及纠正报告单》由内审小组统计后分发到各责任部门，由责任部门分析不符合原因，制定纠正措施，经内审组长确认后，由责任部门组织实施。

8）跟踪和验证

(1) 审核小组在限定时间内对纠正措施的实施情况进行复审，以确认不符合项的纠正情况并验证其有效性。

(2) 责任部门已完成纠正措施后，通知内审员验证其完成情况和有效性，并由内审员在《不符合项报告及纠正报告单》上签名认可。

(3) 不符合项经复审仍不符合的项目，其部门负责人应说明原因并考虑是否需要重新制定纠正预防措施。

(4) 如在规定的日期内不能完成纠正的，内审员应检查不能完成的原因，无正当理由的应报管理者批准后，重新开出《不符合项报告及纠正报告单》并且必须在规定的日期内完成。

(5) 内部审核实施和验证情况由内审组长向管理者报告。

(6) 审核记录归档。

本程序所涉及的所有记录(内部审核计划、内审检查表、内审报告等)由内审小组按《记录控制程序》统一归档保存。

3. 实施策略

(1) 管理者负责成立内审小组，并任命内审组长，发布《内审组长、内审员任命书》。

(2) 内审组长负责组织编写并审核批准《内部审核计划》。

(3) 各内审员根据分工编写《内审检查表》。

(4) 由内审组长召开首次会议，并填写首次会议的《会议签到记录表》。

(5) 各内审员根据计划进行内审，发现不符合项，填写《不符合项报告及纠正报告单》，跟踪不符合项的解决。

(6) 由内审组长召开末次会议，并填写末次会议的《会议签到记录表》。

(7) 内审结束后，内审组长负责编写《内审报告》。

3.6 信息安全管理体系管理评审

1. 管理评审的定义

管理评审主要是指组织的最高管理者按规定的时间间隔对信息安全管理体系进行评审,以确保体系的持续适宜性、充分性和有效性。管理评审过程应确保收集到必要的信息,以供管理者进行评价,管理评审应形成文件。

管理评审应根据信息安全管理体系审核的结果、环境的变化和对持续改进的承诺,指出可能需要修改的信息安全管理体系方针、策略、目标和其他要素。

管理评审总目标是检查信息安全管理体系的有效性,至少每年一次,以识别需要的改进和采取的行动。在确定目前的安全状态是否令人满意的同时,应注意技术的变化和业务需求的变化及新威胁和脆弱点的发生,以预测信息安全管理体系未来的变化,并确保其在未来持续有效。

管理层应按策划的时间间隔评审组织的信息安全管理体系,以确保其持续的适宜性、充分性和有效性。评审应包括评价信息安全管理体系改进的机会和变更的需要,包括安全方针和安全目标。评审的结果应清楚地文件化,应保持管理评审的记录。

2. 职责与权限

(1) 组织最高管理者。主持召开管理评审大会,批准《管理评审报告》。

(2) 管理者。批准《管理评审计划》,组织召开管理评审会,组织撰写《管理评审报告》。

(3) 主管体系建设部门。制定《管理评审计划》,负责搜集并提供管理评审资料,负责对评审后的纠正,对预防措施进行跟踪和验证。

(4) 各部门。准备、提供与本部门工作相关的评审所需的资料,负责实施管理评审中提出的相关的纠正及预防措施。

3. 评审输入

管理评审的输入应包括以下几个方面的信息。

(1) 信息安全管理体系审核和评审的结果。

(2) 相关方的反馈。

(3) 可以用于组织改进其信息安全管理体系绩效和有效性的技术、产品或程序。

(4) 预防和纠正措施的状况。

(5) 以往风险评估没有足够强调的威胁或脆弱性。

(6) 以往管理评审的跟踪措施。

(7) 任何可能影响信息安全管理体系的变更。

(8) 改进的建议。

4. 评审输出

管理评审的输出应包括与以下几个方面有关的任何决定和措施。

(1) 对信息安全管理体系有效性的改进。

(2) 风险评估和风险处置计划的更新。

(3) 修改影响信息安全的程序,必要时,回应内部或外部可能影响信息安全管理体系的事件,包括以下的变更。

① 业务要求。

② 安全要求。

③ 业务过程影响现存业务的要求。

④ 法规或法律环境。

⑤ 合同义务。

⑥ 风险的等级和/或可接受风险的水平。

(4) 资源需求。

(5) 如何测量控制措施有效性的改进。

5. 制定年度管理评审计划

组织主管部门根据信息安全管理体系的运营情况,根据《信息安全管理手册》以及ISO/IEC 27001的标准要求,于每年年初制定《年度管理评审计划》。管理评审计划由管理者审批后方可生效。

管理评审计划的主要内容包括:审核目的、审核范围、审核准则、审核组的组建、审核员的资质、审核的时间、参与评审的部门等要求。

管理评审一般每年进行一次,一般在同一年度最后一次内部审核完成后进行,也可根据需要安排。当出现下列情况之一时可适当增加管理评审频次。

(1) 组织机构、服务范围、资源配置发生重大变化。

(2) 发生重大IT服务事故/安全事故或客户关于IT服务/信息安全有严重投诉或投诉连续发生。

(3) 当法律、法规、标准及其他要求有变化。

(4) 市场需求发生重大变化。

(5) 即将进行第二、三方审核。

(6) 审核中发现严重不符合项。

管理评审实施计划由主管体系建设部门组织制定。主管体系建设的部门于每次管理评审前一个月编制《管理评审计划》,报管理者审批。计划主要内容如下。

(1) 评审时间。

(2) 评审目的。

(3) 评审依据。

(4) 评审内容。

(5) 评审范围及评审重点。

(6) 参加评审部门及人员。

(7) 各部门应该准备的资料以及提交时间。

6. 资料准备

预定评审前一周，主管体系建设的部门组织、指导、督促各部门完成本部门应该提交的资料，以书面形式向管理者汇报。管理者认为资料准备不全，信息不够充分的，主管体系建设的部门组织相关责任部门按照管理者的要求进一步补充完善。

7. 管理评审会议

管理评审会议召开前2～7天，会议组织者应向与会人员以书面或邮件形式发送《管理评审会议通知》，并整理与会人员的反馈，以确定与会人员的实际人数。

管理者主持管理评审会议，各部门负责人和有关人员对评审输入做出评价，对于发现的不符合项或潜在的不符合项提出纠正和预防措施，确定责任人和整改时间。

管理者对所涉及的评审内容做出结论，包括进一步调查、验证等。

管理评审采取什么方式进行由管理者请示最高管理者后决定，一般默认情况下以会议形式进行。

管理评审会议应指定专人做会议记录。

8. 管理评审报告

管理评审大会结束后，由体系主管部门根据管理评审输出的要求和管理评审大会的会议记录进行总结，在管理者的指导下撰写《管理评审报告》，经管理者审核、批准后，发至相关部门并由主管体系建设的部门负责监控执行。

如果评审结果引起文件更改，应执行《文件控制程序》。

管理评审产生的相关的记录应由主管体系建设的部门按《记录控制程序》保管，包括《管理评审计划》、评审前各部门准备的评审资料、评审会议记录及《管理评审报告》等。

9. 相关支持性文件和记录

(1)《文件控制程序》。

(2)《记录控制程序》。

(3)《内部审核程序》。

(4)《管理评审计划》。

(5)《管理评审会议通知》。

(6)《管理评审报告》。

(7)《管理评审会议记录》。

(8)《年度管理评审计划》。

10. 管理评审的后续工作

管理评审的结果应予以记录并保存，如管理评审计划、各种输入报告、管理评审报告、纠正措施及其验证报告等。

信息安全管理部门的负责人员还要组织有关部门对管理评审中的纠正措施进行跟踪验证，验证的结果应记录并上报最高管理层及有关人员。

3.7 信息安全管理体系的改进与保持

3.7.1 持续改进

组织应通过应用信息安全策略、安全目标、审核结果、监视事件的分析、纠正预防措施和管理评审,持续改进 ISMS 的有效性。

组织应定期进行:

(1) 实施 ISMS 已识别的改进;

(2) 采取适当的纠正和预防措施,总结从其他组织或组织自身的信息安全经验得到的教训;

(3) 与所有相关方沟通措施和改进,沟通的详细程度应与环境相适宜,必要时应约定如何进行;

(4) 确保改进活动达到了预期的目的。

3.7.2 纠正措施

组织应采取措施,消除与 ISMS 要求不符合的原因,以防止再发生。纠正措施文件程序应规定以下方面的要求。

(1) 识别不符合。

(2) 确定不符合的原因。

(3) 评价确保不符合不再发生所需的措施。

(4) 确定和实施所需的纠正措施。

(5) 记录所采取措施的结果。

(6) 评审所采取的纠正措施。

3.7.3 预防措施

组织应采取措施,以消除与 ISMS 要求潜在不符合的原因,以防止发生不符合,所采取的预防措施应与潜在问题的影响相适宜。预防措施文件程序应规定以下方面的要求。

(1) 识别潜在的不符合及其原因。

(2) 评价预防不符合发生所需的措施。

(3) 确定并实施所需的预防措施。

(4) 记录所采取措施的结果。

(5) 评审所采取的预防措施。

预防不符合的措施通常比纠正措施更有效。组织应识别发生变化的风险,并通过关注变化显著的风险来识别预防措施要求,应根据风险评估结果来确定预防措施的优先级。

3.8 信息安全管理体系的认证

3.8.1 认证基本含义

1. 认证的定义

认证是第三方依据程序对产品、过程、服务符合规定的要求给予书面保证(合格证书),认证的基础是标准,认证的方法包括对产品特性的抽样检验和对组织体系的审核与评定,认证的证明方式是认证证书与认证标志。认证是第三方所从事的活动,通过认证活动,组织可以对外提供某种信任与保证,如产品质量保证、信息安全保证等。

信息安全认证包括两类:一类为ISMS认证,另一类为信息安全产品认证。

组织实施信息安全管理体系认证,就是根据ISO/IEC 27001标准,建立完整的信息安全管理体系,达到动态的、系统的、全员参与的、制度化的、以预防为主的信息安全管理方式,用最低的成本,达到可接受的信息安全水平,从根本上保证业务的持续性。

2. 认证的目的和作用

信息安全管理第三方认证为组织的信息安全体系提供客观公正的评价,使组织在信息安全管理方面有更大的可信性,并且能够使用证书向利益相关的组织提供保证;同时,认证能够促进组织间的贸易关系,提高跨行业的信息安全管理水平,从整体上有利于全球贸易的开展。

信息安全管理体系可以保证组织提供可靠的信息安全服务,对该体系进行认证可以树立组织信息安全形象,为客户、合作者提供信息安全信任感,有利于组织业务活动的开展,特别是当信息安全构成组织所提供产品或服务的一个质量特性时,如金融、电信等服务组织,开展ISO/IEC 27001体系认证对外具有很强的质量保证作用。

ISMS第三方认证为组织的信息安全管理体系提供客观公正的评价,使组织在信息安全管理方面具有更大的可信性,并且能够使用证书向利益相关的组织提供保证。信息安全管理体系认证的目的和作用一般包括以下几个方面。

(1) 获得最佳的信息安全运行方式。

(2) 保证业务安全。

(3) 降低风险,避免损失。

(4) 保护核心竞争优势。

(5) 提高商业活动中的信誉。

(6) 增加竞争能力。

(7) 满足客户要求。

(8) 保证可持续发展。

(9) 符合法律法规要求。

3. 认证范围

在向认证机构表达认证范围时要注意,组织寻求的认证范围应该与信息安全管理体系建立的范围是相同的。例如,组织可能有几个办公地点,安全管理系统在这几个地点进行,但是可能只需申请对一个办公地点的认证。

认证范围定义是审核员确定评估计划的基础。认证机构将选择需要评估的功能和活动,并评估审核的时间,以及选择有适当背景的审核员与技术专家。

认证范围声明应该表达清楚,易于阅读,并吸引潜在的合作伙伴的注意。在拟定认证范围时,需要考虑下列因素。

(1) 文件化的适用性声明。

(2) 组织的相关活动。

(3) 要包含在内的组织的范围。

(4) 地理位置。

(5) 信息系统边界、平台。

(6) 所包含的支持活动。

(7) 例外情况。

(8) 在开展认证过程之前认证机构需要对认证范围进行认可。

3.8.2 认证的基本条件与认证机构和证书

1. 认证条件

组织按照 ISO/IEC 27001 标准与适用的法律法规要求,建立并实施文件化的信息安全管理体系,并满足以下基本条件以后,可以向被认可的认证机构提出认证申请。

(1) 遵循法律、法规的工作已被相关机构认同。

(2) 信息安全管理体系文件完全符合标准要求。

(3) 信息安全管理体系已被有效实施,即组织在风险评估的基础上识别出需要保护的关键信息资产、制定信息安全方针、确定安全控制目标与控制方式并实施、完成体系审核与评审活动并采取相应的纠正预防措施。

2. 被认可的认证机构

认证,指的是由第三方组织去审核企业,然后发证。认可,指的是国家主管机构审核第三方组织,以确认它们是否有认证资质。组织在具备体系认证的基本条件时,就可以寻求认证机构申请体系认证。

中国信息安全认证中心是经中央编制委员会批准成立,由国务院信息化工作办公室、国家认证认可监督管理委员会等八部委授权,依据国家有关强制性产品认证、信息安全管理的法律法规,负责实施信息安全认证的专门机构。中国信息安全认证中心为国家质检总局直属事业单位,基于国际标准 ISO/IEC 27001：2013 实施信息安全管理体系认证。

组织在选定认证机构后,就可以与之联系提交认证申请,在双方协商一致的情况下签订认证合同,认证费用是按照审核员的审核人日数(包括文件审核与完成审核报告的人日)与每人日的审核价格来计算。认证合同中应明确认证机构保守组织商业秘密,在组织现场遵守组织的有关信息安全规章的要求。审核所需的人日数取决于以下因素。

(1) 被审核组织认证范围的员工数。

(2) 认证范围持有的信息量。
(3) 场所数据与地理位置分布。
(4) 与外界的接触面。
(5) 所利用的信息技术的复杂程度。
(6) 组织是否已具有一个相关的管理体系认证证书。
(7) 业务功能。
(8) 企业类型。
(9) 风险程度。

3. 证书与标志

组织采取了必要的纠正措施之后,由认证机构验证通过,认证机构将为组织颁发 ISMS 证书,证书包括的内容如下。

(1) 组织全称,涉及的相关组织。
(2) 业务的相关地点。
(3) 业务的流程。
(4) 相关的业务功能与活动。
(5) 认证的范围。
(6) 适用性声明和特定版本的描述。
(7) 关于信息安全系统满足 ISO/IEC 27001 认证标准的声明。
(8) 证书开始生效的时间。
(9) 证书号。

只有认证机构认可了组织的认证范围,才能在证书上显示认可标志。

3.8.3 信息安全管理体系的认证过程

信息安全管理体系认证的总体流程如图 3-1 所示。

1. 认证的准备

在认证之前,认证方与被认证方都要进行相应的准备活动。

被认证方需要按照 ISO/IEC 27001 建立信息安全管理体系,在确认满足认证基本条件的情况下,被认证方向认证机构递交正式申请;认证机构对认证方的申请资料进行初步检查,确定是否受理申请。如受理申请,认证机构将评估认证费用和正式审核时间。

组织可以选择认证的类型,如整个组织,包括所有的信息设施、特定的信息系统。

组织要为认证做的准备工作,包括文件化的信息安全方针、策略、程序、适用性声明及其他文件。

确定 ISMS 范围,以及此范围内的组织结构、人员组成、业务场所的数目、功能、信息安全的应用、业务特性、风险程序等相关材料;已建立适当的安全组织和必要的基础设施,与信息安全相关的员工已落实明确的安全责任的相关说明资料;ISMS 范围业务体系的描述,与外界的接口;法律、法规、合同的附加要求;采用有效的风险评估和风险管理方法,对认证范围所有信息系统进行了风险评估,根据 ISO/IEC 27001 的标准要求,建立有效文件,将

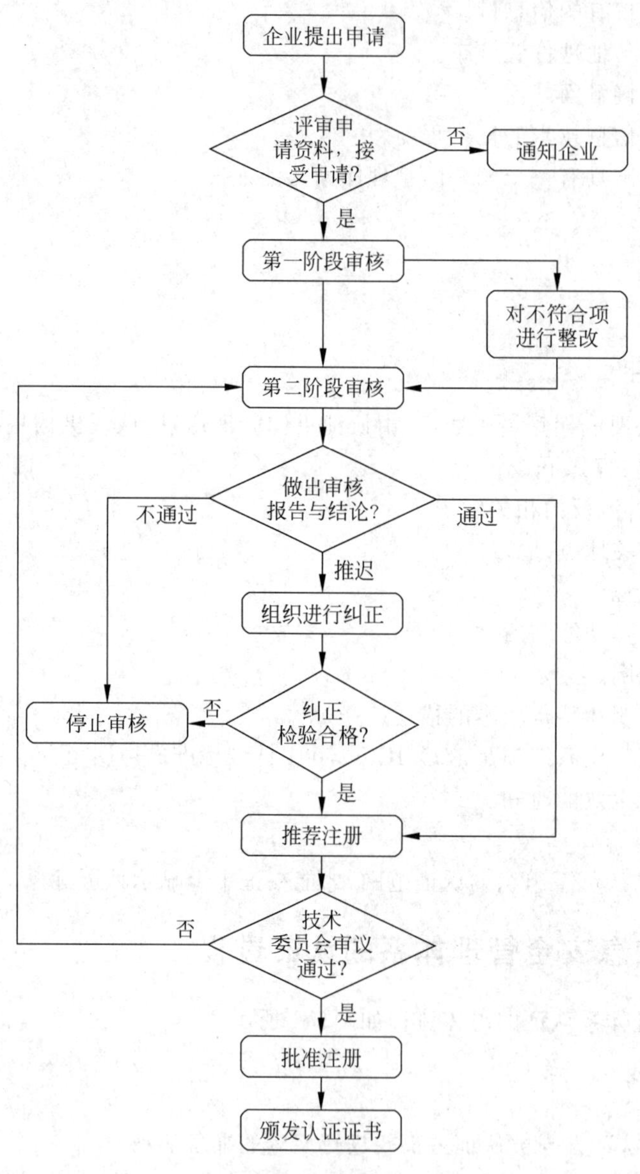

图 3-1　ISMS 认证的过程

所有类型的安全风险和 ISO/IEC 27001 控制联系起来,并成功地选择安全控制目标与控制措施；组织有适当的风险接受的处理程序；文件化的信息安全检查列表,可以证明安全控制正在被正确地实施,并经过相关测试；文件化的安全维护和管理的过程；文件化的体系审核和管理评审报告。

2. 认证的实施

1）文件审核与初访

第一阶段主要是从总体上了解被审核方 ISMS 的基本情况,确认被审核方是否具备认证审核条件,为第二阶段的审核策划提供依据。审核的重点在于审核 ISMS 文件是否符合

ISO/IEC 27001 标准的要求，了解被审核方的活动、产品或服务的全过程，判断风险评估与风险管理状况，并对被审核方 ISMS 的策划及内审情况等进行初步审查。

(1) 文件审核。通常文件审核包括以下内容。

① 认证范围、适用性声明。

② 信息安全方针、策略、程序、作业指导书。

③ 信息系统环境文件(信息基础设施、网络拓扑结构、信息系统相关人员)。

④ 风险评估与风险管理文件。

⑤ 业务持续性计划。

⑥ 体系审核和管理评审报告。

⑦ 法律、法规、合同的要求。

⑧ 信息安全记录。

(2) 第一阶段现场审核准备，包括以下内容。

① 确定现场审核日期。

② 编制第一阶段现场审核计划。

③ 编制检查表。

(3) 第一阶段现场审核，包括以下内容。

① 见面会：审核组织与被审核组织的管理者、信息安全管理经理及有关人员会面，说明第 1 阶段审核的目的、范围、内容、程序和方法，识别评审难点，并陈述保密声明。

② 现场检查。

③ 与信息安全管理经理交谈，了解被审核组织基本情况以及信息安全管理体系整体运行情况。

④ 到现场调查，了解信息资产、威胁、脆弱点识别是否有遗漏，风险评估与风险管理程序是否适宜，主要方式是审核文件、查阅记录。

⑤ 检查组织的法律、法规获取识别情况以及法律、法规符合性。

⑥ 检查并评审组织的内审情况。

⑦ 检查并评审组织的 ISMS 策划的可行性和适用性，包括 ISMS 方针、策略、程序、控制目标、控制措施、运行策划等。

⑧ 证实管理评审已实施。

⑨ 开不符合项报告。

⑩ 交流会：现场审核结束前，召开交流会，审核组长向被审组织通报第一阶段审核结论，指出存在的不符合项，提出纠正要求，并确定第二阶段审核的条件和具体事宜。

(4) 第一阶段审核报告，报告的编制包括：审核的实施情况与审核结论、发现的问题及下一步的工作重点。

第一阶段与第二阶段审核的差异如表 3-3 所示。

2) 全面审核与评价

第二阶段审核是对信息安全管理体系的全面审核与评价，目的是验证组织的信息安全管理体系是否按照认证标准与组织体系文件要求予以有效实施，组织的安全风险是否被控制在组织可以接受的水平内，根据审核发现对组织的信息安全管理体系运行状况是否符合标准与文件规定做出判断，并据此对被审核方能否通过信息安全管理体系认证做出结论。

表 3-3 第一阶段与第二阶段审核的差异

项 目	第 一 阶 段	第 二 阶 段
目的	• 了解 ISMS 状况,确认被审核方是否具备认证审核条件； • 确定第二阶段审核的可行性； • 确定第二阶段审核的重点	• 评价被审核方的 ISMS 是否有效实施； • 决定被审核方能否通过认证审核并取得注册
范围	• 被审核方的 ISMS 文件和有关资料； • 与重要信息资产极高风险源有关的现场	• 所有现场和有关文件与资料
审核人日	• 较少(约占总人日的 1/3～1/4)	• 较多(约占总人日的 2/3～3/4)
审核内容	• 适用的法律、法规的识别与满足的基本情况； • 风险评估、风险管理方法策划的充分性； • 方针、策略、控制目标、控制措施的连贯性、适宜性； • 对实现信息安全方针与目标的策划； • 组织内容与管理评审的实施情况	• 涉及标准的安全要素； • 受审核方的所有部门
审核报告	• 第一阶段的审核结论主要是对体系策划的充分性,风险评估和法律要求符合的充分性,以及体系文件的符合性进行评价	• 整个审核的结论,对体系的符合性、有效性与适应性进行全面评价

(1) 第二阶段的审核准备。

审核组综合考虑第一阶段审核结论及被审核方对不符合项的纠正情况,确定进行第二阶段审核的时机和条件是否成熟。在此基础上,审核组进行第二阶段审核的准备工作：确定现场审核日期、编制第二阶段现场审核计划、编制检查表。

(2) 第二阶段的现场审核,工作内容如下。

首次会议；现场检查、收集审核证据；内部评定,由审核组汇总分析审核证据结论,被审核申请方不参加内部评定；末次会议,审核组向被审核的组织领导包括信息安全管理经理等,报告审核过程总体情况,发现的不符合项、审核结论、现场审核结束后的有关安排等,主要有以下内容：

① 审核范围的再次确认。

② 不符合项的概要,纠正措施要求。

③ 任何观察资料及建议性活动的概述。

④ 审核的综合评论。

⑤ 宣布审核结论建议。

⑥ 建议或认证的其他方面。

⑦ 审核机密性的再次确认。

审核的期限取决于但并不局限于下列因素：

① 要面谈人员的数量。

② 所持的数据量。

③ 地点的数目。

④ 与外界的接口。

⑤ 使用的信息技术的复杂度。

⑥ 组织是否已经有了相关鉴定的管理系统证书。

⑦ 业务功能。

⑧ 行业类型。

⑨ 风险程度。

（3）编制审核报告。

现场审核后，审核组应编制审核报告，做出审核结论。审核组将审核报告提交认证机构、申请方等。审核报告包括以下方面。

① 审核场所。

② 组织及适用的 ISO/IEC 27001 控制要求，参阅审核计划与适用性声明。

③ 组织关键文件的发布日期与版本，包括：方针、策略、程序、范围、适用性声明等文件。

④ 适用于组织的额外的强制性或自愿性标准或规则。

⑤ 审核结果的综合评论。

⑥ 不符合项和观察报告的编号识别及类别。

⑦ 审核涉及的人员。

审核结论有以下 3 种情况。

① 信息安全管理体系已建立，运行有效，无严重不符合项和轻微不符合项，同意推荐认证通过。

② 信息安全管理体系已建立并正常运行，在审核过程中发现少数轻微不符合项或个别严重不符合项，要求组织在规定的时间内实施纠正措施，同意在验证纠正措施的实施后推荐认证通过。

③ 信息安全管理体系仍有缺陷，在审核过程中发现较多的不符合项，需要在实施纠正措施后安排复审，本次不予以推荐认证通过。

3. 维持认证

审核和证书颁布并不代表认证结束。通过执行每年至少一次的监督审核，认证机构将继续监控 ISMS 符合标准的情况。这些监督审核的重点是抽样检查系统的某些领域，所以比最初的审核时间短，审核时间约为初始现场审核时间的三分之一。尽管审核团队可能会随时间不同而变化，但是对他们的能力要求和最初审核人员是一样的。

被认证机构有义务通知认证机构组织所发生的可能影响到系统或者证书的变更。这些变更包括：组织变更、人员变更、业务核心变更、技术变更、外部接口变更等。

认证的有效期一般为三年。三年之后，系统需要认证机构重新进行审核。

对于被认证组织而言，认证后要定期进行自我评估活动，监控和检查 ISMS，包括：

（1）检查 ISMS 的范围是否充分；

（2）进行定期 ISMS 有效性检查；

（3）进行定期的规程文档的审查，以实施 ISMS；

（4）审查可接受的风险水平，考虑组织变更、技术、业务目标的变化；

（5）实施 ISMS 的改善；

（6）采取适当的校正或者预防行动。

思考题

1. 叙述信息安全管理体系总体工作计划的主要内容。
2. 试述信息安全管理体系所包括的主要文件、文件的作用和文件的层次。
3. 试归纳信息安全管理体系内部审核流程。
4. 试归纳信息安全管理体系管理评审流程。
5. 解释确定信息安全管理体系认证范围需考虑的因素。
6. 叙述信息安全管理体系认证的目的、作用和认证过程。

第4章 网络安全等级保护

本章详细介绍网络安全等级保护相关概念、网络安全等级保护基本要求，以及网络安全等级保护实施流程等相关内容。

4.1 网络安全等级保护概述

4.1.1 网络安全等级保护基本内容

1. 基本概念

信息安全等级保护是指对国家秘密信息、法人和其他组织及公民的专有信息以及公开信息和存储、传输、处理这些信息的信息系统分等级实行安全保护，对信息系统中使用的信息安全产品实行按等级管理，对信息系统中发生的信息安全事件分等级响应、处置。

等级保护2.0时代，呈现出以下特点。

(1) 等级保护在国家网络空间战略层面发挥重要作用。

(2) 等级保护制度法制化：《网络安全法》第二十一条明确规定："国家实行网络安全等级保护制度。网络运营者应当按照网络安全等级保护制度的要求，履行下列安全保护义务，保障网络免受干扰、破坏或者未经授权的访问，防止网络数据泄露或者被窃取、篡改：(一)制定内部安全管理制度和操作规程，确定网络安全负责人，落实网络安全保护责任；(二)采取防范计算机病毒和网络攻击、网络侵入等危害网络安全行为的技术措施；(三)采取监测、记录网络运行状态、网络安全事件的技术措施，并按照规定留存相关的网络日志不少于六个月；(四)采取数据分类、重要数据备份和加密等措施；(五)法律、行政法规规定的其他义务。"第三十一条规定："国家对公共通信和信息服务、能源、交通、水利、金融、公共服务、电子政务等重要行业和领域，以及其他一旦遭到破坏、丧失功能或者数据泄露，可能严重危害国家安全、国计民生、公共利益的关键信息基础设施，在网络安全等级保护制度的基础上，实行重点保护。关键信息基础设施的具体范围和安全保护办法由国务院制定。国家鼓励关键信息基础设施以外的网络运营者自愿参与关键信息基础设施保护体系。"

(3) 等级保护内涵精准化。

(4) 等级保护制度体系更加完善，机制更加灵活。

可以认为,等级保护是指对保护对象实施分等级保护、分等级监管,对保护对象中使用的安全产品实行按等级管理,对发生的安全事件分等级响应、处置。

网络安全等级保护制度是国家网络安全的一项基本制度、基本国策,国家通过制定统一的等级保护管理规范和技术标准,组织公民、法人和其他组织分等级实行安全保护,对等级保护工作的实施进行监督、管理。在国家统一政策指导下,各单位、各部门依法开展等级保护工作,有关职能部门对等级保护工作实施监督管理。

2. 国家法律和政策依据

1994年2月18日中华人民共和国国务院令第147号发布《中华人民共和国计算机信息系统安全保护条例》(根据2011年1月8日《国务院关于废止和修改部分行政法规的决定》修订)第九条规定:"计算机信息系统实行安全等级保护。安全等级的划分标准和安全等级保护的具体办法,由公安部会同有关部门制定。"第十七条规定:"公安机关对计算机信息系统保护工作行使下列监督职权:(一)监督、检查、指导计算机信息系统安全保护工作;(二)查处危害计算机信息系统安全的违法犯罪案件;(三)履行计算机信息系统安全保护工作的其他监督职责。"条例明确了四个内容:一是确立等级保护是计算机信息系统安全保护的一项制度;二是明确公安机关行使监督、检查、指导计算机信息系统安全保护工作相应职权;三是出台配套的规章和技术标准;四是公安部在等级保护工作中的牵头地位。

2017年6月1日施行的《网络安全法》第二十一条规定,国家实行网络安全等级保护制度。第三十一条规定,国家对公共通信和信息服务、能源、交通、水利、金融、公共服务、电子政务等重要行业和领域,以及其他一旦遭到破坏、丧失功能或者数据泄露,可能严重危害国家安全、国计民生、公共利益的关键信息基础设施,在网络安全等级保护制度的基础上,实行重点保护。

《中华人民共和国人民警察法》规定,人民警察履行"监督管理计算机信息系统的安全保护工作"的职责。

国务院令第147号规定:"计算机信息系统实行安全等级保护。安全等级的划分标准和安全等级保护的具体办法,由公安部会同有关部门制定。"

《国家信息化领导小组关于加强信息安全保障工作的意见》(中办发〔2003〕27号)明确指出:实行信息安全等级保护。要重点保护基础信息网络和关系国家安全、经济命脉、社会稳定等方面的重要信息系统,抓紧建立信息安全等级保护制度,制定信息安全等级保护的管理办法和技术指南。

《关于信息安全等级保护工作的实施意见》(公通字〔2004〕66号)明确了贯彻落实信息安全等级保护制度的基本要求、等级保护工作的基本内容、工作要求、实施计划以及各部门工作职责分工等。《信息安全等级保护管理办法》(公通字〔2007〕43号)详细阐述了信息安全等级保护制度的基本内容、流程及工作要求,信息系统定级、备案、安全建设整改和等级测评的实施与管理,信息安全产品和测评机构的选择等。

《关于开展全国重要信息系统安全等级保护定级工作的通知》(公信安〔2007〕861号)是指导定级环节工作的政策文件,通知部署在全国范围内开展重要信息系统安全等级保护定级工作。

《信息安全等级保护备案实施细则》(公信安〔2007〕1360号)是指导备案环节工作的政

策文件,文件规定了公安机关受理信息系统运营使用单位信息系统备案工作的内容、流程、审核等内容,指导各级公安机关受理信息系统备案工作。

《关于加强国家电子政务工程建设项目信息安全风险评估工作的通知》(发改高技〔2008〕2071号)要求非涉密国家电子政务项目开展等级测评和信息安全风险评估要按照《信息安全等级保护管理办法》进行,明确了项目验收条件:公安机关颁发的信息系统安全等级保护备案证明、等级测评报告和风险评估报告。《关于开展信息安全等级保护安全建设整改工作的指导意见》(公信安〔2009〕1429号)同样是指导安全建设整改环节工作的政策文件,文件明确了非涉及国家秘密信息系统开展安全建设整改工作的目标、内容、流程和要求等。

《关于推动信息安全等级保护测评体系建设和开展等级测评工作的通知》(公信安〔2010〕303号)是指导等级测评环节工作的政策文件,文件确定了开展信息安全等级保护测评体系建设和等级测评工作的目标、内容和工作要求,规定了测评机构的条件、业务范围和禁止行为,规范了测评机构申请、受理、测评工程师管理、测评能力评估、审核、推荐的流程和要求。《网络安全等级保护测评机构管理办法》(公信安〔2018〕765号)指出:"测评机构应按照国家有关网络安全法律法规规定和标准规范要求,为用户提供科学、安全、客观、公正的等级测评服务。申请成为测评机构的单位需向省级以上网络安全等级保护工作领导(协调)小组办公室提出申请。国家等保办负责受理隶属国家网络安全职能部门和重点行业主管部门的申请,对申请单位进行审核、推荐;监督管理全国测评机构。省级等保办负责受理本省(区、直辖市)申请单位的申请,对申请单位进行审核、推荐;监督管理其推荐的测评机构。"

《国务院关于推进信息化发展和切实保障信息安全的若干意见》(国发〔2012〕23号)规定:落实信息安全等级保护制度,开展相应等级的安全建设和管理,做好信息系统定级备案、整改和监督检查。

国家发改委、公安部、财政部、国家保密局、国家电子政务内网建设和管理协调小组办公室联合印发了《关于进一步加强国家电子政务网络建设和应用工作的通知》(发改高技〔2012〕1986号),要求按照信息安全等级保护要求建设和管理国家电子政务网络。

公安部、国家发改委和财政部联合印发的《关于加强国家级重要信息系统安全保障工作有关事项的通知》(公信安〔2014〕2182号)要求,加强对主要涉及能源、金融、电信、交通、广电、海关、税务、人力资源社会保障、教育、卫生计生等47个行业、276家信息系统运营使用单位、500个涉及国计民生的国家级重要信息系统的安全监管和保障。国家级重要信息系统较少的地方,可在此基础上,将本地第三级以上信息系统纳入检查范围。

2014年12月,中共中央办公厅、国务院办公厅在《关于加强社会治安防控体系建设的意见》中要求:完善国家网络安全监测预警和通报处置工作机制,推进完善信息安全等级保护制度。

2014年12月中央批准实施的《关于全面深化公安改革若干重大问题的框架意见》指出,"推进健全信息安全等级保护制度,完善网络安全风险监测预警、通报处置机制"。

《中央网络安全和信息化领导小组2015年工作要点》中,要求"落实国家信息安全等级保护制度"。

《教育部关于加强教育行业网络与信息安全工作的指导意见》(教技〔2014〕4号)、《教育部、公安部关于全面推进教育行业信息安全等级保护工作的通知》(教技〔2015〕2 号)指出：全面实施信息安全等级保护制度。各单位要按照国家和教育部有关信息安全等级保护工作要求,全面实施信息安全等级保护制度。一是要按照教育行业有关规范准确定级和备案,对新建系统要在系统规划、设计阶段同步确定安全保护等级；二是按照国家和教育行业有关标准规范要求进行等级测评,四级系统每年进行两次测评,三级系统每年进行一次测评,二级系统每两年进行一次测评；三是要按照国家和教育行业有关标准规范要求进行安全建设与问题整改,对于新建系统,要在系统设计实施阶段同步建设安全防护措施,对于已建系统要按照系统所定级别进行安全整改。

2016 年国家网络安全重点任务中,要求健全完善国家信息安全等级保护制度。

2017 年《公安机关信息安全等级保护检查工作规范(试行)》指出：公安机关信息安全等级保护检查工作是指公安机关依据有关规定,会同主管部门对非涉密重要信息系统运营使用单位等级保护工作开展和落实情况进行检查,督促、检查其建设安全设施、落实安全措施、建立并落实安全管理制度、落实安全责任、落实责任部门和人员。

3. 实施等级保护的基本原则

落实网络安全等级保护制度遵循以下基本原则。

一是明确责任,共同保护。通过等级保护,组织和动员国家、法人和其他组织、公民共同参与信息安全保护工作；各方主体按照规范和标准分别承担相应的、明确具体的网络安全保护责任。

二是依照标准,开展保护。国家运用强制性法律及规范标准,要求网络运营者按照相应的建设和管理要求,科学准确定级,实施保护策略和措施。

三是同步建设,动态调整。网络在新建、改建、扩建时应当同步建设网络安全设施,保障网络安全与信息化建设相适应。因网络的应用类型、范围等条件的变化及其他原因,安全保护等级需要变更的,应当根据等级保护的管理规范和技术标准的要求,重新确定其安全保护等级。等级保护的管理规范和技术标准应按照等级保护工作开展的实际情况适时修订。

四是指导监督,重点保护。国家指定网络安全监管职能部门通过备案、指导、检查、督促整改等方式,对网络安全保护工作进行指导监督。国家重点保护涉及国家安全、经济命脉、社会稳定的关键信息基础设施。国家对公共通信和信息服务、能源、交通、水利、金融、公共服务、电子政务等重要行业和领域,以及其他一旦遭到破坏、丧失功能或者数据泄露,可能严重危害国家安全、国计民生、公共利益的关键信息基础设施,在网络安全等级保护制度的基础上,实行重点保护。关键信息基础设施的具体范围和安全保护办法由国务院制定。

等级保护工作应当按照突出重点、主动防御、综合防控的原则,建立健全防护体系,重点保护涉及国家安全、国计民生、社会公共利益的关键信息基础设施安全、运行安全和数据安全。网络运营者在网络建设过程中,应当同步规划、同步建设、同步运行网络安全保护、保密和密码保护措施。涉密网络应当依据国家保密规定和标准,结合系统实际进行保密防护和保密监管。

4. 角色及其职责

国家通过制定统一的管理规范和技术标准,组织行政机关、公民、法人和其他组织按重要程度开展有针对性的保护工作,对不同安全保护级别实行不同强度的监管政策。国家统一领导网络安全等级保护工作,负责网络安全等级保护工作的统筹协调。

国务院公安部门主管网络安全等级保护工作,负责网络安全等级保护工作的监督、检测、指导。国家保密行政管理部门负责网络安全等级保护工作中有关保密工作的监督、检测、指导。国家密码管理部门负责网络安全等级保护工作中有关密码管理工作的监督、检测、指导。其他有关部门依照有关法律法规的规定,在各自职责范围内开展网络安全等级保护相关工作。县(市)级以上地方人民政府有关部门依照等级保护条例和有关法律法规规定,开展网络安全等级保护工作。

行业主管部门应当依照有关法律、行政法规的规定和有关标准规范要求,组织、指导本行业、本领域落实网络安全等级保护制度,监督、检测、指导本行业、本领域网络运营者开展网络安全等级保护工作。

网络运营者应当依照有关法律、行政法规的规定和有关标准规范要求,落实网络安全等级保护制度,开展网络定级备案、安全建设整改、等级测评和自查等工作,采取管理和技术措施,保障网络基础设施安全、网络运行安全和数据安全,有效应对网络安全事件,防范网络违法犯罪活动。接受公安机关、保密部门、国家密码工作部门对网络安全等级保护工作的监督、检测、指导。

安全服务机构、等级测评机构应当依照国家有关管理规定和技术标准,开展技术支持、服务等工作,接受监管部门的监督管理。

5. 开展等级保护的意义

网络安全等级保护制度是国家网络安全保障工作的基本制度,关键信息基础设施是网络安全等级保护的重点,网络安全等级保护制度涵盖关键信息基础设施保护。

实施等级保护,有利于建立长效机制,保证安全保护工作稳固、持久地进行下去;等级化使得管理者关注的安全问题通过安全情况等级化、决策指令等级化而得到有效解决;通过等级保护实现宏观层面的管理;有利于保障信息系统安全正常运行,保障传输信息的安全,进而保障各行业、部门和单位的职能与业务安全、高速、高效地运转;有利于在信息化建设过程中同步建设信息安全设施,推动信息安全产业的发展,保障信息安全与信息化建设相协调;有利于为信息系统安全建设和管理提供系统性、针对性、可行性的指导和服务;有利于突出重点、优化信息安全资源的配置,加强对涉及国家安全、经济命脉、社会稳定的基础信息网络和重要信息系统的安全保护和管理监督;有利于明确国家、企业、个人的安全责任,强化政府监管职能,共同落实各项安全建设和安全管理措施;有利于提高安全保护的科学性、针对性,推动网络安全服务机制的建立和完善;有利于采取系统、规范、经济有效、科学的管理和技术保障措施,提高整体安全保护水平。

网络安全等级保护制度是国家在国民经济和社会信息化的发展过程中,提高网络安全保障能力和水平,维护国家安全、社会稳定和公共利益,保障和促进信息化建设健康发展的一项基本制度。实行网络安全等级保护制度,能够充分调动国家、法人和其他组织及公民的积极性,发挥各方面的作用,增强安全保护的整体性、针对性和实效性,使网络安全建设更加突出重点、统一规范、科学合理,对促进我国网络安全的发展将起到重要推动作用。

6. 正确理解网络安全等级保护制度与关键信息基础设施保护的关系

(1) 等级保护制度是普适性的制度,是关键信息基础设施保护的基础,关键信息基础设施是等级保护制度的保护重点。

(2) 等级保护制度和关键信息基础设施保护是网络安全的两个重要方面,不可分割。关键信息基础设施必须按照网络安全等级保护制度要求,开展定级备案、等级测评、安全建设整改、安全检查等强制性、规定性工作。

(3) 网络运营者应当在第三级(含)以上网络中确定关键信息基础设施。

(4) 关键信息基础设施保护,要落实公安机关、保密部门、密码部门的保卫、保护、监管责任,落实网络运营者和行业主管部门的主体责任。

(5) 公安机关在情报侦察、追踪溯源、快速处置、打击犯罪、等级保护、通报预警、互联网管理等方面,发挥职能作用,发挥主力军作用,保卫关键信息基础设施安全。

4.1.2 网络安全等级保护架构

等级保护工作是在顶层设计下,以体系化的思路逐层展开、分步实施,主管部门继续制定出台一系列政策法规和相关标准,进一步构建完善等级保护新的法律和政策体系、新的标准体系、测评体系、技术支撑体系、人才队伍体系、服务体系、关键技术研究体系、教育训练体系、保障体系等。等级保护作为核心、构建起安全监测、通报预警、快速处置、态势感知、安全防范、精确打击等为一体的国家关键信息基础设施安全保卫体系,如图 4-1 所示。

在开展网络安全等级保护工作中,应首先明确等级保护对象,等级保护对象包括网络基础设施、信息系统、大数据、云计算平台、物联网、工控系统等;确定等级保护对象的安全保

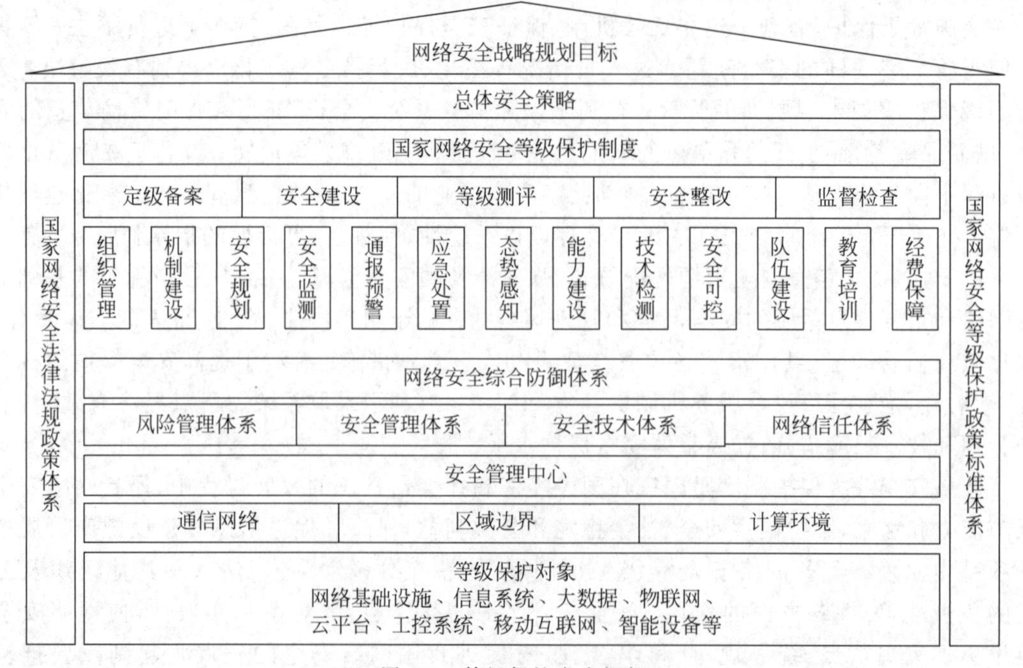

图 4-1 等级保护安全框架

护等级后，应根据不同对象的安全保护等级完成安全建设或安全整改工作；应针对等级保护对象特点建立安全技术体系和安全管理体系，构建具备相应等级安全保护能力的网络安全综合防御体系。应依据国家网络安全等级保护政策和标准，开展组织管理、机制建设、安全规划、通报预警、应急处置、态势感知、能力建设、监督检查、技术检测、队伍建设、教育培训和经费保障等工作。

4.2 网络安全等级保护基本要求

4.2.1 保护对象

等级保护对象(Target of Classified Protection)是指：网络安全等级保护工作的作用对象，主要包括基础信息网络、信息系统(如工业控制系统、云计算平台、物联网、使用移动互联技术的信息系统以及其他信息系统)和大数据等。

客体(Object)定义为：受法律保护的、等级保护对象受到破坏时所侵害的社会关系，如国家安全、社会秩序、公共利益以及公民、法人或其他组织的合法权益。

客观方面(Objective Aspect)是指：对客体造成侵害的客观外在表现，包括侵害方式和侵害结果等。

安全等级保护对象是指等级保护工作中的保护对象，主要包括网络基础设施、信息系统、大数据、云计算平台、物联网、工控系统等；安全保护等级根据其在国家安全、经济建设、社会生活中的重要程度，遭到破坏后对国家安全、社会秩序、公共利益以及公民、法人和其他组织的合法权益的危害程度等进行定级。根据等级保护相关管理文件，等级保护对象的安全保护等级分为以下五级。

第一级，等级保护对象受到破坏后，会对公民、法人和其他组织的合法权益造成损害，但不损害国家安全、社会秩序和公共利益。

第二级，等级保护对象受到破坏后，会对公民、法人和其他组织的合法权益产生严重损害，或者对社会秩序和公共利益造成损害，但不损害国家安全。

第三级，等级保护对象受到破坏后，会对公民、法人和其他组织的合法权益产生特别严重损害，或者对社会秩序和公共利益造成严重损害，或者对国家安全造成损害。

第四级，等级保护对象受到破坏后，会对社会秩序和公共利益造成特别严重损害，或者对国家安全造成严重损害。

第五级，等级保护对象受到破坏后，会对国家安全造成特别严重损害。

4.2.2 安全保护能力

不同等级的保护对象应具备的基本安全保护能力如下。

(1) 第一级安全保护能力。应能够防护系统免受来自个人的、拥有很少资源的威胁源发起的恶意攻击、一般的自然灾难，以及其他相当危害程度的威胁所造成的关键资源损害，在系统遭到损害后，能够恢复部分功能。

(2) 第二级安全保护能力。应能够防护免受来自外部小型组织的、拥有少量资源的威胁源发起的恶意攻击、一般的自然灾难,以及其他相当危害程度的威胁所造成的重要资源损害,能够发现重要的安全漏洞和安全事件,在自身遭到损害后,能够在一段时间内恢复部分功能。

(3) 第三级安全保护能力。应能够在统一安全策略下防护免受来自外部有组织的团体、拥有较为丰富资源的威胁源发起的恶意攻击、较为严重的自然灾难,以及其他相当危害程度的威胁所造成的主要资源损害,能够发现安全漏洞和安全事件,在自身遭到损害后,能够较快恢复绝大部分功能。

(4) 第四级安全保护能力。应能够在统一安全策略下防护免受来自国家级别的、敌对组织的、拥有丰富资源的威胁源发起的恶意攻击、严重的自然灾难,以及其他相当危害程度的威胁所造成的资源损害,能够发现安全漏洞和安全事件,在自身遭到损害后,能够迅速恢复所有功能。

(5) 第五级安全保护能力(略)。

4.2.3 安全要求

应依据保护对象的安全保护等级保证它们具有相应等级的安全保护能力,不同安全保护等级的保护对象要求具有不同的安全保护能力。

安全通用要求从各个层面或方面提出了保护对象的每个组成部分应该满足的安全要求,等级保护对象具有的整体安全保护能力通过不同组成部分实现安全要求来保证。除了保证每个组成部分满足安全要求外,还要考虑组成部分之间的相互关系,来保证保护对象整体安全保护能力。安全通用要求是针对不同安全保护等级对象应该具有的安全保护能力提出的安全要求,根据实现方式的不同,安全要求分为技术要求和管理要求两大类,技术要求和管理要求是确保保护对象安全不可分割的两个部分。

技术类安全要求从物理和环境安全、网络和通信安全、设备和计算安全、应用和数据安全几个层面提出,与提供的技术安全机制有关,主要通过部署软硬件并正确地配置其安全功能来实现;管理类安全要求与各种角色参与的活动有关,从安全策略和管理制度、安全管理机构和人员、安全建设管理、安全运维管理几个方面提出,主要通过控制各种角色的活动,从政策、制度、规范、流程以及记录等方面做出规定来实现。

对于涉及国家秘密的信息系统,应按照国家保密工作部门的相关规定和标准进行保护。对于涉及密码的使用和管理,应按照国家密码管理的相关规定和标准实施。

4.3 网络安全等级保护实施流程

4.3.1 等级保护的基本流程

1. 等级保护的工作环节

等级保护工作的主要环节包括:网络定级、信息系统备案、安全建设整改、等级测评和安全监督检查。

1) 网络定级

定级是网络安全等级保护的首要环节和关键环节,通过定级可以梳理各行业、各部门、各单位的网络类型、重要程度和数量等基本信息，确定分级保护的重点。网络定级按照网络运营者拟定等级、专家评审、主管部门核准、公安机关审核的流程进行。网络运营使用单位按照《信息安全等级保护管理办法》和《信息安全技术 网络安全等级保护定级指南》(GA/T 1389—2017)拟定网络安全保护等级。为保证定级准确，可以组织专家进行评审。有上级主管部门的，应当经上级主管部门核准，跨省或全国统一联网运行的网络可以由行业主管部门统一拟定安全保护等级。

2）信息系统备案

第二级以上网络运营者，应当在网络的安全保护等级确定后30日内，由网络运营者到所在地区的地市级以上公安机关网络安全保卫部门办理备案手续，提交定级报告。因网络撤销或变更调整安全保护等级的，应当在十个工作日内向原受理备案公安机关办理撤销或变更手续。第三级以上网络运营者(含关键信息基础设施运营者)在向公安机关备案时，还应提交测评报告，以及经专家评审通过的安全建设方案等其他有关材料。公安机关应当按照《信息安全等级保护备案实施细则》(公信安〔2007〕1360号)的要求，对备案材料进行审核。对定级准确、备案材料符合要求的，应当在十个工作日内出具网络安全等级保护备案证明；对定级不准确、备案材料不符合要求的，应当通知备案单位进行修改。

3）安全建设整改

网络安全保护等级确定后，网络运营者按照《信息安全等级保护管理办法》《关于开展信息安全等级保护安全建设整改工作的指导意见》(公信安〔2009〕1429号)等有关管理规范和技术标准，选择《信息安全等级保护管理办法》要求的网络安全产品，制定并落实安全管理制度、安全责任，建设安全设施，落实安全技术措施。

4）安全等级测评

网络建设整改完成后，第三级以上网络运营者(含关键信息基础设施运营者)应每年开展一次网络安全等级测评。网络运营者选择符合要求的测评机构，依据《信息安全等级保护管理办法》、《信息安全技术 网络安全等级保护测评要求》(GB/T 28448—2019)和《信息安全技术 网络安全等级保护测评过程指南》(GB/T 28449—2018)，对网络安全保护状况开展等级测评，按照《信息系统安全等级测评报告模板》编写等级测评报告。

5）安全监督检查

网络运营者应当针对本单位落实网络安全等级保护制度情况和网络安全状况，每年至少开展一次自查，发现安全风险隐患及时调整，并向受理备案的公安机关报告。公安机关依据《信息安全等级保护管理办法》和《公安机关信息安全等级保护检查工作规范(试行)》(公信安〔2008〕736号)，监督检查运营者开展等级保护工作，定期对第三级以上的网络进行安全检查。运营者应当接受公安机关的安全监督、检查、指导，如实向公安机关提供有关材料。

2. 等级保护工作过程的基本要求

网络运营者应按照“准确定级、严格审批、及时备案、认真整改、科学测评”的要求完成等级保护的定级、备案、整改、测评等工作。

网络安全保护等级是网络本身的客观属性，不应以已采取或将采取什么安全保护措施为依据，而是以网络的重要性和网络遭受到破坏后对国家安全、社会稳定、人民群众合法权益的危害程度为依据，确定网络安全等级。公安机关和保密、密码工作部门要及时开展监督检查,严格审查网络所定级别,严格检查网络开展备案、整改、测评等工作。对故意将网络安全级别定低,逃避公安、保密、密码部门监管,造成网络出现重大安全事故的,要追究单位和相关人员的责任。网络运营者针对网络安全现状发现的问题进行整改,落实网络安全责任制,落实安全保护管理制度和措施,落实安全保护技术措施。

4.3.2 定级

1. 定级要素

保护等级对象的级别由两个定级要素决定:等级保护对象受到破坏时所侵害的客体和对客体造成侵害的程度。

作为定级对象应具有如下基本特征。

(1) 具有唯一确定的安全责任单位。

(2) 具有保护对象的基本要素,应该是由相关的和配套的设备、设施按照一定的应用目标和规则组合而成的有形实体。

(3) 承载单一或相对独立的业务应用。

2. 受侵害的客体

等级保护对象受到破坏时所侵害的客体包括以下 3 个方面。

(1) 公民、法人和其他组织的合法权益。

(2) 社会秩序、公共利益。

(3) 国家安全。

确定受侵害的客体时,应首先判断是否侵害国家安全,然后判断是否侵害社会秩序或公众利益,最后判断是否侵害公民、法人和其他组织的合法权益。

侵害国家安全的事项包括:影响国家政权稳固和国防实力,影响国家统一、民族团结和社会安定,影响国家对外活动中的政治、经济利益,影响国家重要的安全保卫工作,影响国家经济竞争力和科技实力,其他影响国家安全的事项。

侵害社会秩序的事项包括:影响国家机关社会管理和公共服务的工作秩序,影响各种类型的经济活动秩序,影响各行业的科研、生产秩序,影响公众在法律约束和道德规范下的正常生活秩序等,其他影响社会秩序的事项。侵害公共利益的事项包括:影响社会成员使用公共设施,影响社会成员获取公开信息资源,影响社会成员接受公共服务等方面,其他影响公共利益的事项。

侵害公民、法人和其他组织的合法权益是指由法律确认的并受法律保护的公民、法人和其他组织所享有的一定的社会权利和利益等受到损害。

3. 对客体的侵害程度

对客体的侵害程度由客观方面的不同外在表现综合决定。由于对客体的侵害是通过对等级保护对象的破坏实现的,因此,对客体的侵害外在表现为对等级保护对象的破坏,通过危害方式、危害后果和危害程度加以描述。其危害方式表现为对信息安全的破坏和对信息系统服务的破坏,其中信息安全是指确保信息系统内信息的保密性、完整性和可用性等,系统服务安全是指确保信息系统可以及时、有效地提供服务，以完成预定的业务目标。由于业务信息安全和系统服务安全受到破坏所侵害的客体和对客体的侵害程度可能会有所不同，在定级过程中，需要分别处理这两种危害方式。

在针对不同的受侵害客体进行侵害程度的判断时，应参照以下不同的判别基准。

(1) 如果受侵害客体是公民、法人或其他组织的合法权益，应以本人或本单位的总体利益作为判断侵害程度的基准。

(2) 如果受侵害客体是社会秩序、公共利益或国家安全，应以整个行业或国家的总体利益作为判断侵害程度的基准。

等级保护对象受到破坏后对客体造成侵害的程度归结为以下 3 种。

(1) 造成一般损害。

(2) 造成严重损害。

(3) 造成特别严重损害。

一般损害程度的描述：工作职能受到局部影响，业务能力有所降低但不影响主要功能的执行，出现较轻的法律问题、较低的财产损失、有限的社会不良影响，对其他组织和个人造成较低损害。

严重损害程度的描述：工作职能受到严重影响，业务能力显著下降且严重影响主要功能的执行，出现较严重的法律问题、较高的财产损失、较大范围的社会不良影响，对其他组织和个人造成较严重损害。

特别严重损害程度的描述：工作职能受到特别严重影响或丧失行使能力，业务能力严重下降且/或功能无法执行，出现极其严重的法律问题、极高的财产损失、大范围的社会不良影响，对其他组织和个人造成非常严重的损害。

定级要素与安全保护等级的关系如表 4-1 所示。

表 4-1 定级要素与安全保护等级的关系

受侵害的客体	对客体的侵害程度		
	一般损害	严重损害	特别严重损害
公民、法人和其他组织的合法权益	第一级	第二级	第三级
社会秩序、公共利益	第二级	第三级	第四级
国家安全	第三级	第四级	第五级

4. 定级的一般流程

等级保护对象定级工作的一般流程如图 4-2 所示。

(1) 确定定级对象：包括基础信息网络、信息系统、大数据等方面。

(2) 初步确定等级：根据业务信息安全被破坏时所侵害的客体以及对相应客体的侵害程度，依据业务信息安全保护等级矩阵表，可得到业务信息安全保护等级；根据系统服务安全被破坏时所侵害的客体以及对相应客体的侵害程度，依据系统服务安全保护等级矩阵表，可得到系统服务安全保护等级；定级对象的安全保护等级由业务信息安全保护等级和系统服务安全保护等级的较高者决定。

(3) 专家评审：定级对象的运营、使用单位应组织信息安全专家和业务专家，对初步定级结果的合理性进行评审，出具专家评审意见。

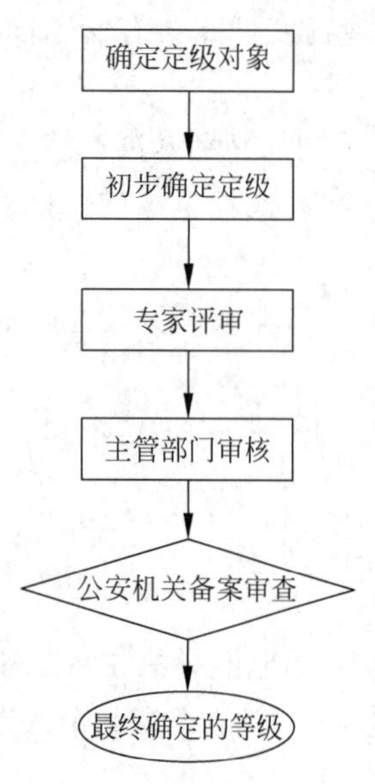

图 4-2 等级保护对象定级工作一般流程

(4) 主管部门审核：定级对象的运营、使用单位应将初步定级结果上报行业主管部门或上级主管部门进行审核。

(5) 公安机关备案审查：定级对象的运营、使用单位应按照相关管理规定，将初步定级结果提交公安机关进行备案审查，审查不通过，其运营使用单位应组织重新定级；审查通过后最终确定定级对象的安全保护等级。

(6) 最终确定保护等级。

5. 定级方法

定级对象的安全主要包括业务信息安全和系统服务安全，与之相关的受侵害客体和对客体的侵害程度可能不同，因此，安全保护等级也应由业务信息安全和系统服务安全两方面确定。从业务信息安全角度反映的定级对象安全保护等级称业务信息安全保护等级；从系统服务安全角度反映的定级对象安全保护等级称系统服务安全保护等级。

定级方法如下。

1) 确定保护对象受到破坏时所侵害的客体

(1) 确定业务信息受到破坏时所侵害的客体。

(2) 确定系统服务受到侵害时所侵害的客体。

2) 确定对客体的侵害程度

(1) 根据不同的受侵害客体，从多个方面综合评定业务信息安全被破坏对客体的侵害程度。

(2) 根据不同的受侵害客体，从多个方面综合评定系统服务安全被破坏对客体的侵害程度。

3) 确定安全保护等级

(1) 确定业务信息安全保护等级。

(2) 确定系统服务安全保护等级。

(3) 将业务信息安全保护等级和系统服务安全保护等级的较高者初步确定为定级对象的安全保护等级。

确定安全保护等级流程如图 4-3 所示。

6. 等级变更

当等级保护对象所处理的信息、业务状态和系统服务范围发生变化，可能导致业务信息安全或系统服务安全受到破坏后的受侵害客体和对客体的侵害程度有较大的变化时，可能影响到等级保护对象的安全保护等级，应根据本标准要求重新确定定级对象、重新定级。

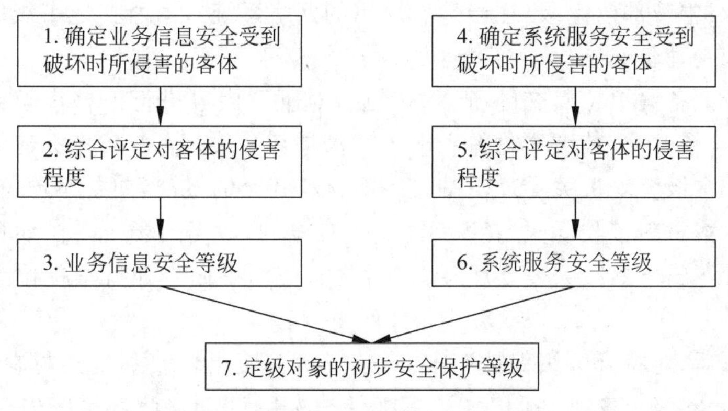

图 4-3 确定安全保护等级流程示意图

4.3.3 备案

网络安全等级保护备案工作包括网络备案、受理、审核和备案信息管理等。网络运营者和受理备案的公安机关，应按照《信息安全等级保护备案实施细则》（公信安〔2007〕1360 号）的要求办理网络备案工作。

第二级（含）以上网络，在安全保护等级确定后 30 日内，由其网络运营者或者其主管部门到所在地设区的地市级以上公安机关办理备案手续。办理备案手续时，应先到公安机关指定的网址下载并填写备案表，准备好备案文件，再到指定的地点办理备案手续。

备案时应当提交《信息系统安全等级保护备案表》及其电子文档。第二级以上网络备案时需提交《信息系统安全等级保护备案表》表一、表二、表三。第三级以上网络还应当在网络安全整改、测评完成后 30 日内提交《信息系统安全等级保护备案表》表四及其有关材料。第三级以上信息系统同时提供以下材料：系统拓扑结构及说明；系统安全组织机构和管理制度；系统安全保护设施设计实施方案或者改建实施方案；系统使用的信息安全产品清单及其认证、销售许可证明；测评后符合系统安全保护等级的技术检测评估报告；信息系统安全保护等级专家评审意见；主管部门审核批准信息系统安全保护等级的意见。

隶属于中央的在京单位，其跨省或者全国统一联网运行并由主管部门统一定级的网络系统，由主管部门向公安部办理备案手续；其他网络系统向北京市公安局备案。跨省或者全国统一联网运行的网络系统在各地运行、应用的分支系统，应当向当地设区的地市级以上公安机关备案，各部委统一定级网络系统在各地的分支系统（包括终端链接、安装上级系统运行的没有数据库的分系统），即使是上级主管部门定级的，也要到当地公安机关备案。

地市级以上公安机关网络安全保卫部门受理本辖区内备案单位的备案。隶属于省级的备案单位，其跨地（市）联网运行的网络系统，由省级公安机关网络安全保卫部门受理备案。

隶属于中央的在京单位，其跨省或者全国统一联网运行并由主管部门统一定级的网络系统，由公安部网络安全保卫局受理备案，其他网络系统由北京市公安局网络安全保卫部门受理备案。

隶属于中央的非在京单位的网络系统，由当地省级公安机关网络安全保卫部门（或其指定的地市级公安机关网络安全保卫部门）受理备案。

跨省或者全国统一联网运行并由主管部门统一定级的网络系统在各地运行、应用的分支系统(包括上级主管部门定级,在当地有应用的网络系统),由所在地市级以上公安机关网络安全保卫部门受理备案。

公安机关收到备案单位提交的备案材料后,对下列内容进行严格审核:备案材料填写是否完整,是否符合要求,其纸质材料和电子文档是否一致;信息系统所定安全保护等级是否准确。对属于本级公安机关受理范围且备案材料齐全的,应当向备案单位出具《信息系统安全等级保护备案材料接收回执》;备案材料不齐全的,应当当场或者在5日内一次性告知其补正内容;对不属于本级公安机关受理范围的,应当书面告知备案单位到有管辖权的公安机关办理。

经审核通过后,对符合等级保护要求的,公安机关应当自收到备案材料之日起的10个工作日内,将加盖本级公安机关印章(或等级保护专用章)的《信息系统安全等级保护备案表》一份反馈备案单位,一份存档;对不符合等级保护要求的,公安机关公共信息网络安全监察部门应当在10个工作日内通知备案单位进行整改,并出具《信息系统安全等级保护备案审核结果通知》。

受理备案的公安机关应当建立管理制度,对备案材料按照等级进行严格管理,严格遵守保密制度,未经批准不得对外提供查询。

公安机关对定级不准的备案单位,在通知整改的同时,应当建议备案单位组织专家进行重新定级评审,并报上级主管单位审批。备案单位仍然坚持原定等级的,公安机关可以受理其备案,但应当书面告知其承担由此引发的责任和后果,经上级公安机关同意,同时通报备案单位上级主管部门。

对拒不备案的,公安机关应当依据《网络安全法》《计算机信息系统安全保护条例》等有关法律法规规定,责令限期整改。逾期仍不备案的,应予以警告,并向其上级主管部门通报。需要向中央和国家机关通报的,应当报经公安部同意。

4.3.4 建设整改基本工作

1. 工作目标

网络安全等级保护安全建设整改工作是网络安全等级保护制度的核心和落脚点。网络定级、等级测评和监督检查等工作最终都要服从和服务于安全建设整改工作。为指导各地区、各部门在网络安全等级保护定级工作基础上深入开展网络安全等级保护安全建设整改工作,公安部向中央和国家机关各部委、国务院各直属机构、办事机构、事业单位印送了《关于开展信息安全等级保护安全建设整改工作的指导意见》的函,并抄送了中央企业和各省、区、市等级保护工作协调领导小组。该指导意见明确了安全建设整改的工作目标,细化了工作内容,提出了工作要求,附件《信息安全等级保护安全建设整改工作指南》一并印发,为开展安全建设整改工作提供了相应依据和保障。

对于新建网络,应按照国家网络安全等级保护政策标准要求,落实网络安全与信息化建设"三同步"要求,即在信息化建设中"同步设计、同步建设、同步实施"网络安全等级保护措施,落实安全责任,落实安全管理措施和技术保护措施。对于已运行的网络系统,应按照国家网络安全等级保护政策、标准要求开展等级测评和风险评估,发现安全问题、隐患及与国家和行业标准的差距,开展安全整改,直至符合国家和行业标准要求。

通过开展网络安全建设整改工作，达到以下五个方面的目标：

(1) 网络安全管理水平明显提高。

(2) 网络安全防范能力明显增强。

(3) 网络安全隐患和安全事故明显减少。

(4) 有效保障信息化健康发展。

(5) 有效维护国家安全、社会秩序和公共利益。

2. 工作内容

各单位、各部门在组织开展网络系统定级时，是按照有关标准要求对每个业务系统进行定级的，但在开展网络安全建设整改时，可以采取“分区”“分域”的方法，按照“整体保护、综合防控”的原则进行安全建设方案或整改方案的设计。整改方案立足于对网络系统进行加固改造，缺少什么就补充什么。对于新建网络在规划设计时应确定网络的安全保护等级，按照网络等级同步设计、同步建设、同步实施安全保护技术措施和管理措施。

网络安全等级保护安全管理制度建设工作包括如下内容。

1) 开展安全管理制度建设的依据

按照《网络安全法》《网络安全等级保护管理办法》(公通字〔2007〕43 号)《信息安全技术 网络安全等级保护基本要求》(GB/T 22239—2019)，参照《信息安全技术 信息系统安全管理要求》(GB/T 20269—2006)《信息安全技术 信息系统安全工程管理要求》(GB/T 20282—2006)等标准规范要求，建立健全并落实符合相应等级要求的安全管理制度。

2) 开展安全管理制度建设的内容

(1) 落实网络安全责任制。成立网络安全工作领导机构，明确网络安全工作的主管领导。成立专门的网络安全管理部门或落实网络安全责任部门，确定安全岗位，落实专职人员或兼职人员，明确落实领导机构、责任部门和有关人员的网络安全责任。

(2) 落实人员安全管理制度。制定人员录用、离岗、考核、教育培训等管理制度，落实管理的具体措施。对安全岗位人员要进行安全审查，定期进行培训、考核和安全保密教育，提高安全岗位人员的专业水平，逐步实现安全岗位人员持证上岗。

(3) 落实网络建设管理制度。建立网络定级备案、方案设计、产品采购使用、密码使用、软件开发、工程实施、验收交付、等级测评、安全服务等管理制度，明确工作内容、工作方法、工作流程和工作要求。

(4) 落实网络运维管理制度。建立机房环境安全、存储介质安全、设备设施安全、安全监控、网络安全、系统安全、恶意代码防范、密码保护、备份与恢复、事件处置等管理制度，制定应急预案并定期开展演练，采取相应的管理技术措施和手段，确保系统运维管理制度有效落实。

3) 开展安全管理制度建设的要求

在具体实施过程中，既可以逐项建立管理制度，也可以进行整合，形成完善的安全管理体系。要根据具体情况，结合系统管理实际，不断健全完善管理制度。同时将管理制度与管理技术措施有机结合，确保安全管理制度得到有效落实。

建立并落实监督检查机制。备案单位定期对各项制度的落实情况进行自查，行业主管部门组织开展督导检查，公安机关会同主管部门开展监督检查。

3. 工作流程

安全建设整改工作一般分五步进行，其流程如图 4-4 所示。

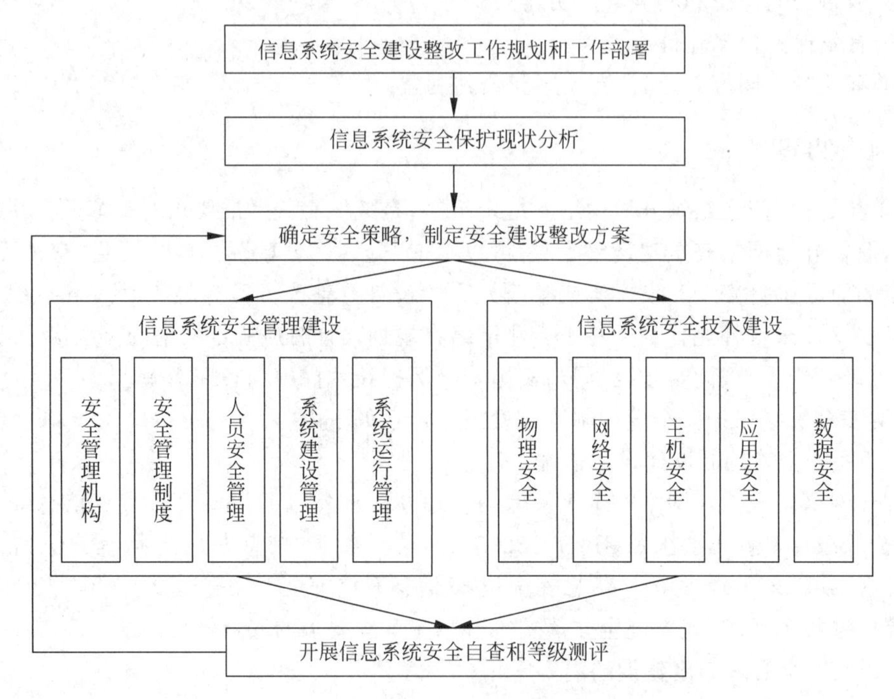

图 4-4　安全建设整改工作流程

第一步：落实负责安全建设整改工作的责任部门，由责任部门牵头制定本单位和本行业网络安全建设整改工作规划，对安全建设整改工作进行总体部署。

第二步：对于新建网络，根据网络安全保护等级，依据《信息安全技术网络安全等级 保护基本要求》(GB/T 22239—2019)(以下简称《基本要求》)等标准，从管理和技术两个方面确定网络安全建设需求并论证；对于在线运行网络，可以通过等级测评，分析判断目前所采取的网络保护措施与等级保护标准要求之间的差距，分析网络已发生的事件或事故，分析安全保护方面存在的问题，形成安全整改的需求并论证。

第三步：确定安全保护策略，制定网络安全建设整改方案。在安全需求分析的基础上，进行网络安全建设整改方案设计，包括总体设计和详细设计，制定工程预算和工程实施计划等，为后续安全建设整改工程的实施提供依据，安全建设整改方案须经专家评审论证，第三级(含)以上网络的安全建设整改方案应报公安机关备案，公安机关监督检查备案单位安全建设整改方案的实施。

第四步：按照网络安全建设整改方案实施安全建设整改工程，建立并落实安全管理制度，落实安全责任制，建设安全设施，落实安全措施。在实施安全建设整改工程时，需要加强投资风险控制、实施流程管理、进度规划控制、工程质量控制和信息保密管理。

第五步：开展安全自查和等级测评，及时发现网络中存在的安全隐患和问题，并通过风险分析，确定应解决的主要问题，进一步开展安全整改工作。

4. 工作要求

开展安全建设整改工作的网络范围如下。

(1) 将已备案的第二级(含)以上网络系统纳入安全建设整改的范围。

(2) 尚未开展定级备案的网络系统,要先定级备案,再开展安全建设整改。

(3) 新建网络系统要同步开展安全建设工作。

在建设整改中,要落实如下工作要求。

(1) 统一组织,加强领导。要按照"谁主管、谁负责"的原则,切实加强对网络安全等级保护安全建设整改工作的组织领导,完善工作机制。要结合各自实际,统一规划和部署安全建设整改工作,制定安全建设整改工作实施方案。要落实责任部门、责任人员和安全建设整改经费。要利用多种形式,组织开展宣传、培训工作。

(2) 循序渐进,分步实施。信息系统主管部门可以结合本行业、本部门信息系统数量、等级、规模等实际情况,按照自上而下或先重点后一般的顺序开展。重点行业、部门可以根据需要和实际情况,选择有代表性的第二、三、四级信息系统先进行安全建设整改和等级测评工作试点、示范,在总结经验的基础上全面推开。

(3) 结合实际,制定规范。重点行业信息系统主管部门可以按照《基本要求》等国家标准,结合行业特点,确定《基本要求》的具体指标;在不低于等级保护基本要求的情况下,结合系统安全保护的特殊需求,在有关部门指导下制定行业标准规范或细则,指导本行业信息系统安全建设整改工作。

(4) 认真总结,按时报送。要对定级备案、等级测评、安全建设整改和自查等工作开展情况进行年度总结,于每年年底前报同级公安机关网安部门,各省(自治区、直辖市)公安机关网安部门报公安部保卫局。信息系统备案单位每半年要填写《网络安全等级保护安全建设整改工作情况统计表》并报受理备案的公安机关。

5. 工作效果

依据网络安全等级保护有关政策和标准,通过组织开展信息安全等级保护安全管理制度建设、技术措施建设和等级测评,落实等级保护制度的各项要求,使信息系统安全管理水平明显提高,安全防范能力明显增强,安全隐患和安全事故明显减少,有效保障信息化健康发展,维护国家安全、社会秩序和公共利益。其整改效果按照等级要求如下。

第一级网络:经过安全建设整改,网络具有抵御一般性攻击的能力,以及防范常见计算机病毒和恶意代码危害的能力;遭到损害后,具有恢复主要功能的能力。

第二级网络:经过安全建设整改,网络具有抵御小规模,较弱强度恶意攻击的能力,抵抗一般的自然灾害的能力,以及防范一般性计算机病毒和恶意代码危害的能力;具有检测常见的攻击行为,并对安全事件进行记录的能力;遭到损害后,具有恢复正常运行状态的能力。

第三级网络:经过安全建设整改,网络在统一的安全保护策略下具有抵御大规模、较强恶意攻击的能力,抵抗较为严重的自然灾害的能力,以及防范计算机病毒和恶意代码危害的能力;具有检测、发现、报警及记录入侵行为的能力;具有对安全事件进行响应处置,并能够追踪安全责任的能力;遭到损害后,具有能够较快恢复正常运行状态的能力;对于服务保障性要求高的网络,应该能快速恢复正常运行状态;具有对网络资源、用户、安全机制等进行集中管控的能力。

第四级网络：经过安全建设整改，网络在统一的安全保护策略下具有抵御敌对势力有组织的大规模攻击的能力，抵抗严重的自然灾害的能力，以及防范计算机病毒和恶意代码危害的能力；具有检测、发现、报警及记录入侵行为的能力；具有对安全事件进行快速响应处置，并且能够追踪安全责任的能力；遭到损害后，具有能够较快恢复正常运行状态的能力；对于服务保障性要求较高的网络，应能立即恢复正常运行状态；具有对网络资源、用户、安全机制等进行集中管控的能力。

4.3.5 等级测评

1. 等级测评的基本含义

网络安全等级保护测评工作是指测评机构依据国家网络安全等级保护制度规定，按照有关管理规范和技术标准，对非涉及国家秘密的网络安全等级保护状况进行检测评估的活动。网络安全等级保护测评包括标准符合性评判活动和风险评估活动，即依据网络安全等级保护的国家标准或行业标准，按照特定方法对网络的安全保护能力进行科学、公正的综合评判过程。

2. 等级测评的目的和作用

根据《网络安全法》和《信息安全等级保护管理办法》的规定，网络按照《基本要求》等技术标准安全建设完成后，网络运营者应当选择符合规定条件的测评机构，定期对网络的安全保护状况开展等级测评。

通过测评，一是可以发现网络存在的安全问题，掌握网络的安全状况，排查网络的安全隐患和薄弱环节，明确网络安全建设整改需求；二是衡量网络的安全保护管理措施和技术措施是否符合等级保护的基本要求，是否具备了相应的安全保护能力。等级测评结果也是公安机关等安全监管部门进行监督、检查、指导的参照。

3. 开展等级测评的时机

1）安全建设整改前

在开展网络安全建设整改之前，网络运营者可以通过等级测评，分析判断目前网络所采取的安全措施与等级保护标准要求之间的差距，分析安全方面存在的问题，查找网络安全保护建设整改需要解决的问题，形成安全建设整改的安全需求。

2）安全建设整改后

网络安全整改建设完成后，网络运营者应通过等级测评对网络的等级保护措施落实情况与《基本要求》的要求之间的符合程度进行评判，形成网络安全等级保护测评报告，如果发现问题将继续整改。

3）定期开展等级测评

网络运行维护期间，应定期进行安全等级测评，及时发现和分析网络存在的安全问题。《信息安全等级保护管理办法》要求网络建设完成后，网络运营者选择符合规定条件的测评机构，依据《网络安全等级保护测评要求》等技术标准，定期对网络的安全保护状况开展等级测评,第三级(含)以上网络应当每年至少进行一次等级测评,重要部门的第二级网络可以参照上述要求开展等级测评工作。

《信息安全等级保护管理办法》第十四条规定：信息系统建设完成后,运营、使用单位或者其主管部门应当选择符合本办法规定条件的测评机构,依据《信息系统安全等级保护测评要求》等技术标准,定期对信息系统安全等级状况开展等级测评；第三级信息系统应当每年至少进行一次等级测评,第四级信息系统应当每半年至少进行一次等级测评,第五级信息系统应当依据特殊安全需求进行等级测评。

4. 等级测评的标准依据

测评机构应当依据《信息系统安全等级保护管理办法》《网络安全等级保护测评机构管理办法》《网络安全等级保护测评要求》《网络安全等级保护测评过程指南》等国家标准进行等级测评,按照公安部统一制定的《信息安全等级保护测评报告模板》(公信安〔2014〕2866号)格式出具测评报告。按照行业标准规范开展安全建设整改的信息系统,可以国家标准为依据开展等级测评,也可以行业标准规范为依据开展等级测评。

等级测评依据的两个主要标准分别是《GB/T 28448—2019 信息系统安全技术 网络安全等级保护测评要求》(以下简称《测评要求》)和《GB/T 28449—2012 信息系统安全等级保护测评过程指南》(以下简称《测评过程指南》)。其中,测评要求阐述了《基本要求》中各要求项中的具体测评方法、步骤和判断依据等,用来评定信息系统的安全保护措施是否符合《基本要求》。《测评过程指南》规定了开展等级测评工作的基本过程、流程、任务及工作产品等,规范测评机构的等级测评工作,并对在等级测评过程中何时如何使用《测评要求》提出了指导建议。二者共同指导等级测评工作,等级测评的测评对象是已经确定等级的信息系统。特定等级测评项目面对的被测评系统是由一个或多个不同安全保护等级的定级对象构成的信息系统。等级测评实施通常采用的测评方法是访谈、文档审查、配置检查、工具测试、实地查看。

5. 等级测评工作规范

等级测评工作中,应遵循以下规范和原则。

(1) 标准性原则。测评工作的开展、方案的设计和具体实施均需依据我国等级保护的相关标准进行。

(2) 规范性原则。为用户提供规范的服务,工作中的过程和文档需具有良好的规范性,可以便于项目的跟踪和控制。

(3) 可控性原则。测评过程和所使用的工具具备可控性,测评项目采用的工具都经过多次测评考验,或者是根据具体要求和组织的具体网络特点定制的,具有良好的可控性。

(4) 整体性原则。测评服务从组织的实际需求出发,从业务角度进行测评,而不是局限于网络、主机等单个的安全层面,设计安全管理和业务运营,保障整体性和全面性。

(5) 最小影响性原则。测评工作具备充分的计划性,不对现有的运行和业务的正常提供产生显著影响,尽可能小地影响系统和网络的正常运行。

(6) 保密性原则。从公司、人员、过程三方面进行保密控制——测评公司与甲方双方签署保密协议,不得利用测评中的任何数据进行其他有损甲方利益的活动；人员保密,公司内部签订保密协议；在测评过程中对测评数据严格保密。

(7) 针对性原则。根据被测信息系统的实际业务需求、功能需求以及对应的安全建设情况,开展针对性较强的测评工作。

6. 等级测评工作流程

1)基本工作流程

等级测评过程分为4个基本测评活动:测评准备活动、方案编制活动、现场测评活动、分析及报告编制活动,测评双方之间的沟通与洽谈,应贯穿整个等级测评过程。基本工作流程如图4-5所示。

(1)测评准备活动。

本活动是开展等级测评工作的前提和基础,是整个等级测评过程有效性的保证。测评准备工作是否充分直接关系到后续工作能否顺利开展。本活动的主要任务是掌握被测系统的详细情况,准备测试工具,为编制测评方案做好准备。

(2)方案编制活动。

本活动是开展等级测评工作的关键活动,为现场测评提供最基本的文档和指导方案。本活动的主要任务是确定与被测信息系统相适应的测评对象、测评指标及测评内容等,并根据需要重用或开发测评指导书,形成测评方案。

(3)现场测评活动。

本活动是开展等级测评工作的核心活动。本活动的主要任务是按照测评方案的总体要求,严格执行测评指导书,分步实施所有测评项目,包括单元测评和整体测评两个方面,以了解系统的真实保护情况,获取足够证据,发现系统存在的安全问题。

(4)分析与报告编制活动。

本活动是给出等级测评工作结果的活动,是总结被测系统整体安全保护能力的综合评价活动。本活动的主要任务是根据现场测评结果和GB/T 28448—2019的有关要求,通过单项测评结果判定、单元测评结果判定、整体测评和风险分析等方法,找出整个系统的安全保护现状与相应等级的保护要求之间的差距,并分析这些差距导致被测系统面临的风险,从而给出等级测评结论,形成测评报告文本。

2)工作方法

测评主要工作方法包括访谈、文档审查、配置检查、工具测试和实地查看。

访谈是指测评人员与被测系统有关人员(个体/群体)进行交流、讨论等活动,获取相关证据,了解有关信息。访谈的对象是人员,访谈涉及的技术安全和管理安全的测评结果,要提供记录或录音,典型的访谈人员包括:信息安全主管、信息系统安全管理员、系统管理员、网络管理员、资产管理员等。

文档审查主要是依据技术和管理标准,对被测评单位的安全方针文件、安全管理制度、安全管理的执行过程文档、系统设计方案、网络设备的技术资料、系统和产品的实际配置说明、系统的各种运行记录文档、机房建设相关资料、机房出入记录进行审查。审查信息系统建设必须具有的制度、策略、操作规程等文档是否齐备,制度执行情况记录是否完整,文档内容完整性和这些文件之间的内部一致性等问题。

配置检查是指利用上机验证的方式检查网络安全、主机安全、应用安全、数据安全的配置是否正确,是否与文档、相关设备和部件保持一致,对文档审查的内容进行核实(包括日志审计等),并记录测评结果。配置检查是衡量一家测评机构实力的重要体现。检查对象包括数据库系统、操作系统、中间件、网络设备、网络安全设备。

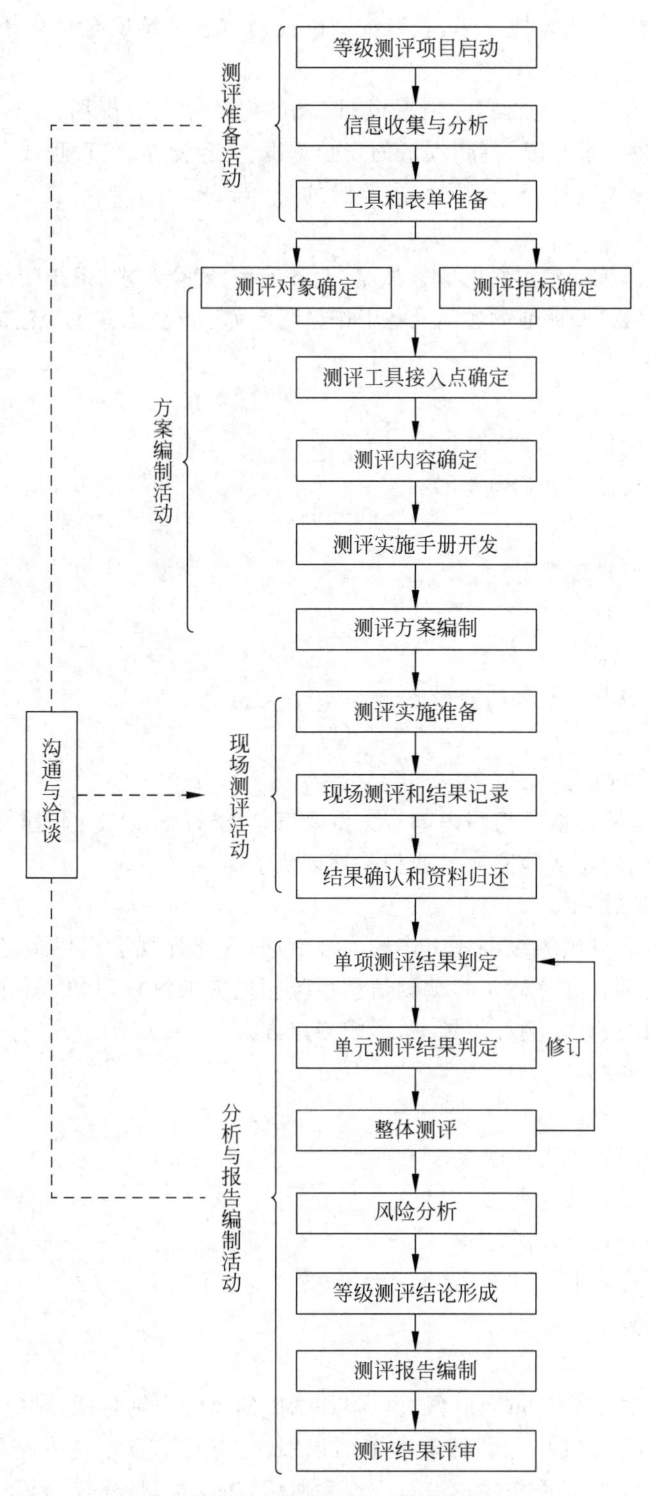

图 4-5 等级测评工作流程

工具测试是利用各种测试工具,通过对目标系统的扫描、探测等操作,使其产生特定响应等活动,通过查看、分析响应结果,获取证据以证明信息系统安全保护措施是否得以有效实施的一种方法。

实地查看根据被测系统的实际情况,测评人员到系统运行现场,通过实地查看人员行为、技术设施和物理环境状况,判断人员的安全意识、业务操作、管理程序和系统物理环境等方面的安全情况,测评其是否达到了相应等级的安全要求。

3)测评实施准备

由于网络安全测评受到组织的业务战略、业务流程、安全需求、系统规模与结构等方面的影响,因此,应充分做好测评前的各项准备工作。测评实施准备工作主要包括如下11项内容。

(1)明确测评目标。

(2)确定测评范围。

(3)组建测评团队。

(4)召开测评实施工作启动会议。

(5)系统调研。

(6)确定系统测评标准。

(7)确定测评工具。

(8)制定测评方案。

(9)测评工作协调。

(10)文档管理。

(11)测评风险规避。

同时,网络安全测评涉及组织内部有关重要信息,被评估组织应慎重选择评估单位评估人员的资质和资格,并遵从国家或行业相关管理要求。

4)测评方案编制

方案编制过程是开展等级测评工作的关键活动,为测评现场提供最基本的文档和指导方案。本过程的主要任务是确定与被测信息系统相适应的测评对象、测评指标及测评内容等,并根据需要重用或开发测评指导书,形成测评方案。

方案编制过程包括:

(1)确定测评对象;

(2)确定测评指标及测评内容;

(3)确定测评工具接入点;

(4)确定测评内容与方法;

(5)确定测评指导书;

(6)确定测评方案。

5)现场测评

现场测评是测评工作的重要阶段。风险评估中的风险识别阶段,对应现场测评,对组织和信息系统中的资产、威胁、脆弱性等要素的识别,是进行信息系统安全风险分析的前提。现场测评活动通过与测评委托单位进行沟通和协调,为现场测评的顺利开展打下良好基础,然后依据测评方案实施现场测评工作,将测评方案和测评工具等具体落实到现场测评活动中。现场测评工作应取得分析与报告编制活动所需的、足够的证据和资料。

现场测评活动包括以下 3 项主要任务。

(1) 现场测评准备。

(2) 现场测评和结果记录。

(3) 结果确认和资料归还。

7. 等级测评指标

1) 测评指标项数量

网络安全等级保护指标主要由技术层面和管理层面组成。测评指标随着保护等级的增高而要求增加、范围增大、测评细化和粒度细化。

网络安全等级保护技术通用要求中控制点分布如表 4-2 所示。从安全测评角度出发,满足 1～4 级各测评达标指标项分布如表 4-3 所示。

表 4-2 安全通用要求控制点的分布

安全要求类	层　面	第一级	第二级	第三级	第四级
技术要求	物理和环境安全	7	10	10	10
	网络和通信安全	4	6	8	8
	设备和计算安全	4	6	6	6
	应用和数据安全	5	9	10	10
管理要求	安全策略和管理制度	1	3	4	4
	安全管理结构和人员	7	9	9	9
	安全建设管理	7	10	10	10
	安全运维管理	8	14	14	14

表 4-3 1～4 级的测评指标项数量

安全等级	物理和环境安全	网络和通信安全	设备和计算安全	应用和数据安全	安全策略和管理制度	安全管理结构和人员	安全建设管理	安全运维管理	总计
第一级	7	7	8	8	1	7	9	13	60
第二级	16	14	16	21	5	16	25	31	144
第三级	22	33	26	35	7	25	34	47	229
第四级	24	34	26	39	7	28	35	48	241

从上面的指标数量分析,和《基本要求》相比,每一级的数量减少。针对特定的等级保护对象如云计算,加上扩展要求,数量不一定减少。

2) 测评指标要求

第二级基本要求:在一级基本要求的基础上,技术方面,第二级要求在控制点上增加物理位置的选择、防静电、电磁保护、网络安全审计、网络入侵防范、边界完整性检查、主机安全审计、主机资源控制、应用资源控制、应用安全审计、通信保密性以及数据保密性等。

第三级基本要求:在第二级基本要求的基础上,技术方面,在控制点上增加网络恶意代码防范、剩余信息保护、抗抵赖等。管理方面,增加系统备案、安全测评、监控管理和安全管理中心等监控点。

第四级基本要求:在第三级基本要求的基础上,技术方面,在系统和应用层控制点上增加安全标记、可信路径。

要求项增多：如对“身份鉴别”一项，第一级要求“进行身份标识和鉴别”，第二级增加要求“口令复杂度、登录失败保护等”，第三级则要求“采用两种或两种以上组合的鉴别技术”。项目增加，要求增强。

范围增大：如对物理安全的“防静电”，第二级只要求“关键设备应采用必要的接地防静电措施”，第三级则在对象的范围上发生了变化，为“主要设备应采用必要的接地防静电措施”。范围的扩大，表明了该要求项强度的增强。

要求细化：如人员安全管理中“安全意识教育和培训”，第二级要求“应制定安全教育和培训计划，对信息安全基础知识、岗位操作规程等进行培训”，第三级对培训计划进行了进一步的细化，为“应针对不同岗位制定不同培训计划”，培训计划有针对性，更符合各个岗位人员的实际需求。

粒度细化：如网络安全中的“访问控制”，第二级要求“控制粒度为网段级”，第三级要求将控制粒度细化，为“控制粒度为端口级”。由“网段级”到“端口级”，粒度上的细化，同样增强了要求的强度。

8. 测评结果研判的步骤

(1) 单对象单测评项研判。

(2) 测评项权重赋值。

(3) 控制点分析与量化。

(4) 问题严重程度值计算。

(5) 修正后的严重程度值和符合程度的计算。

(6) 系统安全保障情况得分计算。

9. 测评报告

网络运营者选择测评机构完成等级测评工作后，应要求等级测评机构按照公安部制定的《信息系统安全等级测评报告模板(2015 版)》(公信安〔2014〕2866 号)出具等级测评报告。等级测评报告是等级测评工作的最终产品，直接体现测评的成果。按照公安部对等级测评报告的格式要求，测评报告应包括但不局限于以下内容：安全等级测评基本信息表，声明，等级测评结论，总体评价，主要安全问题，问题处置建议。测评报告的目录大致如下。

1. 测评项目概述
2. 被测项目情况
3. 等级测评范围和方法

3.1 测评指标

 3.1.1 基本指标

 3.1.2 不适用指标

 3.1.3 特殊指标

4. 单元测评
5. 整体测评
6. 总体安全状况分析

7. 问题处置建议

附录

下面通过分析 2015 版测评报告，通过表 4-4 的方式对测评报告的主题撰写进行描述。

表 4-4　等级保护测评报告

目　　录	说　　明
1. 测评项目概述	
1.1　测评目的	描述本次测评的目的或目标。
1.2　测评依据	列出开展测评活动所依据的文件、标准和合同等。如有行业标准，行业标准的指标作为基本指标。报告中的特殊指标属于用户自愿增加的要求项。
1.3　测评过程	描述等级测评工作流程，包括测评工作流程图、各阶段完成的关键任务和工作时间节点等内容。
1.4　报告分发范围	说明等级测评报告正本的份数与分发范围
2. 被测项目情况	参照备案信息简要描述信息系统。
2.1　承载的业务情况	描述信息系统承载的业务、应用等情况。
2.2　网络结构	给出被测信息系统的拓扑结构示意图，并基于示意图说明被测信息系统的网络结构基本情况，包括功能/安全区域划分、隔离与防护情况、关键网络和主机设备的部署情况和功能简介、与其他信息系统的互联情况和边界设备以及本地备份的灾难中心的情况。
2.3　系统资产(机房、网络设备、安全设备、服务器/存储设备、终端、数据库管理系统、业务应用软件、访谈人员、安全管理文档)	系统资产包括被测信息系统相关的所有软硬件、人员、数据及文档等。
2.4　安全服务	安全服务包括系统集成、安全集成、安全运维、安全测评、应急响应、安全监测等所有相关安全服务。
2.5　安全环境威胁评估	安全环境威胁评估是指描述被测信息系统的运行环境中与安全相关的部分。
2.6　前次测评情况	简要描述前次等级测评发现的主要问题和测评结论
3. 等级测评范围与方法	测评指标包括基本指标和特殊指标两部分。
3.1　测评指标 3.1.1　基本指标 3.1.2　不适用指标 3.1.3　特殊指标	依据信息系统确定的业务信息安全保护等级和系统服务安全保护等级，选择《基本要求》中对应级别的安全要求作为等级测评的基本指标。鉴于信息系统的复杂性和特殊性，《基本要求》的某些要求项可能不适用于整个信息系统，对于这些不适用项应在表后给出不适用原因。结合被测评单位要求，被测信息系统的实际安全需求以及安全最佳实践经验，以列表形式给出《基本要求》(或行业标准)未覆盖或者高于《基本要求》(或行业标准)的安全要求。
3.2　测评对象	
3.2.1　测评对象选择方法	依据《测评过程指南》的测评对象确定原则和方法，结合资产重要程度赋值结果，描述本报告中测评对象的选择规则和方法。
3.2.2　测评对象选择结果	测评对象包括：机房、网络设备、安全设备、服务器/存储设备、终端、数据库管理系统、业务应用软件、访谈人员、安全管理文档。
3.3　测评方法	描述等级测评工作中采用的访谈、检查、测试和风险分析等方法

续表

目　录	说　明
4. 单元测评 4.1　物理安全	单元测评内容包括"3.1.1 基本指标"以及"3.1.3 特殊指标"中涉及的安全层面,内容由问题分析和结果汇总两个部分构成,详细结果记录及符合程度参见报告附录A。
4.1.1　结果汇总	结果汇总给出针对不同安全控制点对单个测评对象在物理安全层面的单项测评结果进行汇总和统计。具体见单元测评结果汇总表。
4.1.2　结果分析 ⋮	结果分析针对测评结果中存在的符合项加以分析说明,形成被测系统具备的安全保护措施描述。针对测评结果中存在的部分符合项或不符合项加以汇总和分析,形成安全问题描述。
4.12　单元测评小结	
4.12.1　控制点符合情况汇总	控制点符合情况汇总:根据附录A中的测评项的符合程度得分,以算术平均法合并多个测评对象在同一测评上的得分,得到各测评项的多对象平均分。具体参考前面的内容。
4.12.2　安全问题汇总	安全问题汇总:针对单元测评结果中存在的部分符合项或不符合项加以汇总,形成安全问题列表并计算其严重程度值。具体参考前面的内容
5. 整体测评 5.1　安全控制间安全测评 5.2　层面间安全测评 5.3　区域间安全测评	
5.4　验证测试	验证测试包括漏洞扫描、渗透测试等,验证测试发现的安全问题对应到相应的测评项的结果记录中。详细验证测试报告见报告附录A,若由于用户原因无法开展验证测试,应将用户签章的"自愿放弃验证测试声明"作为报告附件。
5.5　整体测评结果汇总	根据整体测评结果,修改安全问题汇总表中的问题严重程度值及对应的修正后测评相符合程度得分,并形成修改后的安全问题汇总表(仅包括有所修正的安全问题)。具体参考前面的内容
6. 总体安全状况分析 6.1　系统安全保障评估	系统安全保障评估主要给出系统安全保障情况得分统计表,具体参考前面章节。
6.2　安全问题风险评估	安全问题风险评估:依据信息安全标准规范,采用风险分析的方法进行危害分析和风险等级判定。具体参考第2章。
6.3　等级测评结论	等级测评结论应表述为"符合""基本符合"或者"不符合"
7. 问题处置建议	针对系统存在的安全问题提出处置建议
附录A　等级测评结果记录	以表格形式给出现场测评结果。符合程度根据被测信息系统实际保护状况进行赋值,完全符合项赋值为5,其他情况根据被测系统在该测评指标的符合程度赋值为0～4(取整数值)。具体参考前面的章节

10. 测评机构和测评人员的管理与监督

等级测评机构应当按照国家网络安全等级保护管理制度和相关标准要求,为网络运营者提供安全、客观、公正的等级测评服务。

等级测评机构应当与网络运营者签署测评服务协议，不得泄露在等级测评服务中悉知的国家秘密、商业秘密、重要敏感信息和个人信息；不得擅自发布、披露在等级测评服务中收集掌握的网络信息和系统漏洞、恶意代码、网络侵入等网络安全信息，防范测评风险。

等级测评机构应当对测评人员进行安全保密教育，与其签订安全保密责任书，明确测评人员的安全保密义务和法律责任；组织测评人员参加专业培训，培训合格的方可从事等级测评活动。

测评机构及其测评人员不得从事以下活动。

(1) 影响被测评信息系统正常运行，危害被测评信息系统安全。

(2) 泄露知悉的被测评单位及被测信息系统的国家秘密和工作秘密。

(3) 故意隐瞒测评过程中发现的安全问题，或者在测评过程中弄虚作假，未如实出具等级测评报告。

(4) 未按规定格式出具等级测评报告。

(5) 非授权占有、使用等级测评相关资料及数据文件。

(6) 分包或转包等级测评项目。

(7) 信息安全产品开发、销售和信息系统安全集成。

(8) 限定被测评单位购买、使用其指定的信息安全产品。

(9) 其他危害国家安全、社会秩序、公共利益以及被测单位利益的活动。

在具体开展测评工作中，测评人员要做到如下几点。

(1) 不得伪造测评记录。

(2) 不得泄露信息系统信息。

(3) 不得收受贿赂。

(4) 不得暗示被测评单位，如果提供某种利益就可以修改测评结果。

(5) 遵从被测评信息系统的机房管理制度。

(6) 使用测评专用的计算机和工具，并由有资格的测评人员使用。

(7) 不该看的不看，不该问的不问。

(8) 不得将测评结果复制给非测评人员。

(9) 不得擅自评价测评结果。

11. 测评工作中的风险控制

等级测评过程中可能存在以下风险。

(1) 网络敏感信息泄露。

(2) 验证测试可能会对网络运行造成影响。

(3) 工具测试可能会对网络运行造成影响。

在等级测评过程中，可以采取以下措施规避风险。

(1) 签署保密协议。

(2) 签署委托测评协议。

(3) 现场测评工作风险的规避。

(4) 规范化的实施过程。

(5) 沟通与交流。

4.3.6 自查和监督检查

1. 单位自查及主管部门监督检查

1) 备案单位的定期自查工作

备案单位应按照《网络安全法》和网络安全等级保护制度的相关要求,对网络安全工作情况、等级保护工作落实情况进行自查,掌握网络安全状况、安全管理制度及技术保护管理的落实情况等,及时发现安全隐患和存在的突出问题,有针对性地采取技术和管理措施。例如,第三级网络是否每年进行一次自查,第四级网络是否每半年进行一次自查。经自查,网络的安全状况未达到安全保护等级要求的,网络运营者应进一步进行安全建设整改。

网络运营者应配合公安机关的监督检查工作,如实提供有关资料及文件。当第三级(含)以上网络发生事件、案件时,办案单位应及时向受理备案的公安机关报告。

网络运营者、使用单位应当接受公安机关、国家指定的专门部门的安全监督、检查、指导,如实向公安机关、国家指定的专门部门提供下列有关网络安全保护的信息资料及数据文件,包括:

(1) 网络及信息系统备案事项变更情况;

(2) 安全组织、人员的变动情况;

(3) 信息安全管理制度、措施变更情况;

(4) 网络及信息系统运行状况记录;

(5) 运营、使用单位及主管部门定期对网络安全状况的检查记录;

(6) 对网络及信息系统开展等级测评的技术测评报告;

(7) 网络安全产品使用的变更情况;

(8) 信息安全事件应急预案、信息安全事件应急处置结果报告;

(9) 网络安全建设、整改结果报告。

2) 行业主管部门的督导检查

行业主管(监管)部门应组织制定本行业、本领域网络安全等级保护工作规划和标准规范,掌握网络基本情况、定级备案情况和安全保护状况;督促网络运营者开展网络定级备案、等级测评、风险评估、安全建设整改、安全自查等工作。

行业主管(监管部门)监督、检查、指导本行业、本领域网络运营者依据网络安全等级保护制度和相关标准要求,落实网络安全管理与技术保护措施,组织开展网络安全防范、网络安全事件应急处置、重大活动网络安全保护等工作。

行业主管部门应当依照《信息安全等级保护管理办法》及相关标准规范,督促、检查、指导本行业、本领域网络运营者使用本单位的信息安全等级保护工作情况。

2. 公安机关的监督检查

公安机关负责网络安全等级保护工作的监督、检查、指导。公安机关对网络运营者依照国家法律法规的规定和相关标准要求,对网络安全等级保护制度的落实工作情况,实行监督管理。受理备案的公安机关应当对第三级以上网络运营者(含关键信息基础设施运营者)、使用单位的网络安全等级保护工作情况进行检查,实行重点监督管理。对第三级以上网络运营者(含关键信息基础设施运营者)的日常网络安全工作每年至少开展一次安全检查,对第四级网络运营者每半年至少检查一次。对跨省或者全国统一联网运行的网络运营者的检查,应当会同其主管部门进行。必要时,公安机关可组织技术支持队伍开展网络安全专门技术检查。公安机关对同级行业主管或监管部门依照国家法律法规规定和相关标准要求,组织监督本行业、本领域落实网络安全等级保护制度,开展网络安全防范、网络安全事件应急处置、重大活动网络安全保卫等工作情况,进行监督、检查和指导。网络运营者、行业主管(监管)部门应当协助、配合公安机关依法实施监督检查,按照公安机关要求如实提供相关数据信息。

公安机关、国家指定的专门部门应当对下列事项进行检查。

(1) 网络安全需求是否发生变化,原定保护等级是否准确。

(2) 网络运营者、使用单位安全管理制度、措施的落实情况。

(3) 网络运营者、使用单位及其主管部门对网络安全状况的检查情况。

(4) 网络安全等级测评是否符合要求。

(5) 网络安全产品使用是否符合要求。

(6) 网络安全整改情况。

(7) 备案材料与网络运营者、使用单位、网络及信息系统的符合情况。

(8) 其他应当进行监督检查的事项。

公安机关检查发现网络安全保护状况不符合网络安全等级保护有关管理规范和技术标准的,应当向网络运营者、行业主管(监管)部门发出整改通知。网络运营者、使用单位应当根据整改通知要求,按照管理规范和技术标准进行整改。整改完成后,应当将整改报告向公安机关备案。必要时,公安机关可以对整改情况组织检查。

思考题

1. 解释网络安全保护等级划分与不同等级的安全保护能力。
2. 试归纳等级保护 2.0 的特点。
3. 论述网络安全等级保护架构。
4. 论述开展网络安全等级保护的意义。
5. 叙述网络安全保护等级的实施流程。
6. 归纳信息安全管理体系与网络安全等级保护的关系。

第5章 信息安全管理控制措施与网络安全等级保护安全要求

本章介绍信息安全事件相关概念和信息安全事件管理方法，进而引入建立信息安全管理体系的控制措施及其解析，以及网络安全等级保护的安全要求方面的详细内容。

5.1 管理信息安全事件

信息安全事件是指系统、服务或网络的一种可识别的状态的发生，它可能是对信息安全策略的违反或防护措施的失效，或是和安全关联的一个先前未知的状态。通常情况下，信息安全事件的发生是由于自然的、人为的或者软硬件自身存在缺陷或故障造成的。

信息安全事故由单个或一系列有害或意外信息安全事件组成，它们具有损害业务运作和威胁信息安全的极大可能性。

5.1.1 事件分类

信息安全事件的防范和处置是信息安全保障体系中的重要环节，对信息安全事件进行分级和分类是快速有效处置信息安全事件的基础之一；对信息安全事件进行合理的分级和分类将有利于促进信息的交流、共享，提高信息安全事件的通报和应急处理自动化程度、效率和效果，也有利于对信息安全事件进行统计和分析。

参考《信息安全技术 信息安全事件分类分级指南》(GB/T 20986—2007)可以将信息安全事件划分为有害程序事件、网络攻击事件、信息破坏事件、信息内容安全事件、设备设施故障事件、灾害性事件和其他信息安全事件等7个基本分类，每个基本分类又可以分别包括若干子类。

1. 有害程序事件

有害程序事件是指蓄意制造、传播有害程序，或是因受到有害程序的影响而导致的信息安全事件。有害程序是指插入到信息系统中的一段程序，有害程序危害系统中数据、应用程序或操作系统的保密性、完整性或可用性，或影响信息系统的正常运行。有害程序事件包含7个子类事件：计算机病毒事件、蠕虫事件、特洛伊木马事件、僵尸网络事件、混合攻击程序事件、网页内嵌恶意代码事件、其他有害程序事件。

2. 网络攻击事件

网络攻击事件是指通过网络或其他技术手段，利用信息系统的配置缺陷、协议缺陷、程序缺陷或使用暴力对信息系统实施攻击，并造成信息系统异常或对信息系统当前运行造成潜在危害的信息安全事件。网络攻击事件包含7个子类事件：拒绝服务攻击事件、后门攻击事件、漏洞攻击事件、网络扫描窃听事件、网络钓鱼事件、干扰事件、其他网络攻击事件。

3. 信息破坏事件

信息破坏事件是指通过网络或其他技术手段，造成信息系统中的信息被篡改、假冒、泄露、窃取等而导致的信息安全事件。信息破坏事件包含6个子类事件：信息篡改事件、信息假冒事件、信息泄露事件、信息窃取事件、信息丢失事件、其他信息破坏事件。

4. 信息内容安全事件

信息内容安全事件是指利用信息网络发布、传播危害国家安全、社会稳定和公共利益的内容的安全事件。信息内容安全事件包含4个子类事件：违反宪法和法律、行政法规的信息安全事件；针对社会事项进行讨论、评论形成网上敏感的舆论热点，出现一定规模炒作的信息安全事件；组织串连、煽动集会游行的信息安全事件；其他信息内容安全事件。

5. 设备设施故障

设备设施故障事件是指由于信息系统自身故障或外围保障设施故障而导致的信息安全事件，以及人为的使用非技术手段有意或无意地造成信息系统破坏而导致的信息安全事件。设备设施故障事件包括4个子类事件：软硬件自身故障、外围保障设施故障、人为破坏事故、其他设备设施故障。

6. 灾害性事件

灾害性事件是指由于不可抵抗力对信息系统造成物理破坏而导致的信息安全事件。灾害性事件包括水灾、台风、地震、雷击、坍塌、火灾、恐怖袭击、战争等导致的信息安全事件。

7. 其他信息安全事件

其他信息安全事件类别是指不能归为以上6个基本分类的信息安全事件。

5.1.2 事件分级

对信息安全事件进行分级主要考虑信息系统的重要程度、系统损失和对社会造成的影响等3个基本要素。

信息系统的重要程度主要考虑信息系统所承载的业务对国家安全、经济建设、社会生活的重要性，以及业务对信息系统的依赖程度，划分为特别重要信息系统、重要信息系统和一般信息系统。

系统损失是指由于信息安全事件对信息系统的软硬件、功能及数据的破坏，导致组织业务中断，从而给事发组织和国家所造成的损失，其大小主要考虑恢复系统正常运行和消除安全事件负面影响所需付出的代价。

社会影响是指信息安全事件对社会所造成影响的范围和程度,其大小主要考虑国家安全、社会秩序、经济建设和公众利益等方面的影响。

通常把事件划分为特别重大、重大、较大和一般4个级别。

1. 特别重大事件

特别重大事件是指能够导致严重影响或破坏的信息安全事件,它造成的影响或破坏有:使特别重要信息系统遭受特别严重的系统损失;产生特别重大的社会影响。

2. 重大事件

重大事件是指能够导致严重影响或破坏的信息安全事件,它造成的影响或破坏有:使特别重要信息系统遭受严重的系统损失,或使重要信息系统遭受特别严重的系统损失;产生重大的社会影响。

3. 较大事件

较大事件是指能够导致较严重影响或破坏的信息安全事件,它造成的影响或破坏有:使特别重要信息系统遭受较大的系统损失,或使重要信息系统遭受严重的系统损失,一般信息系统遭受特别严重的系统损失;产生较大的社会影响。

4. 一般事件

一般事件是指不满足以上条件的信息安全事件,它造成的影响或破坏有:使特别重要信息系统遭受较小的系统损失或使重要信息系统遭受较大的系统损失、一般信息系统遭受严重或严重以下级别的系统损失;产生一般的社会影响。

5.1.3 应急组织机构

1. 国内外知名应急组织机构

国内外比较知名的应急组织机构有如下三个。

1988年的“莫里斯蠕虫事件”使当时全部联网计算机中的10%陷入瘫痪,世界上第一个应急响应组织源于此。事件发生后,美国国防部高级计划研究署(Defense Advanced Research Projects Agency,DARPA)出资在卡内基·梅隆大学(Carnegie Mellon University,CMU)的软件工程研究所(Software Engineering Institute,SEI)建立了计算机应急处理协调中心(Computer Emergency Response Team/Coordination Center,CERT/CC)。

随着信息技术的不断发展,中国教育和科研计算机网(China Education and Research Network,CERNET)于1999年建成国内第一个网络紧急响应中心,即中国教育和科研网紧急响应组(CERNETCERT,CCERT),专注于计算机网络安全事件的应急处理。除了网络安全应急组之外,中国教育与科研网针对计算机安全事件还组建了物理环境、网络信息和网络运行等多个应急处置组,这些应急处置组与网络安全应急组在应急处置管理小组的统一指挥协调下,从不同方面和层次共同应对计算机安全事件。

国家计算机网络应急处理协调中心(National Computer Network Emergency Response Technical Team/Coordination Center of China,CNCERT/CC),是在国家因特网应急小组协调办公室的直接领导下,协调全国范围内计算机安全应急响应小组(CSIRT)的工作以及与国际计算机安全组织的交流。CNCERT/CC 还负责为国家重要部门和国家计算机网络应急处理体系的成员提供计算机网络应急处理服务和技术支持。

2. 单位应急响应工作机构

对于一个单位来说,可以建立自己的应急响应工作机构,包括应急领导小组、应急工作小组和应急响应小组,主要组成及职责如下。

1) 应急领导小组

负责本单位应急响应工作的统筹规划和决策指挥。应急领导小组成员由本单位行政主管及业务部门、技术部门、后勤部门等部门负责人组成。一般应由本单位的行政主管担任小组领导。应急领导小组负责统筹规划本单位的应急响应工作,确定本单位应急响应工作的基本内容和重点,组建应急工作小组和应急响应小组;负责对本单位应急响应工作重要事项做出决策,包括批准本单位应急预案发布施行、确定重大信息安全事件响应方案等;统一指挥本单位应急响应的各项工作,包括日常应急准备工作和发生信息安全事件时的应急响应工作。

2) 应急工作小组

负责本单位各项应急准备工作。应急工作小组由本单位的应急领导小组负责组建,并接受该小组的统一指挥。应急工作小组可不单独设立,但必须明确组成人员的职责分工。应急工作小组的工作主要包括制定应急预案、准备应急资源、进行应急响应培训和应急演练等。

3) 应急响应小组

负责发生信息安全事件时的应急响应工作。应急响应小组由本单位的应急领导小组负责组建,并接受该小组的统一指挥。应急响应小组可以不单独设立,但必须明确组成人员的职责分工,保证本单位的各项应急响应工作都有确定的人员负责完成。发生信息安全事件时,应急响应小组立即转换为实体形式并投入应急响应工作。应急响应小组的工作主要包括对突发信息安全事件进行分类、分级,并及时上报,组织开展应急响应工作。

5.1.4 应急处置流程

突发信息安全事件的应急处置过程主要包括事件上报和接报、处置、报告、总结等。

1. 事件上报和接报

单位内部工作人员、协作单位或者第三方人员发现安全事件或者安全漏洞后应立即报告应急响应小组。事件报告的内容包括报告人、单位名称、联系方式、事件范围、事件类别、事件后果、影响范围、事件基本现象的描述、判断的事件原因等。

2. 事件处置

应急响应小组到达事发现场后,应立即开展现场保护工作,防止证据、关键信息的丢失,应急响应工作人员根据现场实际情况决定是否进行调查取证、攻击追踪、抑制工作，随后应立即展开现场数据收集、分析、确认、清理、恢复等工作。当需要上层决策支持时，应急响应小组应及时上报应急工作小组，由应急工作小组或应急领导小组决策采取进一步的措施。

3. 事件报告

应急响应小组完成现场处置后，应及时将事件处置结果、原因分析等形成正式报告上报应急工作小组。

4. 事件总结

应急工作小组、应急响应小组对每次事件的事发原因、处理过程、事件原因、造成损失等进行总结，研究针对类似事件的预防、解决措施，防止类似事件的再次发生。

5.2 信息安全管理控制措施

5.2.1 控制措施的选择

1. 选择控制措施的原则

选择控制时，组织应当建立一套标准，指导在可选与备选控制措施中选择最佳控制措施来满足安全需要。这种标准要包括所有的限制条件和限制因素，其对决策有重要影响。组织采用什么样的方法来评估安全需求和选择控制措施，完全由组织自己来决定，但无论采用什么样的方法、工具，都需要对安全需求进行评估，并逐一选择控制措施。

在法律需求、业务需求和风险评估结果基础上，确定并评估能满足这3种安全需求的控制措施，使这些控制措施与业务环境保持一致，并能应对可能出现的后果，要求选择的控制措施最好地满足相关业务准则。

2. 影响选择控制措施的因素和条件

1）成本

在选择安全控制措施时有大量的与成本有关的因素要考虑，控制措施的选择要基于安全平衡的原则，要考虑技术的、非技术的控制因素，也要考虑法律、法规的要求、业务的需求以及风险的要求。组织应该寻求在某些地方使用一些有效的、廉价的、非技术的措施以代替技术性的措施，用尽量少的控制措施完成更多的控制目标，这样可以降低控制成本。

市场上有大量的安全产品可以实现特定的安全需要，为了更有效地进行选择，可以采用检查列表的方式，列出系统所需的最小安全保证、成本、可用性、安全因素等内容，逐项检查筛选，以保证所选择的安全产品既能提供所需的安全，又能限制在一个合理的成本范围内。

如果控制措施的成本大于其要保护的资产的价值，这种安全控制措施就失去意义了；安全的投入最好也不要超过组织所给定的预算额度。实施信息安全，也要计算投资回报，要有经济的概念。

为了降低成本，有些风险可以不采用控制措施。对于一个组织来说，不实施控制措施的风险，意味着组织可以接受这种风险，但对于信息安全的实施者来说，不要忽视这些风险，要经常监视，确保这些风险的水平保持在组织可以接受的范围内。

2）可用性

在使用所选择的控制目标与控制措施时，可能会发现有些控制措施由于技术的、环境的原因，实施与维护起来很困难，或者根本就不可能实施与维护；同时，有些控制措施从用户的角度来看，如果存在不可操作或无法接受的一面时，也是不可行的。对于这些问题，信息安全的实施者一定要清楚，并找到相应的替代措施，例如非技术类的措施，物理、人员、过程的控制措施来补偿所需的技术控制，或作为技术控制的备用项。

有时系统所需的技术控制措施在市场上找不到合适的产品，这时可以考虑用相近产品来替代，但要考虑是否要加入补偿性措施，如相应的过程控制。

如果系统所需的技术控制措施在市场上找不到合适的产品，也没有相近产品来替代，这时组织就需要决定暂时接受这种风险，直到找到应对措施为止。

在选择所需的控制措施时，可以制定相应的安全架构设计，从而找到安全问题的对策。这些安全对策要与组织的信息技术架构相适应，保证实施的安全控制措施的兼容性与一致性，也便于日后的管理维护。

3）实施与维护

在选择控制措施时，要考虑实施与维护的简易性、成本、时间因素。如果在实施和维护一个控制措施时存在很大的困难，或者其成本、投入的人力过高，就要考虑寻找替代控制措施。例如，由于组织内部技术环境的限制，理想的技术控制很难实施，这时就要寻找相近的技术控制措施或者补偿性的过程控制措施来替代；又如，如果很难安全地实施远端系统维护，那么到现场来进行实地维护也是一个替代性的控制措施。

一旦确定了安全控制措施与合适的安全产品，就要在信息安全政策和实施计划中记录下来，并得到管理层的批准。应该尽可能快地实施，以免安全事件和事故的发生。实施时要尽量不影响正常的业务运营，如果可能的话，最好安排在非工作时间。

实施完成后，应该立即进行安全审计或符合性检查，以保证所需要的控制已正确实施，并可以有效地使用，相关测试也正确；如果有任何不足，要尽快弥补。

只有当所有的控制措施都已成功实施时，才能正式地接受并记录在案。对安全状态的维护应当定期进行，包括审计踪迹检查和分析，安全变更管理，安全事故处理等内容。

在实施与维护时，有一点是不能遗忘的，就是安全意识教育和技能培训。如果不知道安全为什么要维护，以及如何维护，那么再好的安全方案也发挥不了作用，相反，安全事故、安全侵害会接踵而至。

4）已存在的控制措施

控制措施的选择应当和组织中已经存在的控制措施有机地结合起来，共同为实现安全目标服务。对于组织中已经存在或已经计划的控制措施按以下情况进行检查。

（1）组织中已存在的控制措施可以提供足够的安全。在这种情况下，不需要再选择控制措施，如果要选择也只是为了将来的需要做准备。

（2）组织中已存在的控制措施不能提供足够的安全。在这种情况下，组织就需要做出决策：是否取消已有的控制措施或者是补充现有的控制措施。这种决策依赖于几个因素：控制措施成本的大小、更新是否必须，安全的需要是否迫切等。

组织还应该检查所选择的控制措施能否与现有控制措施相兼容。例如,物理访问控制可以用来补充逻辑访问控制,二者的结合可以提供更可靠的安全;对全体员工进行安全意识的教育可以保证员工能理解安全控制措施,并能在日常业务工作中正确地实施。

5)所有的控制目标与安全需求是否已满足

在最终决定实施安全控制措施之前,组织应当保证选择的控制措施可以满足所有的控制目标与安全需求。

需要指出的是,追求"零"风险是不切实际的,无论采取什么样的控制措施,总是存在剩余风险,问题是,对于这些剩余风险,组织能否接受。

首先,组织应该评估所选择的控制措施减轻了多少风险,然后决定哪些剩余风险是可以接受的,哪些剩余风险是组织无法接受的。这种决策要应用于整个组织范围内,以保证安全水平的连续性与一致性。如果一个或多个风险不能被组织接受,那么组织要考虑进一步采取控制措施。

在多数情况下,组织应当选择不同的控制措施来将风险降低到组织可以接受的水平,但选择的控制措施有时会导致过高的成本,有时会无法实施。例如,一个组织要应用电子商务与客户或业务伙伴进行贸易,面临的风险是财务信息有可能被损坏或篡改,这种风险对组织来说是不可接受的,唯一的控制手段是应用加密技术。如果这个组织的业务伙伴来自其他国家,在那个国家不允许使用加密手段,那么保护措施就无法实施,其没有保护的电子商务所带来的相关风险组织是无法接受的。那么组织只能有两种选择,要么接受这种风险,要么不与业务伙伴进行交易。

所以,当不可能减少一种风险时组织就需要做出决策:接受风险还是采取其他行动。无论采取什么样的控制措施,最终结果只能是降低风险到可以接受的水平,或做出正式的管理决策接受风险。当然,也可以做出补充计划说明当这些风险发生时,如何采取补救措施以减弱负面影响。

3. 选择控制措施的过程

对控制目标与控制措施的选择应当由安全需求来驱动,选择控制措施应当是基于能最好地满足安全需求,并考虑安全需求得不到满足的后果。安全需求描述了组织信息安全的目标与需求,这种目标与需求的满足可以保证组织安全、成功地实现其业务目标。组织的安全需求一般来自以下3个方面的考虑。

1)来自法律、法规、合同的需求

组织所处的内外环境都要求遵守法律法规、组织内部的规章制度以及与第三方签署的合同的约束。

2)来自业务需求

组织制定和实施信息系统,是为了支持组织的业务运营,而组织为保证业务流程、业务目标的安全性、完整性、可用性,对信息安全提出了一定的要求。

3)来自风险的安全需求

由于组织所处的环境以及信息安全处理设施都存在一定的薄弱性,信息资产的薄弱点被威胁利用就会产生风险,并可能对业务产生一定的影响与损害。

安全措施的选择首先应考虑确定安全需求,然后通过一系列相关的决策过程决定选择什么样的控制措施。图 5-1 给出了从安全问题到控制措施的循环过程，在组织安全方针的指导下，从分析安全问题出发，明确安全需求，确定具体的安全控制目标，选择安全措施，以解决安全问题。

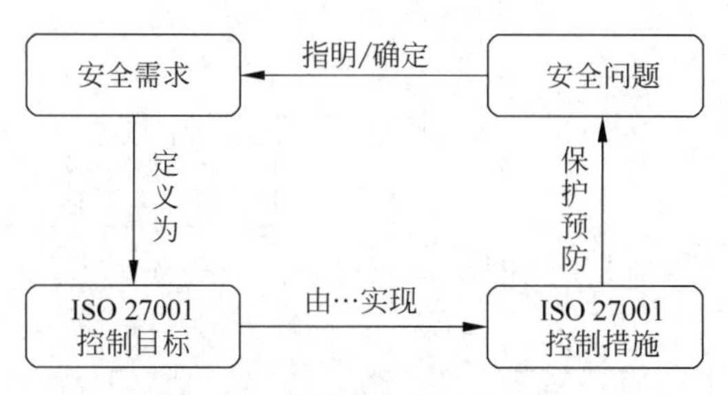

图 5-1　选择安全控制的过程

安全需求与控制措施选择的关系如图 5-2 所示。遵守法律法规的要求是组织正常运营的基本要求，通常是一种强制性要求。组织应保证一切活动都符合相应的法律法规的要求，以避免违法活动带来的诉讼风险。根据业务活动本身的特点来选择安全控制措施是一种最直接的方式，并与组织的业务特性紧密地结合在一起，所考虑的控制方式应能满足业务机密性与可持续性。通过详细的风险分析，可以确定组织所面临的各种主要风险，通过引入适当的控制，使风险降低到组织可以接受的程度，以满足组织提出的安全需求。

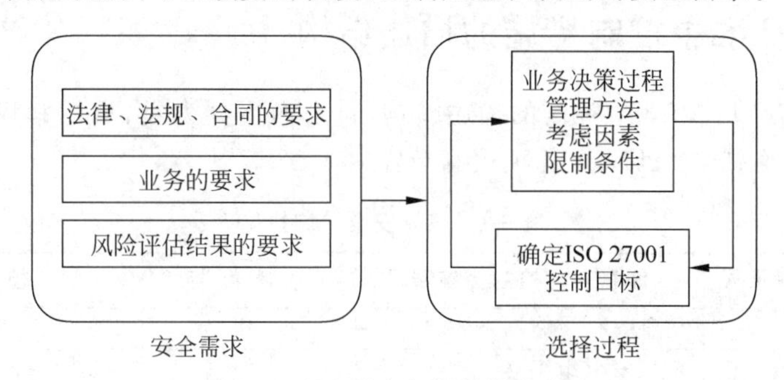

图 5-2　安全需求与控制措施选择

选择控制目标与控制措施时没有一套标准与通用的办法，选择的过程往往不是很直接，可能要涉及一系列的决策步骤、咨询过程，要和不同的业务部门和大量的关键人员进行讨论，对业务目标进行广泛的分析，最后产生的结果要很好地满足组织对业务目标、资产保护、投资预算的要求。正如前面章节所介绍，选择控制目标与控制措施可以基于与安全需求相关的各种因素，例如，选择的标准可以基于对威胁、脆弱性以及可能产生的风险的评估，也可以基于其他因素，如法律与业务的需求。

图 5-3 给出了选择控制措施的具体步骤。

(1) 先考虑基于法律与业务的安全需求，可以从标准中选择符合法律和业务要求的相关控制目标和控制措施。

(2) 再考虑基于风险分析的安全需求，风险分析可以揭示组织中信息资产的脆弱性与面临的威胁，通过评估风险的等级，从标准中选择相关控制目标和控制措施来防止威胁，弥补脆弱性，从而降低风险。

(3) 通过考虑各种安全问题，可以进一步完善和拓展所选择的控制目标和控制措施。

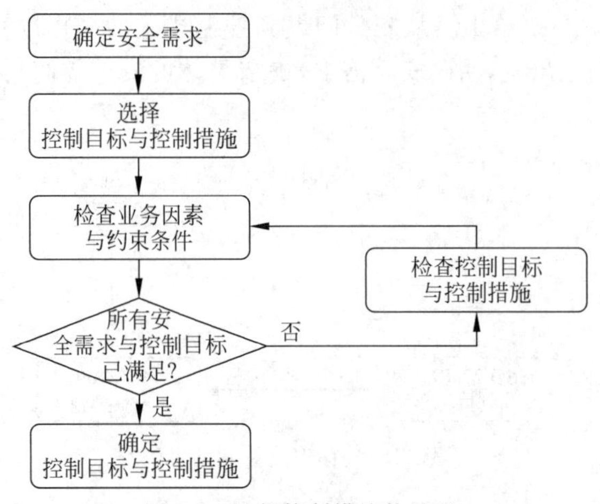

图 5-3 选择控制措施的过程

一般来说,如果用户有明确的安全需求,可以选择相关控制措施来满足法律与业务的安全需求,保护信息资产不受已有的风险的影响;通过检查安全问题,可以进一步完善控制目标和控制措施,使其更好地满足安全需求。用户根据实际情况,不使用其中的某些控制措施或增加其中没有涉及的控制措施,需要在适用性声明中加以说明。

5.2.2 标准中控制措施的描述结构

ISO/IEC 27001:2013 中控制的描述结构,自上而下分为类、目标和控制,如表 5-1 所示,包括 14 个方面、35 个目标、114 项控制措施。

表 5-1 信息安全控制措施

ISO/IEC 27001 附录 A	信息安全控制措施域	控制目标	控制措施
A5	信息安全策略	1	2(2)
A6	信息安全组织	2	7(5+2)
A7	人力资源安全	3	6(2+3+1)
A8	资产管理	3	10(4+3+3)
A9	访问控制	4	14(2+6+1+5)
A10	密码学	1	2(2)
A11	物理和环境安全	2	15(6+9)
A12	操作安全	7	14(4+1+1+4+1+2+1)
A13	通信安全	2	7(3+4)
A14	系统获取、开发和维护	3	13(3+9+1)
A15	供应商关系	2	5(3+2)
A16	信息安全事件管理	1	7(7)
A17	业务连续性管理的信息安全方面	2	4(3+1)
A18	符合性	2	8(5+3)
合计		35	114

注:控制措施一项包括不同控制目标下的控制措施数量

5.2.3 控制目标与控制措施详述

所有类型的组织，不管其规模大小，都有保护信息资产安全的需求，这些安全需求来源于以下各个方面：组织的业务特征、组织如何规划业务、业务流程、所使用的技术、业务合作伙伴、服务和服务提供商、法律环境以及组织所面临的风险。

A.5 信息安全策略

A.5.1 信息安全的管理方向

目标：依据业务要求和相关法律法规提供管理方向并支持信息安全。

A.5.1.1 信息安全策略

控制措施：

信息安全策略集宜由管理者定义、批准、发布并传达给员工和相关外部方。

实施指南：

在最高级别上，组织宜定义"信息安全方针"，由管理者批准，制定组织管理其信息安全目标的方法。

信息安全方针宜解决下列方面创建的要求：

(1) 业务战略；

(2) 规章、法规和合同；

(3) 当前和预期的信息安全威胁环境。

信息安全方针宜包括以下声明：

(1) 指导所有信息安全相关活动的信息安全、目标和原则的定义；

(2) 已定义角色信息安全管理一般和特定职责的分配；

(3) 处理偏差和意外的过程。

在较低级别，信息安全方针宜由特定主题的策略加以支持，这些策略进一步强化了信息安全控制措施的执行，并且在组织内通常以结构化的形式处理某些目标群体的需求或涵盖某些主题。

其他信息：

信息安全内部策略的需求因组织而异。内部策略对于大型和复杂的组织而言更加有用，这些组织中，定义和批准控制预期水平的人员与实施控制措施的人员或策略应用于组织中不同人员或职能的情境是隔离的。信息安全策略可以以单一《信息安全方针》文件的形式发布，或作为各不相同但相互关联的一套文件。如果任何信息安全策略要分发至组织外部，宜注意不要泄露保密信息。一些组织使用其他术语定义这些策略文件，例如"标准""导则"或"规则"。

A.5.1.2 信息安全策略的评审

控制措施：

信息安全策略宜按计划的时间间隔或当重大变化发生时进行评审，以确保其持续的适宜性、充分性和有效性。

实施指南：

每个策略宜有专人负责，其负有授权的策略开发、评审和评价的管理职责。评审宜包括评估组织策略改进的机会和管理信息安全适应组织环境、业务状况、法律条件或技术环境变化的方法。

信息安全策略评审宜考虑管理评审的结果。

宜获得管理者对修订的策略的批准。

A.6 信息安全组织

A.6.1 内部组织

目标：建立管理框架，以启动和控制组织范围内的信息安全的实施和运行。

A.6.1.1 信息安全角色和职责

控制措施：

所有的信息安全职责宜予以定义和分配。

实施指南：

信息安全职责的分配宜与信息安全策略相一致。宜识别各个资产的保护和执行特定信息安全过程的职责。宜定义信息安全风险管理活动，特别是残余风险接受的职责。这些职责宜在必要时加以补充，来为特定地点和信息处理设施提供更详细的指南。资产保护和执行特定安全过程的局部职责宜予以定义。

分配有信息安全职责的人员可以将安全任务委托给其他人员。尽管如此，他们仍然负有责任，并且他们宜能够确定任何被委托的任务是否已被正确地执行。

个人负责的领域宜予以规定；尤其宜进行下列工作：

(1) 宜识别和定义资产和信息安全过程；

(2) 宜分配每一资产或信息安全过程的实体职责，并且该职责的细节宜形成文件；

(3) 宜定义授权级别，并形成文件；

(4) 能够履行信息安全领域的职责，领域内被任命的人员宜有能力，并给予他们机会，使其能够紧跟发展的潮流；

(5) 宜识别供应商关系信息安全方面的协调和监督措施，并形成文件。

其他信息在许多组织中，将任命一名信息安全管理人员全面负责信息安全的开发和实施，并支持控制措施的识别。然而，提供控制措施资源并实施这些控制措施的职责通常归于各个管理人员。一种通常的做法是为每一项资产指定一名责任人负责该项资产的日常保护。

A.6.1.2 职责分离

控制措施：

宜分离相冲突的责任及职责范围，以降低未授权或无意识的修改或者不当使用组织资产的机会。

实施指南：

宜注意，在无授权或监测时，个人不能访问、修改或使用资产。事件的启动宜与其授权分离。勾结的可能性宜在设计控制措施时予以考虑。

小型组织可能感到难以实现这种职责分离，但只要具有可能性和可行性，宜尽量应用该原则。如果难以分离，宜考虑其他控制措施，例如对活动、审核踪迹和管理监督的监视等。

其他信息：

职责分离是一种减少意外或故意组织资产误用的风险的方法。

A.6.1.3　与政府部门的联系

控制措施：

宜保持与政府相关部门的适当联系。

实施指南：

组织宜有规程指明什么时候与哪个部门（如执法部门、监管机构、监督部门）联系，已识别的信息安全事件如何及时报告（如怀疑可能触犯了法律时）。

其他信息：

受到来自互联网攻击的组织可能需要政府部门采取措施以应对攻击源。

保持这样的联系可能是支持信息安全事件管理或业务连续性和应急计划过程的要求。与监管机构的联系还有助于预先知道组织必须遵循的法律法规方面即将出现的变化，并为这些变化做好准备。与其他部门的联系包括公共设施、紧急服务、电力供应和健康安全部门，如消防局（与业务连续性有关）、电信提供商（与路由和可用性有关）、供水部门（与设备的冷却设施有关）。

A.6.1.4　与特定利益集团的联系

控制措施：

宜保持与特定利益集团、其他安全论坛和专业协会的适当联系。

实施指南：

宜考虑成为特定利益集团或论坛的成员，以便：

(1) 增进关于最佳实践的知识，保持对最新相关安全信息的了解；

(2) 确保全面了解当前的信息安全环境；

(3) 尽早收到关于攻击和脆弱性的预警、建议和补丁；

(4) 获得信息安全专家的建议；

(5) 分享和交换关于新的技术、产品、威胁或脆弱性的信息；

(6) 提供处理信息安全事件时适当的联络点。

其他信息：

建立信息共享协议来改进安全问题的协作和协调。这种协议宜识别出保护保密信息的要求。

A.6.1.5　项目管理中的信息安全

控制措施：

无论项目是什么类型，在项目管理中都宜处理信息安全问题。

实施指南：

信息安全宜整合到组织的项目管理方法中，以确保将识别并处理信息安全风险作为项目的一部分。这通常可应用于所有项目，无论其特性是什么，如核心业务过程、IT、设施管理和其他支持过程等方面的项目。在用的项目管理方法宜要求：

(1) 信息安全目标纳入项目目标；

(2) 在项目的早期阶段进行信息安全风险评估，以识别必要的控制措施；

(3) 对于适用的项目方法论而言，信息安全是其每个阶段的组成部分。在所有项目中，宜定期处理和评审信息安全影响。信息安全职责宜加以定义，并分配给项目管理方法中定义的指定角色。

A.6.2 移动设备和远程工作

目标：确保远程工作和使用移动设备时的安全。

A.6.2.1 移动设备策略

控制措施：

宜采用策略和支持性安全措施来管理由于使用移动设备带来的风险。

实施指南：

当使用移动设备时，宜特别小心确保业务信息不被损害。移动设备策略宜考虑到在不受保护的环境下使用移动设备工作的风险。

移动设备策略宜考虑：

(1) 移动设备的注册；

(2) 物理保护的要求；

(3) 软件安装的限制；

(4) 移动设备软件版本和补丁应用的要求；

(5) 连接信息服务的限制；

(6) 访问控制；

(7) 密码技术；

(8) 恶意软件防范；

(9) 远程关闭、擦除或锁定；

(10) 备份；

(11) Web 服务和 Web 应用的用法。

当在公共场所、会议室和其他不受保护的区域使用移动设备时，宜加以小心。为避免未授权访问或泄露这些设备所存储和处理的信息，宜有适当的保护措施，如使用密码技术、强制使用秘密鉴别信息。

还宜对移动设备进行物理保护，以防被偷窃，例如，汽车和其他形式的运输工具、旅馆房间、会议中心和会议室。宜为移动设备的被窃或丢失等情况建立一个符合法律、保险和组织的其他安全要求的特定规程。携带重要、敏感或关键业务信息的设备不宜无人值守，若有可能，宜以物理的方式锁起来，或使用专用锁来保护设备。

对于使用移动设备的人员宜安排培训，以提高他们对这种工作方式导致的附加风险的意识，并且宜实施控制措施。

当移动设备策略允许使用私人移动设备时，策略及相关安全措施宜考虑：

(1) 分离设备的私人使用和业务使用，包括使用软件来支持这种分离，保护私人设备上的业务数据；

(2) 只有当用户签署了终端用户协议，确认其职责(物理保护、软件更新等)后，方可提供对业务信息的访问，一旦设备被盗或丢失，或当不再授权使用服务时，组织放弃业务数据的所有权、允许远程的数据擦除。这个策略需要考虑隐私方面的法律。

其他信息：

移动设备无线连接类似于其他类型的网络连接，但在识别控制措施时，宜考虑两者的重要区别。典型的区别有：

(1) 一些无线安全协议是不成熟的，并有已知的弱点；

(2) 在移动设备上存储的信息因受限的网络带宽可能不能备份，或因为移动设备在规定的备份时间内不能进行连接。

移动设备通常与固定使用的设备分享其常用功能，如联网、互联网访问、电子邮件和文件处理。移动设备的信息安全控制措施通常包含在固定使用的设备中所用的控制措施，以及处理由于其在组织场所外使用所引发威胁的控制措施。

A.6.2.2　远程工作

控制措施：

宜实施策略和支持性安全措施来保护在远程工作场地访问、处理或存储的信息。

实施指南：

组织宜在定义使用远程工作的条件及限制的策略发布后，才允许远程工作活动。当组织认为适用，且法律允许的情况下，宜考虑下列事项：

(1) 远程工作场地的现有物理安全，要考虑到建筑物和本地环境的物理安全；

(2) 推荐的物理的远程工作环境；

(3) 通信安全要求，要考虑远程访问组织内部系统的需要、被访问的并在通信链路上传递的信息的敏感性以及内部系统的敏感性；

(4) 虚拟桌面访问的规定，防止在私有设备处理或存储信息；

(5) 住处的其他人员(如家人和朋友)未授权访问信息或资源的威胁；

(6) 家庭网络的使用和无线网络服务配置的要求或限制；

(7) 针对私有设备开发的预防知识产权争论的策略和规程；

(8) 法律禁止的对私有设备的访问(核查机器安全或在调查期间)；

(9) 使组织对雇员或外部方人员等私人拥有的工作站上的客户端软件负责的软件许可协议；

(10) 防病毒保护和防火墙要求。

要考虑的指南和安排宜包括：

(1) 当不允许使用不在组织控制下的私有设备时，对远程工作活动提供合适的设备和存储设施；

(2) 定义允许的工作、工作小时数、可以保持的信息分类和授权远程工作者访问的内部系统和服务；

(3) 提供适合的通信设备，包括使远程访问安全的方法；

(4) 物理安全；

(5) 有关家人和来宾访问设备和信息的规则和指南；

(6) 硬件和软件支持和维护的规定；

(7) 保险的规定；

(8) 用于备份和业务连续性的规程；

(9) 审核和安全监视；

(10) 远程工作活动终止时，撤销授权和访问权限，并归还设备。

其他信息：

远程工作是利用通信技术来使得人员可以在其组织之外的固定地点进行远程工作的。远程工作是指在办公场所外工作的所有形式，包括非传统的工作环境，如被称为“远程办公”

"弹性工作点""远程工作"和"虚拟工作"等的环境。

A.7 人力资源安全

A.7.1 任用之前

目标：确保雇员和承包方人员理解其职责、适于考虑让其承担的角色。

A.7.1.1 审查

控制措施：

关于所有任用候选者的背景验证核查宜按照相关法律、法规、道德规范和对应的业务要求、被访问信息的类别和察觉的风险来执行。

实施指南：

验证宜考虑所有相关的隐私、个人可识别信息的保护以及与任用相关的法律，并宜包括以下内容(允许时)：

(1) 令人满意的个人资料的可用性(如一项业务和一个人)；

(2) 申请人履历的核查(针对完备性和准确性)；

(3) 声称的学术、专业资质的证实；

(4) 个人身份核查(护照或类似文件)；

(5) 更多细节的核查，例如信用卡核查或犯罪记录核查。

当人员聘用为特定的信息安全角色时，组织宜弄清楚候选者：

(1) 有执行安全角色所必需的能力；

(2) 可被信任从事该角色，特别是当该角色对组织来说是十分关键时。

当一个职务(最初任命的或提升的)涉及对信息处理设施进行访问的人时，特别是，如果这些设施正在处理保密信息时，如财务信息或高度保密的信息，那么，该组织还宜考虑进一步的、更详细的核查。

宜有规程确定验证核查的准则和限制，例如谁有资格审查人员，以及如何、何时、为什么执行验证核查。

对于承包方人员也宜执行审查过程。在这样的情况下，组织与承包方人员的协议宜指定进行审查的职责以及如果审查没有完成或结果给出需要怀疑或关注的理由时需遵循的通告规程。

被考虑在组织内录用的所有候选者的信息宜按照相关管辖范围内存在的合适的法律来收集和处理。依据适用的法律，宜将审查活动提前通知候选者。

A.7.1.2 任用条款和条件

控制措施：

与雇员和承包方人员的合同协议宜声明他们和组织的信息安全职责。

实施指南：

雇员或承包方人员的合同义务除澄清和声明以下内容外，还宜反映组织的信息安全策略：

(1) 所有访问保密信息的雇员和承包方人员宜在给予访问信息处理设施权限之前签署保密或不泄露协议；

(2) 雇员和承包方人员的法律责任和权利，如关于版权法、数据保护法；

(3) 与雇员和承包方人员处理的信息、信息处理设施和信息服务有关的信息分类和组织资产管理的职责；

(4) 雇员和承包方人员处理来自其他公司或外部方的信息的职责；

(5) 如果雇员和承包方人员漠视组织的安全要求所要采取的措施。

信息安全角色和职责宜在任用前的过程中传达给职务的候选者。

组织宜确保雇员和承包方人员同意适用于他们将访问的与信息系统和服务有关的组织资产的性质和程度的信息安全条款和条件。

若适用，包含于任用条款和条件中的职责宜在任用结束后持续一段规定的时间。

其他信息：

一个行为细则可声明雇员和承包方人员关于保密性、数据保护、道德规范、组织设备和设施的适当使用以及组织期望的最佳实践的信息安全职责。承包方人员与之有关的外部方、可被要求代表已签约的人遵守合约的安排。

A.7.2 任用中

目标：确保雇员和承包方人员知悉并履行其信息安全职责。

A.7.2.1 管理职责

控制措施：

管理者宜要求所有雇员和承包方人员按照组织已建立的策略和规程对信息安全尽心尽力。

实施指南：

管理职责宜包括确保雇员和承包方人员：

(1) 在被允许访问保密信息或信息系统前了解其信息安全角色和职责；

(2) 获得声明在组织中他们的角色的信息安全期望的指南；

(3) 被激励以实现组织的信息安全策略；

(4) 对于在组织内他们的角色和职责相关信息安全的意识程度达到一定级别；

(5) 遵守任用的条款和条件，包括组织的信息安全策略和工作的适当方法；

(6) 持续拥有适当的技能和资质，定期接受培训；

(7) 获知匿名报告途径，可报告信息安全策略或规程的违规行为(举报)。

管理者宜对信息安全策略、规程和控制措施表达支持，并充当榜样。

其他信息：

如果雇员和承包方人员没有意识到他们的信息安全职责，他们会对组织造成相当大的破坏。被激励的人员更可靠并能减少信息安全事件的发生。

缺乏有效的管理会使员工感觉被低估，并由此导致对组织的负面信息安全影响。如缺乏有效的管理可能导致信息安全被忽视或组织资产的潜在误用。

A.7.2.2 信息安全意识、教育和培训

控制措施：

组织的所有雇员，包括承包方人员，适当时，宜受到与其工作职能相关的适当的意识培训和组织策略及规程的定期更新培训。

实施指南：

信息安全意识培训方案旨在使雇员，包括承包方人员，适当时，意识到他们的信息安全职责以及履行职责的方法。

信息安全意识培训方案宜按照组织的信息安全策略和相关规程建立,考虑组织要保护的信息以及为保护这些信息所实施的控制措施。意识方案宜包括一些意识提升活动,像组织宣传活动(如信息安全日)、发布宣传单或制作简报等。

意识方案宜考虑雇员在组织中的角色,适当时,还要考虑组织对承包方人员在意识方面的期望。意识方案的活动宜不断开展,最好能定期实施,使得这些活动是可重复的,并能够涵盖新的雇员和承包方人员。意识方案还宜定期更新,使它保持与组织策略和规程的一致,并建立在信息安全事件所积累教训的基础上。

意识培训宜按照组织的信息安全意识培训方案的要求执行。意识培训可使用不同的交付媒介,包括课堂教学、远程教学、网络教学、自学及其他方式。

信息安全教育和培训还宜覆盖的一般方面包括:

(1) 在整个组织范围内声明信息安全管理承诺;

(2) 熟悉并遵从信息安全规则和义务的需求,正如策略、标准、法律、法规、合同和协议中所定义的那样;

(3) 对自己行为和不作为的人员责任、保护组织和外部方信息的一般责任;

(4) 基本信息安全规程(如信息安全事件报告)和基线控制(如口令安全、恶意软件控制措施和清空桌面);

(5) 联络点和其他信息资源以及信息安全事项的建议,包括进一步的信息安全教育和培训材料。

信息安全教育和培训宜定期开展。最初的教育和培训可针对那些调任新岗位或角色,且与原来的信息安全要求相比有很大不同的人员展开,不要只是针对新员工,而且宜在进入角色之前实施。

为有效进行教育和培训,组织宜开发信息安全意识培训方案。方案宜与组织的信息安全策略和相关规程保持一致,方案宜考虑教育和培训的不同形式,如演讲或自学。

其他信息:

当组成意识方案时,重要的是不仅要关注"做什么"和"怎么做",还要关注"为什么"。雇员理解信息安全的目的以及由于他们在组织内的行为(正面的或负面的)所带来的潜在影响是十分重要的。

意识教育和培训可以是其他培训活动的一部分,或与之协同实施,例如通用IT或通用安全培训。意识教育和培训活动宜适于并与个人的角色、职责和技能相关。

可在意识教育和培训课程结束时,对雇员的理解程度进行评估,以测试知识的传递效果。

A.7.2.3 纪律处理过程

控制措施:

宜有一个正式的、已传达的纪律处理过程,来对信息安全违规的雇员采取措施。

实施指南:

纪律处理过程之前宜有一个信息安全违规的验证过程。

正式的纪律处理过程宜确保正确和公平地对待被怀疑信息安全违规的雇员。无论违规是第一次或是已发生过,无论违规者是否经过适当的培训,正式的纪律处理过程宜规定一个分级的响应,要考虑例如违规的性质、重要性及对于业务的影响等因素,相关法律、业务合同和其他因素也是需要考虑的。

纪律处理过程也可用于对雇员的一种威慑，防止他们违反组织的信息安全策略和规程及其他信息安全违规。故意的违规需要立即采取措施。

其他信息：

如果对信息安全有关的异常行为定义了肯定的处罚，纪律处理过程还可以变为一种动力或刺激。

A.7.3　任用的终止或变更

目标：将保护组织利益作为变更或终止任用过程的一部分。

A.7.3.1　任用终止或变更的职责

控制措施：

宜定义信息安全职责和义务在任用终止或变更后保持有效的要求，并传达给雇员或承包方人员，予以执行。

实施指南：

终止职责的传达宜包括正在进行的信息安全要求和法律职责，适当时，还包括任何保密协议包含的职责，以及在雇员和承包方人员任用结束后持续一段时间仍然有效的任用条款和条件。

规定职责和义务在任用终止后仍然有效的内容宜包含在雇员和承包方人员的任用条款和条件中。

职责或任用的变更宜加以管理，当前职责或任用的终止要结合新的职责或任用的初始化。

其他信息：

人力资源的职能通常是与管理相关规程的信息安全方面的监督管理员一块负责总体的任用终止处理。在由外部方提供承包方人员的情况下，终止的处理按照组织与外部方的合同，由外部方完成，有必要通知雇员、顾客、承包方人员关于组织人员的变更和运营上的安排。

A.8　资产管理

A.8.1　对资产负责

目标：识别组织资产，并定义适当的保护职责。

A.8.1.1　资产清单

控制措施：

宜识别与信息和信息处理设施的资产，编制并维护这些资产的清单。

实施指南：

组织宜识别与信息生命周期有关的资产，并将其重要性形成文件。信息的生命周期宜包括创建、处理、存储、传输、删除和销毁。文件宜以专用清单进行维护，适当时，或以现有清单进行维护。

资产清单宜是准确的、最新的，并与其他清单保持一致和匹配。

对于所识别的每个资产，需要指定资产的所有权、识别其类别。

其他信息资产清单有助于确保有效的资产保护，其他目的也可能需要资产清单，如健康与安全、保险或财务（资产管理）等原因。

ISO/IEC 27005 提供了组织在识别资产时需要考虑的资产示例,编制资产清单的过程是风险管理的重要前提条件。

A.8.1.2 资产所有权

控制措施:

清单中所维护的资产宜分配所有权。

实施指南:

已批准对资产生命周期具有管理职责的个人和其他实体,有资格被指定为资产所有者。通常要实施确保及时分配资产所有权的过程。宜当资产被创建或资产转移至组织时分配所有权。资产所有者宜负责在整个资产生命周期内对资产进行适当管理。

资产所有人宜:

(1) 确保资产列入清单;

(2) 确保资产进行了适当的分类和保护;

(3) 确定并定期评审对重要资产的访问限制和分类,考虑适用的访问控制策略;

(4) 当资产被删除或销毁时,确保进行适当处理。

其他信息:

确定的所有者个人或实体,他们具备批准的控制资产整个生命周期的管理职责。确定的所有者不一定具备资产的产权。

日常任务可以委派给其他人,如委派给一个保管人员每天照看资产,但所有者仍保留职责。

在复杂的信息系统中,将一组资产指派给一个所有者可能是比较有用的,它们一起工作来提供特定服务。在这种情况下,服务责任人负责服务的交付,包括资产的运行。

A.8.1.3 资产的可接受使用

控制措施:

信息及与信息和信息处理设施有关的资产的可接受使用规则宜被确定、形成文件并加以实施。

实施指南:

使用或访问组织资产的雇员和外部方人员宜意识到组织中与信息、信息处理设施和资源相关的资产的信息安全要求。他们宜对其所有信息处理资源的使用行为负责,这种使用不能超出其职责范围。

A.8.1.4 资产的归还

控制措施:

所有的雇员和外部方人员在终止任用、合同或协议时,宜归还他们使用的所有组织资产。

实施指南:

终止过程宜被正式化以包括归还所有先前发放的组织拥有或交托的物理和电子资产。

当雇员或第三方人员购买了组织的设备或使用他们自己的个人设备时,宜遵循规程确保所有相关的信息已转移给组织,并且已从设备中安全地删除。

当一个雇员或第三方人员拥有的知识对正在进行的操作具有重要意义时,此信息宜形成文件并转移给组织。

在终止的离职通知期内，组织宜控制已终止的雇员和第三方人员未授权复制有关信息（例如知识产权）。

A.8.2　信息分类

目标：确保信息按照其对组织的重要性受到适当级别的保护。

A.8.2.1　信息的分类

控制措施：

信息宜按照法律要求、价值、关键性以及它对未授权泄露或修改的敏感性予以分类。

实施指南：

信息的分类及相关保护控制措施宜考虑到共享或限制信息的业务需求以及法律要求。除信息之外的资产也能按照所存储、加工及由其处理或保护的信息的类别予以分类。

信息资产的所有者宜对他们的分类负有责任。

分类机制宜包括分类的约定及一段时间后对分类进行评审的准则。机制中的保护级别宜通过分析被考虑信息的保密性、完整性、可用性及其他要求予以评估。机制宜与访问控制策略合起来。

每个级别宜给定一个名称，使其在分类机制应用的环境中是有意义的。

整个组织的分类机制宜是一致的，以便于每个人使用同样的方式对信息和相关资产进行分类，并对保护要求达成共识，从而应用适当的保护。

分类宜纳入组织的过程中，在整个组织中是一致和连贯的。分类的结果宜基于其对组织的敏感性和关键性表明资产的价值，如根据保密性、完整性和可用性。分类的结果宜在资产的生命周期中按照他们价值、敏感性和关键性的变化予以更新。

其他信息：

分类为处理信息的人员提供了一个如何处理和保护信息的简明指示。为具有类似保护需求的信息创建组，指定信息安全规程并应用到每个组设施中的所有信息。这个方法减少了逐一进行风险评估的需求，可定制控制措施的设计。

在一段时间后，信息不再是敏感的或关键的，例如，当该信息已经公开时。这些方面宜予以考虑，因为过度分类致使实施不必要的控制措施，从而导致附加成本，反之，适度分类可促使实现业务目标。

信息保密性分类机制的示例可基于以下四个级别：

(1) 泄露不会导致损害；

(2) 泄露可导致轻微的困窘或轻微的操作不便；

(3) 泄露对操作或战术目标有显著的短期影响；

(4) 泄露对长期战略目标有严重的影响，或使组织的生存处于风险之中。

A.8.2.2　信息的标记

控制措施：

宜按照组织所采纳的信息分类机制建立和实施一组合适的信息标记规程。

实施指南：

信息标记的规程需要涵盖物理和电子格式的信息及其相关资产。标记宜反映A.8.2.1中建立的分类机制。标记宜易于识别。规程宜给出关于在哪儿及如何附加标记的指南，基于介质的类型考虑信息如何被访问或资产如何被处理。规程可定义当可省略标记的情况，例如为减少工作量,可省略非保密信息的标记。宜使雇员和承包方人员知悉标记规程。

包含分类为敏感或关键信息的系统输出宜在该输出中携带合适的分类标记。

其他信息:

分类信息的标记是信息共享布置的一个关键要求。物理标记和元数据是常用的标记形式。信息及其相关资产的标记有时具有负面的影响。分类的资产易于识别,导致被入侵者或外部攻击者盗取。

A. 8. 2. 3　信息的处理

控制措施:

宜按照组织所采纳的信息分类机制建立和实施处理资产的规程。

实施指南:

宜为处理、加工、存储和沟通信息制定规程,与其分类一致(见 A8. 2. 1)。

宜考虑下列事项:

(1) 访问限制支持每个分类级别的保护要求;

(2) 维护资产授权接收的正式记录;

(3) 与原始信息的保护级别一样,对信息的临时或永久拷贝进行保护;

(4) 按照制造商说明保存 IT 资产;

(5) 为引起授权接收者的注意,所有介质拷贝都有清晰的标志。

即使级别的名字类似,组织内部所用的分类机制也可能不同于其他组织所用的机制;此外,信息在组织间转移时可能类别会发生变化,这主要基于每个组织的环境,即使他们的分类机制是一样的。

与其他组织签署的包括信息共享的协议宜有规程来识别信息的类别,并解释其他组织的分类标记。

A. 8. 3　介质处置

目标:防止存储在介质上的信息遭受未授权泄露、修改、移动或销毁。

A. 8. 3. 1　可移动介质的管理

控制措施:

宜按照组织所采纳的分类机制实施可移动介质的管理规程。

实施指南:

对于可移动介质的管理,宜考虑下列指南:

(1) 对于从组织取走的任何可重用的介质中的内容,如果不再需要,要使其不可重现;

(2) 如果必要并可行,对于从组织取走的所有介质要要求授权,所有这种移动的记录要加以保持,以保持审核踪迹;

(3) 要将所有介质存储在符合制造商说明的安全、保密的环境中;

(4) 如果数据保密性或完整性是重要的考虑事项,宜使用加密技术来保护在可移动介质中的数据;

(5) 当仍然需要存储于介质中的数据时,为减缓介质退化风险,宜在其变得不可读之前,将数据转移到新的介质中;

(6) 重要数据的多份副本宜存储于单独的介质中,进一步降低数据同时损坏或丢失的风险;

(7) 宜考虑可移动介质的登记，以减少数据丢失的机会；

(8) 只有在有业务要求时，才使用可移动介质；

(9) 有需求使用可移动介质时，宜监视信息转移到介质的过程。

规程和授权级别宜形成文件。

A.8.3.2 介质的处置

控制措施：

不再需要的介质，宜使用正式的规程可靠并安全地处置。

实施指南：

宜建立安全处置介质的正式规程，以使保密信息泄露给未授权人员的风险减至最小。安全处置包含保密信息的介质的规程宜与信息的敏感性相对应。宜考虑下列条款：

(1) 包含有保密信息的介质宜安全地存储和处置，例如，利用焚化或切碎的方法，或者将数据删除供组织内其他应用使用；

(2) 宜有规程识别可能需要安全处置的项目；

(3) 安排把所有介质部件收集起来并进行安全处置，比试图分离出敏感部件可能更容易；

(4) 许多组织对介质提供收集和处置服务；宜注意选择具有足够控制措施和经验的合适的外部方；

(5) 处置敏感部件宜做记录，以便保持审核踪迹。

当处置堆积的介质时，对集合效应宜予以考虑，它可使大量不敏感信息变成敏感信息。

其他信息：

已损坏的包含敏感数据的设备可能需要实施风险评估以确定物品是否需要进行物理毁坏，而不是送去修理或丢弃(见 A.11.2.7)。

A.8.3.3 物理介质传输

控制措施：

包含信息的介质在运送时，宜防止未授权的访问、不当使用或毁坏。

实施指南：

为保护传输的包含信息的介质，宜考虑下列指南：

(1) 要使用可靠的运输或送信人；

(2) 授权的送信人列表要经管理者批准；

(3) 要开发验证送信人身份信息的规程；

(4) 包装要足以保护信息免遭在运输期间可能出现的任何物理损坏，并且符合制造商的规范，如防止可能减少介质恢复效力的任何环境因素，暴露于过热、潮湿或电磁区域等；

(5) 宜保存日志，确定介质的内容、所应用的保护手段并记录交付给传输保管人的时间和在目的地接收的时间。

其他信息：

信息在物理传输期间(如通过邮政服务或送信人传送)易遭受未授权访问、不当使用或破坏。在此项控制中，介质包括纸质文件。

当介质中的保密信息没有加密时，宜考虑附加的物理保护手段。

A.9 访问控制

A.9.1 访问控制的业务要求

目标：限制对信息和信息处理设施的访问。

A.9.1.1 访问控制策略

控制措施：

访问控制策略宜建立、形成文件，并基于业务和信息安全要求进行评审。

实施指南：

资产所有者宜为特定用户角色访问其资产确定适当的访问控制规则、访问权限和限制，反映相关信息安全风险的控制措施要具备足够的细节和严格性。

访问控制包括逻辑的和物理的(见 A.11)，它们宜一起考虑。宜给用户和服务提供商提供一份访问控制要满足的业务要求的清晰说明。

策略宜考虑到下列内容：

(1) 业务应用的安全要求；

(2) 信息分发和授权的策略，如"需要则知道"的原则、信息安全级别和信息分类(见 A.8.2)；

(3) 不同系统和网络的访问权限和信息分类策略之间的一致性；

(4) 关于限制访问数据或服务的相关法律和合同义务(见 A.18.1)；

(5) 在认可各种可用连接类型的分布式和网络化环境中的访问权限的管理；

(6) 访问控制角色的分离，如访问请求、访问授权、访问管理；

(7) 访问请求的正式授权要求(见 A.9.2.1)；

(8) 访问权限的定期评审要求(见 A.9.2.5)；

(9) 访问权限的撤销(见 A.9.2.6)；

(10) 关于用户身份和秘密鉴别信息使用和管理的所有重大事件记录的存档；

(11) 具有特权的访问角色(见 A.9.2.3)。

其他信息：

在规定访问控制规则时，宜认真考虑下列内容：

(1) 在"未经明确允许，则一律禁止"的前提下，而不是"未经明确禁止，一律允许"的弱规则的基础上建立规则；

(2) 信息处理设施自动启动的信息标记(见 A.8.2.2)和用户任意启动的信息标记的变更；

(3) 信息系统自动启动的用户许可变更和由管理员启动的那些用户许可变更；

(4) 在颁发之前，需要特别批准的规则以及无须批准的那些规则。

访问控制规则宜有正式的规程支持(见 A.9.2、A.9.3、A.9.4)，并定义职责(见 A.6.1.1、A.9.2、A.15.1)。基于访问控制的规则是成功用于许多组织、联系访问权限和业务角色的方法。

指导访问控制策略的两个常用原则如下。

(1) 需要则知道：用户仅被授权访问执行其任务所需要的信息(不同的任务/角色意味着不同的需要知道的内容，因此具有不同的访问轮廓)。

(2) 需要则使用：用户仅被授权访问执行其任务/工作/角色所需要的信息处理设施(IT 设备、应用、规程、房间)。

A.9.1.2　网络和网络服务的访问

控制措施：

用户宜仅能访问已获专门授权使用的网络和网络服务。

实施指南：

宜制定关于使用网络和网络服务的策略。这一策略宜包括：

(1) 允许被访问的网络和网络服务；

(2) 确定允许哪个人访问哪些网络和网络服务的授权规程；

(3) 保护访问网络连接和网络服务的管理控制措施和规程；

(4) 访问网络和网络服务使用的手段(如 VPN 或无线网络的使用)；

(5) 访问各种网络服务的用户鉴别要求；

(6) 监视网络服务的使用。

网络服务使用策略宜与组织的访问控制策略相一致(见 A.9.1.1)。

其他信息：

与网络服务的未授权和不安全连接可以影响整个组织。对于到敏感或关键业务应用的网络连接或与高风险位置(如超出组织安全管理和控制的公共区域或外部区域)的用户的网络连接而言,这一控制措施特别重要。

A.9.2　用户访问管理

目标：确保授权用户访问系统和服务,并防止未授权的访问。

A.9.2.1　用户注册及注销

控制措施：

宜实施正式的用户注册及注销规程,使访问权限得以分配。

实施指南：

管理用户 ID 的过程宜包括：

(1) 使用唯一用户 ID,使得用户与其行为链接起来,并对其行为负责；在对于业务或操作而言必要时,才允许使用组 ID,并宜经过批准和形成文件；

(2) 立即禁用或取消已离开组织的用户的用户 ID (见 A.9.2.5)；

(3) 定期识别并撤销或禁用多余的用户 ID；

(4) 确保多余的用户 ID 不会分发给其他用户。

其他信息：

提供或撤销对信息或信息处理设施的访问通常分两个步骤。

(1) 分配并启动,或撤销一个用户 ID(本控制项)；

(2) 给这些用户 ID 提供,或撤销访问权限(见 A.9.2.2)。

A.9.2.2　用户访问开通

控制措施：

宜实施正式的用户访问开通过程,以分配或撤销所有系统和服务所有用户类型的访问权限。

实施指南：

分配或撤销授予用户 ID 的访问权限的开通过程宜包括：

(1) 为使用信息系统或服务,从信息系统或服务的所有者获得授权(见 A.8.1.2)；取

得管理者对访问权限的单独批准也是合适的;

(2) 验证授予访问的级别是否适于访问策略(见A.9.1),且与其他要求一致,如职责分离(见A.6.1.5);

(3) 在授权过程完成之前确保访问权限不会被激活(如被服务提供商);

(4) 维护授予用户ID访问信息系统和服务的访问权限的主要记录;

(5) 修改已变更角色或职位的用户的访问权限,立即撤销或封锁离开组织的用户的访问权限;

(6) 定期与信息系统或服务的所有者评审访问权限(见A.9.2.4)。

其他信息:

宜考虑基于业务要求建立用户访问角色,将大量的访问权限归结到典型的用户访问轮廓中。在这种角色级别上对访问请求和评审(见A.9.2.4)进行管理要比在特定的权限级别上容易些。

宜考虑在人员合同和服务合同中将在员工或承包方人员试图进行未授权访问时的有关处罚措施的条款包括进去(见A.7.1.2、A.7.2.3、A.13.2.4和A.15.1.2)。

A.9.2.3 特殊访问权限管理

控制措施:

宜限制和控制特殊访问权限的分配及使用。

实施指南:

宜采取相关控制策略(见A.9.1.1)通过正式的授权过程控制特殊访问权限的分配。宜考虑下列步骤:

(1) 要标识出与每个系统或程序(如操作系统、数据库管理系统和每个应用程序)相关的特殊访问权限和所需分配的用户;

(2) 特殊访问权限要按照访问控制策略(见A.9.1.1)在"按需使用"和"一事一议"的基础上分配给用户,即仅当需要时,才为其职能角色分配最低要求;

(3) 宜维护所分配的各个特殊访问权限的授权过程及其记录。在未完成授权过程之前,不要授予特殊访问权限;

(4) 宜定义特殊访问权限的期限要求;

(5) 特殊访问权限宜分配给非日常业务活动的用户ID,日常业务活动不宜使用特权账户执行;

(6) 具有特殊访问权限的用户的能力宜定期实施评审,以验证他们是否与其责任相一致;

(7) 宜按照系统配置能力建立和维护特定规程,以避免通用管理用户ID的未授权使用;

(8) 对于通用管理用户ID,当共享时宜维护秘密鉴别信息的保密性(例如,经常变更口令,尽可能当一个特权用户离开或变更职位时也变更口令,使用适当的机制在特权用户中进行传达)。

其他信息:

系统管理特殊权限(使用户无视系统或应用控制措施的信息系统的任何特性或设施)的不恰当使用可能是一种导致系统故障或违规的主要因素。

A.9.2.4 用户秘密鉴别信息管理

控制措施：

宜通过正式的管理过程控制秘密鉴别信息的分配。

实施指南：

此过程宜包括下列要求：

(1) 要求用户签署一份声明，以保证个人秘密鉴别信息的保密性和组信息(如共享)秘密鉴别信息仅在该组成员范围内使用；签署的声明可包括在任意条款和条件中(见 A.7.1.2)；

(2) 若需要用户维护自己的秘密鉴别信息，要在初始时提供给他们一个安全的临时秘密鉴别信息，并强制其在首次使用时改变；

(3) 在提供一个新的、代替的或临时的秘密鉴别信息之前，宜建立验证用户身份的规程；

(4) 宜以安全的方式将临时秘密鉴别信息给予用户；宜避免使用外部方或未保护的(明文)电子邮件消息；

(5) 临时秘密鉴别信息对个人而言宜是唯一的、不可猜测的；

(6) 用户宜确认收到秘密鉴别信息；

(7) 宜在系统或软件安装后改变提供商的默认秘密鉴别信息。

其他信息：

口令是通常用于秘密鉴别信息的一种类型，是验证用户身份的一种常用手段。其他类型的秘密鉴别信息包括密钥和存储于硬件令牌(如智能卡)可产生鉴别码的其他数据。

A.9.2.5 用户访问权限的复查

控制措施：

资产所有者宜定期复查用户的访问权限。

实施指南：

访问权限的复查宜考虑下列指南：

(1) 宜定期和在任何变更之后(如提升、降级或雇用终止(见 A.7))，对用户的访问权限进行复查；

(2) 当在同一个组织中从一个角色换到另一个时，宜复查和重新分配用户的访问权限；

(3) 对于特殊访问权限的授权宜在更频繁的时间间隔内进行复查；

(4) 要定期核查特殊权限的分配，以确保不能获得未授权的特殊权限；

(5) 具有特殊权限的账户的变更要在周期性复查时记入日志。

其他信息：

本控制补偿了在执行控制措施 A.9.2.1、A.9.2.2 和 A.9.2.6 时可能存在的弱点。

A.9.2.6 撤销或调整访问权限

控制措施：

所有雇员、外部方人员对信息和信息处理设施的访问权限宜在任用、合同或协议终止时撤销，或在变化时调整。

实施指南：

任用终止时，个人对与信息处理设施和服务有关的信息和资产的访问权限宜被撤销或暂停。这将决定撤销访问权限是否是必要的。任用的变更宜体现在不适用于新岗位的访问权限的撤销上。宜撤销或调整的访问权限包括物理和逻辑访问的权限。撤销或调整可通过撤销、取消或替换密钥、识别卡、信息处理设施或订阅来实现。识别员工和承包方人员访问权限的任何文件宜反映访问权限的撤销或调整。如果一个已离开的雇员或外部方人员知道仍保持活动状态的用户 ID 的密码,则宜在任用、合同或协议终止或变更后改变口令。

对与信息处理设施有关的信息和资产的访问权限在任用终止或变更前是否减少或删除,依赖于对风险因素的评价,例如:

(1) 终止或变更是由雇员、外部方人员发起还是由管理者发起,以及终止的原因;

(2) 雇员、外部方人员或任何其他用户的现有职责;

(3) 当前可访问资产的价值。

其他信息:

在某些情况下,访问权限的分配基于对多人可用而不是只基于离开的雇员或外部方人员,例如组 ID。在这种情况下,离开的人员宜从组访问列表中删除,还宜建议所有相关的其他雇员和外部方人员不宜再与已离开的人员共享信息。

在管理者发起终止的情况下,不满的雇员或外部方人员会故意破坏信息或破坏信息处理设施。在员工辞职或被解雇的情况下,他们可能为将来的使用而收集必要的信息。

A.9.3　用户职责

目标:使用户承担保护鉴别信息的责任。

A.9.3.1　使用秘密鉴别信息

控制措施:

宜要求用户在使用秘密鉴别信息时,遵循组织的实践。

实施指南:

以下为对所有用户的建议。

(1) 保密秘密鉴别信息,确保不泄露给其他人,包括授权的人。

(2) 避免保留秘密鉴别信息的记录(如在纸上、软件文件中或手持设备中),除非可以对其进行安全地存储及存储方法得到批准(例如口令保管库)。

(3) 每当有任何迹象表明秘密鉴别信息受到损害时就变更秘密鉴别信息。

(4) 当用口令作为秘密鉴别信息时,选择具有最小长度的优质口令,这些口令:

① 要易于记忆;

② 不能基于别人容易猜测或获得的与使用人相关的信息,如名字、电话号码和生日等;

③ 不容易遭受字典攻击(即不是由字典中的词所组成的);

④ 避免连续相同的、全数字的或全字母的字符。

(5) 在初次登录时更换临时口令;不要共享个人的用户加密鉴别信息。

(6) 口令在任何自动登录过程和存储中作为加密鉴别信息,宜确保口令得到恰当保护。

(7) 不在业务目的和非业务目的中使用相同的加密鉴别信息。

通过单点登录(SSO)或者其他加密鉴别信息管理工具减少了要求用户保护的加密鉴别信息量,增加了这一控制措施的有效性。然而,这些工具也提高了加密鉴别信息披露的影响。

A.9.4　系统和应用访问控制

目标:防止对系统和应用的未授权访问。

A.9.4.1 信息访问限制

控制措施：

宜依照访问控制策略限制对信息和应用系统功能的访问。

实施指南：

对访问的限制宜基于各个业务应用要求和已定义的访问控制策略。

为支持访问限制要求，宜做如下考虑：

(1) 提供应用系统控制访问功能的选择菜单；

(2) 控制可被特定用户访问的数据；

(3) 控制用户的访问权限，如读、写、删除和执行；

(4) 控制其他应用的访问权限；

(5) 限制输出所包含的信息；

(6) 为隔离敏感的应用程序、应用数据或系统，提供物理或逻辑访问控制。

A.9.4.2 安全登录规程

控制措施：

在访问控制策略要求下，访问操作系统和应用宜通过安全登录规程加以控制。

实施指南：

宜选择适当的鉴别方法，以证明用户所宣称的身份。

当要求强鉴别和身份验证时，宜利用加密、智能卡、令牌或生物特征等方式代替口令。登录到操作系统或应用程序的规程宜设计成使未授权访问的机会减到最小。因此，登录规程宜公开最少有关系统或应用的信息，以避免给未授权用户提供任何不必要的帮助。良好的登录规程宜：

(1) 不显示系统或应用标识符，直到登录过程已成功完成为止；

(2) 显示只有已授权的用户才能访问计算机的一般性的告警通知；

(3) 在登录规程中，不提供对未授权用户有帮助作用的帮助消息；

(4) 仅在所有输入数据完成时才验证登录信息，如果出现差错情况，系统不宜指出数据的哪一部分是正确的或不正确的；

(5) 防止暴力尝试登录；

(6) 记录不成功的尝试和成功的尝试登录；

(7) 如果检测到违反控制措施尝试登录或已成功登录，则引发安全事态；

(8) 在成功登录完成时，显示下列信息：

① 上次成功登录的日期和时间；

② 上次成功登录之后的任何不成功登录尝试的细节。

(9) 不显示输入的口令；

(10) 不在网络上以明文方式传输口令；

(11) 不活动会话宜在一个设定的休止期后关闭，特别是在高风险地点(如组织安全管理范围外的公共区域或外部区域)或使用移动设备上；

(12) 宜使用联机时间的限制，为高风险应用程序提供额外的安全，同时降低非授权访问的机会。

其他信息：

口令是一种非常通用的提供标识和鉴别的方法，这种标识和鉴别是建立在只有用户知悉的秘密的基础上的。使用密码手段和鉴别协议也可以获得同样的效果。用户标识和鉴别的强度宜和所访问信息的敏感程度相适应。

在网络上登录会话期间，如果口令以明文方式传输，它们可能会被网络上的网络"嗅探器"程序捕获。

A.9.4.3 口令管理系统

控制措施：

口令管理系统宜是交互式的，并宜确保优质的口令。

实施指南：

一个口令管理系统宜：

(1) 强制使用个人用户 ID 和口令，以保持可核查性；

(2) 允许用户选择和变更他们自己的口令，并且包括一个确认规程，以便考虑到输入出错的情况；

(3) 强制选择优质口令；

(4) 在第一次登录时强制用户变更临时口令；

(5) 根据需要，强制定期变更口令；

(6) 维护用户以前使用的口令的记录，并防止重复使用；

(7) 在输入口令时，不在屏幕上显示；

(8) 口令文件与应用系统数据分开存储；

(9) 以保护的形式存储和传输口令。

其他信息：

某些应用要求由某个独立授权机构来分配用户口令；在这种情况下，上述指南(2)、(4)和(5)不适用。在大多数情况下，口令由用户选择和维护。

A.9.4.4 特殊权限实用工具软件的使用

控制措施：

对于可能超越系统和应用程序控制措施的适用工具软件的使用宜加以限制并严格控制。

实施指南：

对于可能适用于整个系统或应用控制措施的适用工具软件的使用，宜考虑下列指南：

(1) 对适用工具软件使用标识、鉴别和授权规程；

(2) 将适用工具软件和应用软件分开；

(3) 将使用适用工具软件的用户限制到可信的、已授权的最小实际用户数(也见 A.9.2.2)；

(4) 对适用工具软件的特别使用进行授权；

(5) 限制系统实用工具的可用性，如在授权变更的期间内；

(6) 记录适用工具软件的所有使用；

(7) 对适用工具软件的授权级别进行定义并形成文件；

(8) 移去或禁用所有不必要的实用工具软件；

(9) 当要求责任分割时，禁止访问系统中应用程序的用户使用实用工具软件。

其他信息：

大多数计算机安装有一个或多个可能超越系统和应用控制措施的实用工具软件。

A.9.4.5　对程序源代码的访问控制

控制措施：

宜限制访问程序源代码。

实施指南：

对程序源代码和相关事项(如设计、说明书、验证计划和确认计划)的访问宜严格控制，以防引入非授权功能和避免无意识的变更，也为了维护有价值知识产权的机密性。对于程序源代码的保存，可以通过这种代码的中央存储控制来实现，更好的方法是放在源程序库中。为了控制对源程序库的访问以减少潜在的计算机程序的破坏，宜考虑下列指南：

(1) 若有可能，在运行系统中不要保留源程序库；

(2) 程序源代码和源程序库要根据制定的规程进行管理；

(3) 要限制支持人员访问源程序库；

(4) 更新源程序库和有关事项，向程序员发布程序源码要在获得适当的授权之后进行；

(5) 程序列表要保存在安全的环境中；

(6) 要维护对源程序库所有访问的审计日志；

(7) 维护和复制源程序库要受严格变更控制规程的制约(见 A.14.2.2)。

如果企图公布程序源代码，宜考虑确保程序源代码完整性的附加控制措施(例如数字签名)。

A.10　密码学

A.10.1　密码控制

目标：恰当和有效地利用密码学保护信息的保密性、真实性或完整性。

A.10.1.1　使用密码控制的策略

控制措施：

宜开发和实施使用密码控制措施来保护信息的策略。

实施指南：

制定密码策略时，宜考虑下列内容。

(1) 组织间使用密码控制的管理方法，包括保护业务信息的一般原则。

(2) 基于风险评估，宜确定需要的保护级别，并考虑需要的加密算法的类型、强度和质量。

(3) 使用加密保护通过可移动或可拆卸的介质、设备或者通信线路传输的敏感信息。

(4) 密钥管理方法，包括应对密钥保护的方法，以及在密钥丢失、损害或毁坏后加密信息的恢复方法。

(5) 角色和职责，如谁负责。

① 策略的实施；

② 密钥管理，包括密钥生成(见 A.10.1.2)。

(6) 为在整个组织内有效实施而采用的标准(哪种解决方案用于哪些业务过程)；

(7) 使用加密后的信息对依赖于内容检查的控制措施(如恶意软件检测)的影响。当实施组织的密码策略时，宜考虑我国应用密码技术的规定和限制，以及加密信息跨越国界时的问题(见 A.18.1.5)。

可以使用密码控制措施实现不同的安全目标,例如:

(1) 保密性,使用信息加密以保护存储或传输中的敏感或关键信息;

(2) 完整性/真实性,使用数字签名或消息鉴别码以保护存储和传输中的敏感或关键信息的真实性和完整性;

(3) 抗抵赖性,使用密码技术以提供一个事态或行为发生或未发生的证据;

(4) 可认证性,使用密码技术对请求访问实体和资源的用户以及与系统用户有交互的其他系统实体进行身份鉴别。

其他信息:

有关一个密码解决方案是否合适的决策,宜被看作更广的风险评估和选择控制措施过程的一部分。该评估可以用来判定一个密码控制措施是否合适,宜运用什么类型的控制措施以及应用于什么目的和业务过程。

使用密码控制措施的策略对于使利益最大化,使利用密码技术的风险最小化,以及避免不合适或不正确的使用而言,十分必要。

宜征求专家建议以选择适当的、满足信息安全策略目标的密码控制。

A.10.1.2 密钥管理

控制措施:

宜开发和实施贯穿整个密钥生命周期的关于密钥使用、保护和生存期的策略。

实施指南:

策略宜包括的密钥管理要求,其贯穿密钥的整个生命周期,包括密钥的生成、存储、归档、检索、分发、回收和销毁。

宜根据最佳实践,选择加密算法、密钥长度和使用规则,恰当的密钥管理要求安全过程包括密钥的生成、存储、归档、检索、分发、回收和销毁等。

宜保护所有的密钥免遭修改、丢失和毁坏。另外,秘密和私有密钥需要防范非授权的泄露。用来生成、存储和归档密钥的设备宜进行物理保护。

密钥管理系统宜基于已商定的标准、规程和安全方法,以便:

(1) 生成用于不同密码系统和不同应用的密钥;

(2) 生成和获得公开密钥证书;

(3) 分发密钥给预期用户,包括在收到密钥时要如何激活;

(4) 存储密钥,包括已授权用户如何访问密钥;

(5) 变更或更新密钥,包括要何时变更密钥和如何变更密钥的规则;

(6) 处理已损害的密钥;

(7) 撤销密钥,包括要如何撤销或解除激活的密钥,例如,当密钥已损害时或当用户离开组织时(在这种情况下,密钥也要归档);

(8) 恢复已丢失或损坏的密钥;

(9) 备份或归档密钥;

(10) 销毁密钥;

(11) 记录和审核与密钥管理相关的活动。

为了减少不恰当使用的可能性,宜规定密钥的激活日期和解除激活日期,以使它们只能用于相关密钥管理策略定义的时间段。

除了安全地管理秘密和私有密钥外，还宜考虑公开密钥的真实性。这一鉴别过程可以由证书认证机构正式颁发的公钥证书来完成，该认证机构宜是一个具有合适的控制措施和规程以提供所需的信任度的公认组织。

与外部密码服务提供者（如认证机构）签订的服务级别协议或合同的内容，宜涵盖服务责任、服务可靠性和提供服务的响应次数等若干问题（见 A.15.2）。

其他信息：

密钥的管理对有效使用密码技术来说是必需的。GB/T 17901 提供了更多密钥管理的信息。

密码技术还可以用来保护密钥。可能需要考虑处理访问密钥的法律请求的规程，例如，加密的信息可能要求以未加密的形式提供，以作为法庭案例的证据。

A.11 物理和环境安全

A.11.1 安全区域

目标：防止对组织场所和信息的未授权物理访问、损坏和干扰。

A.11.1.1 物理安全周边

控制措施：

宜定义安全周边和所保护的区域，包括敏感或关键的信息和信息处理设施的区域。

实施指南：

对于物理安全周边，若合适，下列指南宜予以考虑和实施：

(1) 安全周边宜予以定义，各个周边的设置地点和强度取决于周边内资产的安全要求和风险评估的结果。

(2) 包含信息处理设施的建筑物或场地的周边要在物理上是安全的（即在周边或区域内不要存在可能易于闯入的任何缺口）；场所外部屋顶、墙和地板均是坚固结构，所有外部的门要使用控制机制来适当保护，以防止未授权进入，如门闩、报警器、锁等；无人看管的门和窗户要上锁，还要考虑窗户的外部保护，尤其是地面一层的窗户。

(3) 对场所或建筑物的物理访问手段要到位（如有人管理的接待区域或其他控制）；进入场所或建筑物要仅限于已授权人员。

(4) 如果可行，要建立物理屏障以防止未授权进入和环境污染。

(5) 安全周边的所有防火门要可发出报警信号、被监视并经过测试，与墙一起按照我国合适的标准建立所需的防卫级别；它们要使用故障保护方式按照当地防火规则来运行。

(6) 要按照我国标准安装适当的安防监测系统，并定期测试以覆盖所有的外部门窗；要一直警惕空闲区域；其他区域要提供掩护方法，如计算机室或通信室。

(7) 组织管理的信息处理设施要在物理上与第三方管理的设施分开。

其他信息：

物理保护可以通过在组织边界和信息处理设施周围设置一个或多个物理屏障来实现。多重屏障的使用将提供附加保护，一个屏障的失效不意味着立即危及安全。

一个安全区域可以是一个可上锁的办公室，或是被连续的内部物理安全屏障包围的几个房间。在安全边界内具有不同安全要求的区域之间需要控制物理访问的附加屏障和周边。

具有多个组织资产的建筑物宜考虑专门的物理访问安全。

特别是对于安全区域而言,宜在适合组织技术和经济条件下,按照风险评估应用物理控制措施。

A.11.1.2 物理入口控制

控制措施:

安全区域宜由适合的入口控制所保护,以确保只有授权的人员才允许访问。

实施指南:

宜考虑下列指南:

(1) 记录访问者进入和离开的日期和时间,所有的访问者要予以监督,除非他们的访问事前已经过批准;只允许他们访问特定的、已授权的目标,并要向他们宣布关于该区域的安全要求和应急规程的说明。访问者的身份宜通过恰当的方式认证。

(2) 访问处理保密信息或储存保密信息的区域宜限于已授权的人员,并且采取恰当的访问控制措施;例如采取访问卡及加密的个人识别码构成的双因素认证机制。

(3) 所有访问的物理登记簿或者电子审计单宜被安全地保留并监视。

(4) 所有雇员和承包方人员以及外部各方要佩带某种形式的可视标识,如果遇到无人护送的访问者和未佩带可视标识的任何人要立即通知保安人员。

(5) 外部方支持服务人员只有在需要时才能有限制地访问安全区域或敏感信息处理设施;这种访问要被授权并受监视。

(6) 对安全区域的访问权限要定期地予以评审和更新,并在必要时废除(见 A.9.2.4 和 A.9.2.5)。

A.11.1.3 办公室、房间和设施的安全保护

控制措施:

宜为办公室、房间和设施设计并采取物理安全措施。

实施指南:

为保护办公室、房间和设施,宜考虑下列指南:

(1) 关键设施要坐落在可避免公众进行访问的场地;

(2) 如果可行,建筑物要不引人注目,并且在建筑物内侧或外侧用不明显的标记给出其用途的最少指示,以标识信息处理活动的存在;

(3) 避免保密信息或活动对外部可视或可见,处理设施宜被包围,适当地采取电磁屏蔽措施;

(4) 标识敏感信息处理设施位置的目录和内部电话簿不要轻易被公众得到。

A.11.1.4 外部和环境威胁的安全防护

控制措施:

为防止自然灾难、恶意攻击或事件,宜设计和采取物理保护措施。

实施指南:

宜获取如何避免火灾、洪水、地震、爆炸、社会动荡和其他形式的自然或人为灾难引起破坏的专家建议。

A.11.1.5 在安全区域工作

控制措施:

宜设计和应用工作在安全区域的规程。

实施指南：

宜考虑下列指南：

(1) 只在有必要知道的基础上，员工才应知道安全区域的存在或其中的活动；

(2) 为了安全原因和减少恶意活动的机会，均要避免在安全区域内进行不受监督的工作；

(3) 未使用的安全区域在物理上要上锁并周期地予以核查；

(4) 除非授权，不要允许携带摄影、视频、声频或其他记录设备，如移动设备中的照相机。

在安全区域工作的安排包括对工作在安全区域内的雇员和外部方人员的控制，以及对其他发生在安全区域的所有活动的控制。

A.11.1.6　交接区安全

控制措施：

访问点(如交接区)和未授权人员可进入办公场所的其他点宜加以控制，如果可能，宜与信息处理设施隔离，以避免未授权访问。

实施指南：

宜考虑下列指南：

(1) 由建筑物外进入交接区的访问要局限于已标识的和已授权的人员；

(2) 交接区要设计成在无须交货人员获得对本建筑物其他部分的访问权限的情况下能装载或卸下物资；

(3) 当内部的门打开时，交接区的外部门要得到安全保护；

(4) 在进来的物资从交接区运到使用地点之前，要检查是否存在易爆、化学和易燃物资；

(5) 进来的物资要按照资产管理规程(见A.8)在场所的入口处进行登记；

(6) 如果可能，进入和外出的货物要在物理上予以隔离；

(7) 进来的物资宜检查途中损坏的证据，如果发现损坏宜立即向安全人员报告。

A.11.2　设备

目标：防止资产的丢失、损坏、失窃或危及资产安全以及组织活动的中断。

A.11.2.1　设备安置和保护

控制措施：

宜安置或保护设备，以减少由环境威胁和危险所造成的各种风险以及未授权访问的机会。

实施指南：

为保护设备，宜考虑下列指南：

(1) 设备要进行适当安置，以尽量减少不必要的对工作区域的访问；

(2) 要把处理敏感数据的信息处理设施放在适当的限制观测的位置，以减少在其使用期间信息被非授权人员窥视的风险；

(3) 要保护储存设施以防止未授权访问；

(4) 特殊保护的部件要予以防护，以降低所要求的总体保护等级；

(5) 要采取控制措施以最小化潜在的物理和环境威胁的风险，如偷窃、火灾、爆炸、烟雾、水(或供水故障)、尘埃、振动、化学影响、电源干扰、通信干扰、电磁辐射和故意破坏；

(6) 要建立在信息处理设施附近进食、喝饮料和抽烟的指南；

(7) 对于可能对信息处理设施运行状态产生负面影响的环境条件(如温度和湿度)要予以监视；

(8) 所有建筑物都要采用避雷保护，所有进入的电源和通信线路都要装配雷电保护过滤器；

(9) 对于工业环境中的设备，要考虑使用专门的保护方法，如键盘保护膜；

(10) 要保护处理敏感信息的设备，以最小化因辐射而导致信息泄露的风险。

A.11.2.2 支持性设施

控制措施：

宜保护设备使其免于由支持性设施的失效而引起的电源故障和其他中断。

实施指南：

支持性设施(如电、通信、供水、供气、排污、通风和空调)宜：

(1) 遵从设备制造商的说明书和本地的法规要求；

(2) 定期扩容以满足业务增长和其他支持性设施的交互；

(3) 定期检查和测试以确保支持性设施功能正常；

(4) 如果必要，检测到故障发出报警；

(5) 如果必要，采取不同物理线路的多路供电。

宜提供应急照明和应急通信，切断电源、水、气及其他设施的电源开关或阀门宜安置在应急出口或设备间附件。

其他信息：

网络连接冗余可以通过不同设施供应商的方式实现。

A.11.2.3 布缆安全

控制措施：

宜保证传输数据或支持信息服务的电源布缆和通信布缆免受窃听或损坏。

实施指南：

对于布缆安全，宜考虑下列指南。

(1) 进入信息处理设施的电源和通信线路宜在地下，若可能，或提供足够的可替换的保护。

(2) 为了防止干扰，电源电缆要与通信电缆分开。

(3) 对于敏感的或关键的系统，更进一步的控制措施考虑要包括：

① 在检查点和终接点处安装铠装电缆管道和上锁的房间或盒子；

② 使用电磁防辐射装置保护电缆；

③ 对于电缆连接的未授权装置要主动实施技术清除和物理检查；

④ 控制对配线盘和电缆室的访问。

A.11.2.4 设备维护

控制措施：

设备宜予以正确地维护，以确保其持续的可用性和完整性。

实施指南：

对于设备维护，宜考虑下列指南：

(1) 要按照供应商推荐的服务时间间隔和规范对设备进行维护。

(2) 只有已授权的维护人员才可对设备进行修理和服务。

(3) 要保存所有可疑的或实际的故障以及所有预防和纠正维护的记录。

(4) 当对设备安排维护时,要实施适当的控制,并考虑到维护是由场所内部人员执行还是由组织外部人员执行;当必要时,敏感信息要从设备中删除或者维护人员要是足够可靠的。

(5) 要遵守由保险策略所施加的所有要求。

(6) 在设备维护之后返回运行之前,宜检查设备确保设备没有损坏和失效。

A.11.2.5　资产的移动

控制措施:

设备、信息或软件在授权之前不宜带出组织场所。

实施指南:

宜考虑下列指南。

(1) 要明确识别有权允许资产移动,离开办公场所的雇员和外部方用户。

(2) 要设置设备移动的时间限制,并在返还时执行符合性验证。

(3) 若必要并合适,要对资产做出移出记录,当返回时,要做出送回记录。

(4) 处理和使用资产的人员身份、角色和归属宜被记录,记录文档宜与设备、信息或软件一起归还。

其他信息:

宜执行检测未授权资产移动的抽查,以检测未授权的记录装置、武器等,防止它们被带进和带出办公场所。这样的抽查宜按照相关法律和规章执行。宜让每个人都知道将进行抽查,并且只能在法律法规要求的适当授权下执行验证。

A.11.2.6　组织场所外设备和资产的安全

控制措施:

宜对组织场所外的设备采取安全措施,要考虑工作在组织场所以外的不同风险。

实施指南:

在组织场所外使用任何信息存储和处理设备都宜通过管理者授权。这适用于组织拥有的设备、私有设备和代表组织的设备。

对于离开场所的设备的保护,宜考虑下列指南。

(1) 离开建筑物的设备和介质在公共场所不应无人看管。

(2) 制造商的设备保护说明要始终加以遵守,如防止暴露于强电磁场内。

(3) 家庭工作、远程办公和临时场所办公的场外控制措施要根据风险评估确定,当适合时,要施加合适的控制措施,如可上锁的存档柜、清理桌面策略、对计算机的访问控制以及与办公室的安全通信(参见 ISO/IEC 18028 网络安全)。

(4) 当场外设备在不同的人或外部方之间传递时,宜维护对设备一系列监督的记录,包括最终名称、设备的责任组织。

安全风险在不同场所可能有显著不同,如损坏、盗窃和截取,要考虑确定最合适的控制措施。

其他信息:

用于家庭工作或从正常工作地点运走的信息存储和处理设备包括所有形式的个人计算

机、管理设备、移动电话、智能卡、纸张或其他形式的设备。

关于保护移动设备的其他方面的更多信息在A.6.2中可以找到。

通过劝阻员工不要场外办公或者限制他们使用手提IT设备以适当地避免风险。

A.11.2.7　设备的安全处置或再利用

控制措施:

包含存储介质的设备的所有项目宜进行验证,以确保在处置之前,任何敏感信息和注册软件已被删除或安全地写覆盖。

实施指南:

在设备处置和再利用之前宜验证是否保留存储介质。

包含保密或版权信息的存储介质在物理上宜予以摧毁,或者采用使原始信息不可获取的技术破坏、删除或写覆盖,而不能采用标准的删除或格式化功能。

其他信息:

包含存储介质的已损坏的设备可能需要实施风险评估,以确定这些设备是否要进行销毁、而不是送去修理或丢弃。信息可能通过对设备的草率处置或重用而被泄露。

当设备被处置或重用时,除了安全磁盘擦除,整个磁盘加密可降低保密信息泄露的风险,假如保证以下方面:

(1) 加密过程足够强壮并且覆盖整个磁盘(包括剩余空间、交换文件等);

(2) 加密密钥的长度足够抵制暴力破解攻击;

(3) 保证加密密钥的保密性(如不存储在同一磁盘)。

关于密码的进一步建议,见A.10。

不同的存储介质技术,安全复写存储介质的技术方法不同。为确保复写工具适用于存储介质技术,宜对其进行评审。

A.11.2.8　无人值守的用户设备

控制措施:

用户宜确保无人值守的用户设备有适当的保护。

实施指南:

所有用户宜了解保护无人值守的设备的安全要求和规程,以及他们对实现这种保护所负有的职责。建议用户宜:

(1) 结束时终止活动的会话,除非采用一种合适的锁定机制保证其安全,如有口令保护的屏幕保护程序;

(2) 当不再使用时,退出应用或网络服务;

(3) 当不使用设备时,用带钥匙的锁或与之效果等同的控制措施来保护计算机或移动设备免遭未授权使用,如口令访问。

A.11.2.9　清空桌面和屏幕策略

控制措施:

宜采取清空桌面上文件、可移动存储介质的策略和清空信息处理设施屏幕的策略。

实施指南:

清空桌面和清空屏幕策略宜考虑信息分类(见A.8.2)、法律和合同要求(见A.18.1)、相应的风险和组织的文化方面。宜考虑下列指南:

(1) 当不用时，特别是当离开办公室时，要将敏感或关键业务信息，如在纸质或电子存储介质中的，锁起来(理想情况下，锁在保险柜或保险箱，或者其他形式的安全设备中)；

(2) 当无人值守时，计算机和终端要注销，或使用由口令、令牌或类似的用户鉴别机制控制的屏幕和键盘锁定机制进行保护；当不使用时，要使用带钥匙的锁、口令或其他控制措施进行保护；

(3) 要防止复印机或其他复制技术(如扫描仪、数字照相机)的未授权使用；

(4) 包含敏感或涉密信息的媒质要立即从打印机中清除。

其他信息：

清空桌面/清空屏幕策略降低了正常工作时间之中和之外对信息的未授权访问、丢失、破坏的风险。保险箱或其他形式的安全存储设施也可保护存储于其中的信息免受灾难(如火灾、地震、洪水或爆炸)的影响。

要考虑使用带有个人识别码功能的打印机，使得原始操作人员是能获得打印输出的唯一人员，和站在打印机边的唯一人员。

A.12　操作安全

A.12.1　操作规程和职责

目标：确保正确、安全的操作信息处理设施。

A.12.1.1　文件化的操作规程

控制措施：

操作规程宜形成文件并对所有需要的用户可用。

实施指南：

与信息处理和通信设施相关的操作活动宜具备形成文件的规程，如计算机启动和关机规程、备份、设备维护、介质处理、计算机机房、邮件处置管理和安全等。

操作规程宜说明操作指导，其内容包括：

(1) 系统安装和配置；

(2) 信息自动或手动处理和处置；

(3) 备份(见 A.12.3)；

(4) 时间安排要求，包括与其他系统的相互关系、最早工作开始时间和最后工作完成期限；

(5) 对在工作执行期间可能出现的处理差错或其他异常情况的指导，包括对使用系统实用工具的限制(见 A.9.4.4)；

(6) 支持性和上报联络，包括出现不期望操作或技术困难时的外部支持性联络；

(7) 特定输出及介质处理的指导，例如使用特殊信纸或管理保密输出，包括任务失败时输出的安全处置规程(见 A.8.3 和 A.11.2.7)；

(8) 供系统失效时使用的系统重启和恢复规程；

(9) 审核踪迹和系统日志信息的管理(见 A.12.4)；

(10) 监视规程(见 A.12.4)。

宜将操作规程和系统活动的文件化规程看作正式的文件，其变更由管理者授权。技术上可行时，信息系统宜使用相同的规程、工具和实用程序进行一致的管理。

A.12.1.2　变更管理

控制措施：

若组织、业务过程、信息处理设施和系统等的变更影响了组织信息安全，宜加以控制。

实施指南：

运行系统和应用软件宜有严格的变更管理控制。

尤其宜考虑下列条款：

(1) 重大变更的标识和记录；

(2) 变更的策划和测试；

(3) 对这种变更的潜在影响的评估，包括信息安全影响；

(4) 对建议变更的正式批准规程；

(5) 验证得到满足的信息安全要求；

(6) 向所有有关人员传达变更细节；

(7) 基本维持运行的规程，包括从不成功变更和未预料事态中退出和恢复的规程与职责；

(8) 规定紧急变更过程，使之能够在快速和受控状态下实施所需变更来处理事件。正式的管理者职责和规程宜到位，以确保所有变更有令人满意的控制。当发生变更时，包含所有相关信息的审核日志宜予以保留。

其他信息：

对信息处理设施和系统的变更缺乏控制是系统故障或安全失效的常见原因。对运行环境的变更，特别是当系统从开发阶段向运行阶段转移时，可能影响应用的可靠性(见A.14.2.2)。

A.12.1.3　容量管理控制措施

资源的使用宜加以监视、调整，并做出对于未来容量要求的预测，以确保拥有所需的系统性能。

实施指南：

宜根据所关注系统的业务关键性识别容量要求。宜使用系统调整和监视以确保和改进(必要时)系统的可用性和效率。宜有检测控制措施以及时地指出问题。未来容量要求的推测宜考虑新业务、系统要求以及组织信息处理能力的当前和预计的趋势。

需要特别关注与长订货交货周期或高成本相关的所有资源，因此管理人员宜监视关键系统资源的利用。他们宜识别出使用的趋势，特别是与业务应用或管理信息系统工具相关的使用。

管理人员宜使用该信息来识别和避免可能威胁到系统安全或服务的潜在的瓶颈及对关键员工的依赖，并策划适当的措施。

提供充足的容量可以通过增加容量或降低需求来实现，管理容量需求的例子包括：

(1) 删除过时数据(磁盘空间)；

(2) 停止使用应用、系统、数据库或环境；

(3) 优化应用逻辑或数据库查询；

(4) 如果是非关键业务(如影音串流)，则拒绝或限制其资源服务带宽的使用。对于关键任务系统，宜考虑文件化的容量管理方案。

其他信息：

这一控制措施也涉及人力资源、办公室以及设施的容量。

A.12.1.4　开发、测试和运行环境分离

控制措施：

开发、测试和运行环境宜分离，以减少未授权访问或运行环境变更的风险。

实施指南：

为防止运行问题，宜识别运行、测试和开发环境之间的分离级别，并实施适当的控制措施。宜考虑下列条款：

(1) 要规定从开发状态到运行状态的软件传递规则并形成文件；

(2) 开发和运行软件要在不同的系统或计算机处理器上以及在不同的域或目录内运行；

(3) 若运行系统和应用发生变更宜进行测试，并且在测试或过渡环境中测试优于在运行环境中测试；

(4) 除非特殊情况下，不宜针对运行系统进行测试；

(5) 用户要在运行和测试系统中使用不同的用户轮廓，菜单要显示合适的标识消息以减少出错的风险；

(6) 除非针对测试系统提供了相关的控制措施，否则敏感数据不要拷贝到测试系统环境中(见 A.14.3)。

其他信息：

开发和测试活动可能引起严重的问题，如文件或系统环境的不期望修改或者系统故障。在这种情况下，有必要保持一种已知的和稳定的环境，在此环境中可执行有意义的测试并防止不适当的开发者访问。

若开发和测试人员访问运行系统及其信息，那么他们可能会引入未授权和未测试的代码或改变运行数据。在某些系统中，这种能力可能被误用于实施欺诈，或引入未测试的、恶意的代码，从而导致严重的运行问题。

开发者和测试者还造成对运行信息保密性的威胁。如果开发和测试活动共享同一计算环境，那么可能引起非故意的软件和信息的变更。因此，为了减少意外变更或未授权访问运行软件和业务数据的风险，分离开发、测试和运行环境是有必要的(见 A.14.3 的测试数据保护)。

A.12.2　恶意软件防护

目标：确保对信息和信息处理设施进行恶意软件防护。

A.12.2.1　控制恶意软件

控制措施：

宜实施恶意软件的检测、预防和恢复的控制措施，以及适当的提高用户安全意识。

实施指南：

防范恶意软件宜基于恶意代码检测、修复软件、安全意识、适当的系统访问和变更管理控制措施。宜考虑下列指南。

(1) 建立禁止使用未授权软件的正式策略(见 A.14.2)。

(2) 实施防止或检测使用非授权软件的控制措施(如应用程序白名单)。

(3) 实施防止或检测已知的及可疑的恶意网站的使用(如黑名单)。

(4) 建立防范风险的正式策略,该风险与来自或经由外部网络或在其他介质上获得的文件和软件相关,此策略指示要采取什么保护措施。

(5) 降低可能被恶意软件利用的技术脆弱性,如通过技术脆弱性管理(见 A.12.6)。

(6) 对支持关键业务过程系统中的软件和数据内容进行定期评审,要正式调查存在的任何未批准的文件或未授权的修正。

(7) 安装和定期更新恶意软件检测和修复软件来扫描计算机和介质,以作为预防控制或作为例行程序的基础,执行的扫描要包括如下内容。

① 从网络上或通过任何形式存储介质接收的文件在使用之前,宜进行恶意软件扫描。

② 电子邮件附件和下载内容在使用之前,宜进行恶意软件扫描;该扫描要在不同位置进行,例如,在电子邮件服务器、台式计算机或进入组织的网络时。

③ 对 Web 页面进行恶意软件扫描。

(8) 定义关于系统恶意软件防护、它们使用的培训、恶意软件攻击报告和从中恢复的管理规程和职责。

(9) 制定适当的从恶意软件攻击中恢复的业务连续性计划,包括所有必要的数据和软件的备份以及恢复安排(见 A.12.3)。

(10) 实施规程定期收集信息,如订阅邮件列表和/或核查提供新恶意软件的 Web 站点。

(11) 实施检验与恶意软件相关信息的规程,并确保报警公告是准确情报;管理人员宜确保使用合格的来源(如声誉好的期刊、可靠的 Internet 网站或防范恶意软件的供应商),以区分虚假的和实际的恶意软件;要让所有用户了解欺骗问题,以及在收到它们时要做什么。

(12) 隔离可能导致灾难性影响的环境。

其他信息:

在信息处理环境中使用来自不同供应商的防范恶意软件的两个或多个软件产品,能改进恶意软件防护的有效性。

宜注意防止在实施维护和紧急规程期间引入恶意软件,因为它们可能旁路正常的恶意软件防护的控制措施。

在某种情况下,恶意软件防护可能会对运行造成干扰。

单独使用恶意软件检测或修复软件作为恶意软件控制措施是不充分的,通常需要配有防止恶意软件引入的操作规程。

A.12.3 备份

目标:为了防止数据丢失。

A.12.3.1 信息备份

控制措施:

宜按照已设的备份策略,定期备份和测试信息、软件及系统镜像。

实施指南:

宜建立备份策略,以定义组织信息、软件和系统备份的要求。

备份策略宜明确保留和保护要求。

宜提供足够的备份设施,以确保所有必要的信息和软件能在灾难或介质故障后进行恢复。当设计备份方案时，宜考虑下列条款：

(1) 要建立备份副本的准确完整的记录和文件化的恢复规程；

(2) 备份的程度(如全部备份或部分备份)和频率要反映组织的业务要求、涉及信息的安全要求和信息对组织持续运作的关键度；

(3) 备份要存储在一个远程地点，有足够距离，以避免主办公场遭受所灾难时受到损坏；

(4) 要给予备份信息一个与主办公场所应用标准相一致的适当的物理和环境保护等级；

(5) 宜定期测试备份介质，以确保当必要的应急使用时可以依靠这些备份介质；测试过程宜结合恢复测试规程执行并查验恢复所要求的时间。恢复备份数据能力的测试宜通过专用测试介质进行，不能靠复写原始介质进行，以防止恢复过程出现故障造成不可修复的损坏或数据丢失；

(6) 在保密性十分重要的情况下，备份要通过加密方法进行保护。

操作规程宜监视备份的执行过程，并处理定期备份中的故障，以确保按照备份策略完成备份。

各个系统和服务的备份安排宜定期测试以确保它们满足业务连续性计划的要求。对于关键的系统和服务，备份安排宜包括在发生灾难时恢复整个系统所必要的所有系统信息、应用和数据。

宜确定最重要业务信息的保存周期以及对要永久保存的档案拷贝的任何要求。

A.12.4　日志和监视

目标：记录事态和生成证据。

A.12.4.1　事态记录

控制措施：

宜产生记录用户活动、异常情况、故障和信息安全事态的事态日志，并保持定期评审。

实施指南：

事态日志宜在需要时包括：

(1) 用户 ID；

(2) 系统活动；

(3) 日期、时间和关键事态的细节，如登录和退出；

(4) 若有可能，设备身份或位置以及系统身份；

(5) 成功的和被拒绝的对系统尝试访问的记录；

(6) 成功的和被拒绝的对数据以及其他资源尝试访问的记录；

(7) 系统配置的变更；

(8) 特殊权限的使用；

(9) 系统实用工具和应用程序的使用；

(10) 访问的文件和访问类型；

(11) 网络地址和协议；

(12) 访问控制系统引发的警报；

(13) 防护系统的激活和停用，如防病毒系统和入侵检测系统；

(14) 应用系统中用户执行的交易记录。

事态记录成为自动监视系统的基础,该系统可以提供综合报告并且能够针对系统安全提供告警。

其他信息:

事态日志包含敏感数据和个人身份信息,宜采取适当的隐私保护措施(见 A.18.1.4)。可能时,系统管理员不宜有删除或停用他们自己活动日志的权限(见 A.12.4.3)。

A.12.4.2 日志信息的保护控制措施

记录日志的设施和日志信息宜加以保护,以防止篡改和未授权的访问。

实施指南:

宜实施控制措施以防止日志信息被未授权更改以及日志设施出现操作问题,包括:

(1) 更改已记录的消息类型;

(2) 日志文件被编辑或删除;

(3) 超越日志文件介质的存储容量,导致不能记录事态或过去记录事态被写覆盖。

一些审计日志可能需要被存档,以作为记录保持策略的一部分或由于收集和保留证据的要求(见 A.16.1.7)。

其他信息:

系统日志通常包含大量的信息,其中许多与信息安全监视无关。为帮助识别出对信息安全监视目的有重要意义的事态,宜考虑将相应的消息类型自动地复制到第2份日志和/或使用适合的系统实用工具或审计工具执行文件查询及规范化。

需要保护系统日志,因为如果其中的数据被修改或删除,可能导致一个错误的安全判断。实时复制日志到系统管理员和操作员控制范围外的系统,可用于日志防护。

A.12.4.3 管理员和操作员日志

控制措施:

系统管理员和系统操作员的活动宜记入日志,保护日志并定期评审。

实施指南:

特权用户账户持有人可操作其直接控制下的信息处理设施日志。因此,为保持特权用户的可审计性,保护和评审日志是必要的。

其他信息:

对在系统和网络管理员控制之外进行管理的入侵检测系统可以用来监视系统和网络管理活动的符合性。

A.12.4.4 时钟同步

控制措施:

一个组织或安全域内的所有相关信息处理设施的时钟宜使用单一参考时间源进行同步。

实施指南:

宜记录时间表示、同步和精确的内部及外部要求,这些要求符合法律、法规及合同要求,同时也符合标准一致性或内部监视要求。宜定义标准参考时间用于组织内。

宜记录和实施组织从外部源获取参考时间的方法以及如何同步内部时钟并保证可靠性。

其他信息：

正确设置计算机时钟对确保审计记录的准确性是重要的，审计日志可用于调查或作为法律、纪律处理的证据。不准确的审计日志可能妨碍调查，并损害这种证据的可信性。链接到国家原子钟无线电广播时间的时钟可用于记录系统的主时钟。可以用网络时间协议保持所有服务器与主时钟同步。

A.12.5　运行软件的控制

目标：确保运行系统的完整性。

A.12.5.1　在运行系统上安装软件

控制措施：

宜实施规程来控制在运行系统上安装软件。

实施指南：

为控制运行系统的软件变更，宜考虑下列指南。

(1) 要仅由受过培训的管理员，根据合适的管理授权(见 A.9.4.5)，进行运行软件、应用和程序库的更新。

(2) 运行系统要仅安装经过批准的可执行代码，不安装开发代码和编译程序。

(3) 应用和操作系统软件要在大范围的、成功的测试之后才能实施；这种测试要包括实用性、安全性、对其他系统的影响和用户友好性的测试，且测试要在独立的系统上完成(见 A.12.1.4)；要确保所有对应的程序源库已经更新。

(4) 要使用配置控制系统对所有已开发的软件和系统文件进行控制。

(5) 在变更实施之前要有还原的策略。

(6) 要维护对运行程序库的所有更新的审计日志。

(7) 要保留应用软件的先前版本作为应急措施。

(8) 软件的旧版本，连同所有需要的信息和参数、规程、配置细节以及支持软件，以及进行与归档数据具有相同保留期的归档。

在运行系统中所使用的由厂商供应的软件宜在供应商支持的级别上加以维护。一段时间后，软件供应商停止支持旧版本的软件。组织宜考虑依赖于这种不再支持的软件的风险。

升级到新版的任何决策宜考虑变更的业务要求和新版的安全，即引入的新安全功能或影响该版本安全问题的数量和严重程度。当软件补丁有助于消除或减少安全弱点(见 A.12.6)时宜使用软件补丁。

必要时在管理者批准的情况下，仅为了支持目的，才授予供应商物理或逻辑访问权。宜监督供应商的活动(见 A.15.2.1)。

计算机软件可能依赖于外部提供的软件和模块，宜对这些产品进行监视和控制，以避免可能引入安全弱点的非授权的变更。

A.12.6　技术脆弱性管理

目标：防止技术脆弱性被利用。

A.12.6.1　技术脆弱性的控制

控制措施：

宜及时得到现用信息系统技术脆弱性的信息，评价组织对这些脆弱性的暴露程度，并采取适当的措施来处理相关的风险。

实施指南：

当前的、完整的资产清单(见 A.8)是进行有效技术脆弱性管理的先决条件。支持技术脆弱性管理所需的特定信息包括软件供应商、版本号、部署的当前状态(如在什么系统上安装什么软件),以及组织内负责软件的人员。

宜采取适当的、及时的措施以响应潜在的技术脆弱性。建立有效的技术脆弱性管理过程宜遵循下列指南。

(1) 组织要定义和建立与技术脆弱性管理相关的角色和职责,包括脆弱性监视、脆弱性风险评估、打补丁、资产追踪和任意需要的协调责任。

(2) 用于识别相关的技术脆弱性和维护有关这些脆弱性的认识的信息资源,要被识别用于软件和其他技术(基于资产清单,见 A.8.1.1)；这些信息资源要根据清单的变更而更新,或当发现其他新的或有用的资源时,也要更新。

(3) 要制定时间表对潜在的相关技术脆弱性的通知做出反应。

(4) 一旦潜在的技术脆弱性被确定,组织要识别相关的风险并采取措施；这些措施可能包括对脆弱的系统打补丁和/或应用其他控制措施。

(5) 按照技术脆弱性需要解决的紧急程度,要根据变更管理相关的控制措施(见 A.12.1.2),或者遵照信息安全事件响应规程(见 A.16.1.5)采取措施。

(6) 如果有可用的补丁,要评估与安装该补丁相关的风险(脆弱性引起的风险要与安装补丁带来的风险进行比较)。

(7) 在安装补丁之前,要进行测试与评价,以确保它们是有效的,且不会导致不能容忍的负面影响；如果没有可用的补丁,要考虑其他控制措施,例如：

① 关闭与脆弱性有关的服务和功能；

② 调整或增加访问控制措施,如在网络边界上添加防火墙(见 A.13.1)；

③ 增加监视以检测实际的攻击；

④ 提高脆弱性意识。

(8) 要对所有执行的规程进行日志审计。

(9) 要定期对技术脆弱性管理过程进行监视和评价,以确保其有效性和效率。

(10) 处于高风险中的系统要首先解决。

(11) 一个有效的技术脆弱性管理过程宜符合事件管理活动,沟通事件响应的功能脆弱性数据,并提供处置所发生事件的技术规程。

(12) 宜定义一个规程说明脆弱性已经被识别但没有适当防范措施的情况。在这种情况下,组织宜评估已知脆弱性的相关风险并确定适当的检测或纠正措施。

其他信息：

技术脆弱性管理可被看作是变更管理的一个子功能,因此可以利用变更管理的过程和规程(见 A.12.1.2 和 A.14.2.2)。

供应商往往是在很大的压力下发布补丁。因此,补丁可能不足以解决该问题,并且可能存在副作用。而且,在某些情况下,一旦补丁被安装后,很难被卸载。

如果不能对补丁进行充分的测试,如由于成本或资源缺乏,那么可以考虑推迟打补丁,以便基于其他用户报告的经验来评价相关的风险。使用 ISO/IEC 27031 是有益的。

A.12.6.2 限制软件安装

控制措施：

宜建立和实施软件安装的用户管理规则。

实施指南：

组织宜定义和加强用户可安装软件类型的限制策略。

宜应用最小授权原则，如果授予一定的权限，用户则有安装软件的能力。组织宜确定什么类型软件允许安装（如现有软件的更新和安全补丁）和什么类型软件禁止安装（如仅为个人使用的软件以及其谱系可能存在未知或可疑恶意代码的软件）。宜根据用户的角色进行权限的授予。

其他信息：

若计算机设备上的软件安装失控，则可能导致脆弱性，进而导致信息泄露、完整性破坏或其他信息安全事件，或者是侵犯知识产权。

A.12.7 信息系统审计考虑

目标：将运行系统审计活动的影响最小化。

A.12.7.1 信息系统审计控制措施

控制措施：

涉及对运行系统验证的审计要求和活动，宜谨慎地加以规划并取得批准，以便使造成业务过程中断最小化。

实施指南：

宜遵守下列指南：

(1) 要与合适的管理者商定访问系统和数据的审计要求；

(2) 要商定和控制技术审计测试的范围；

(3) 审计测试仅限于对软件和数据的只读访问；

(4) 非只读的访问要仅用于对系统文件的单独副本，当审计完成时，要擦除这些副本，或者按照审计文件要求，具有保留这些文件的义务，则要给予适当的保护；

(5) 要识别和商定特定的或另外的处理要求；

(6) 若审计测试会影响系统的可用性，则宜在非业务时间进行测试；

(7) 要监视和记录所有访问，以产生参照踪迹。

A.13 通信安全

A.13.1 网络安全管理

目标：确保网络中信息的安全性并保护支持性信息处理设施。

A.13.1.1 网络控制

控制措施：

宜管理和控制网络，以保护系统中信息和应用程序的安全。

实施指南：

宜实施控制措施，以确保网络上的信息安全、防止未授权访问所连接的服务。特别是宜考虑下列条款：

(1) 要建立网络设备管理的职责和规程；

(2) 若合适，网络的操作职责要与计算机操作分开（见 A.6.1.5）；

(3) 要建立专门的控制,以防护在公用网络上或无线网络上传递数据的保密性和完整性,并且保护已连接的系统及应用(见 A.10 和 A.13.2);为维护所连接的网络服务和计算机的可用性,还可以要求专门的控制;

(5) 为记录和检测可能影响信息安全或与之相关的活动,要使用适当的日志记录和监视措施;

(6) 为优化对组织的服务和确保在信息处理基础设施上始终如一地应用若干控制措施,要紧密地协调管理活动;

(7) 网络系统宜被鉴别;

(8) 系统接入网络宜被限制。

其他信息:

关于网络安全的另外信息参见 IS0/IEC 27033 网络安全。

A.13.1.2 网络服务安全

控制措施:

安全机制、服务级别以及所有网络服务的管理要求宜予以确定并包括在所有网络服务协议中,无论这些服务是由内部提供的还是外包的。

实施指南:

网络服务提供商以安全方式管理商定服务的能力宜予以确定并定期监视,还宜商定审核的权利。

宜识别特殊服务的安全安排,如安全特性、服务级别和管理要求。组织宜确保网络服务提供商实施了这些措施。

其他信息:

网络服务包括接入服务、私有网络服务、增值网络和受控的网络安全解决方案,如防火墙和入侵检测系统。这些服务既包括简单的未受控的带宽也包括复杂的增值的提供。

网络服务的安全特性可以是:

(1) 为网络服务应用的安全技术,如鉴别、加密和网络连接控制;

(2) 按照安全和网络连接规则,网络服务的安全连接需要的技术参数;

(3) 若必要,网络服务使用规程,以限制对网络服务或应用的访问。

A.13.1.3 网络隔离

控制措施:

宜在网络中隔离信息服务、用户及信息系统。

实施指南:

管理大型网络安全的一种方法是将该网络分成独立的网络域,选择网络域可基于可信级别(如公共访问域、桌面终端域、服务器域),也可基于独立的组织单元(如人力资源、财务、市场)或一些组合(如连接多个组织单元的服务器域)。不同的网络之间通过物理方式或通过逻辑方式隔离(如虚拟专用网络)。

宜明确每个域的边界。网络域之间的访问是允许的,但宜通过在边界安装网关(如防火墙、过滤路由器)进行控制。宜基于对每个域安全要求的评估结果,确定网络域隔离准则和通过网关所允许的访问。评估宜遵循访问控制策略(见 9.1.1)、访问要求、所处理信息的价值和类别,还宜考虑到相关成本和加入适合的网关技术的性能影响。

由于无线网络的周边不好定义，因此其要求宜特别处理。对于敏感环境，宜考虑将所有无线访问作为外部连接处理（见 A.9.4.2），并且在允许访问内部网络之前，从内网中隔离无线访问，直到已经按照网络控制策略（见 A.13.1.1）通过网关访问。

当正确实施基于无线网络的身份鉴别、加密和用户层网络访问控制现代技术标准时，对于直接接入组织内部网络可能是充分的。

其他信息：

正在日益扩展的网络超出了组织边界，因为形成的业务伙伴可能需要信息处理和网络设施的互连或共享。这样的扩展可能增加对使用此网络的组织的信息系统进行未授权访问的风险，其中的某些系统由于其敏感性或关键性可能需要防范其他的网络用户。

A.13.2　信息传递

目标：保持组织内以及与组织外信息传递的安全。

A.13.2.1　信息传递策略和规程

控制措施：

宜有正式的传递策略、规程和控制措施，以保护通过使用各种类型通信设施的信息传递。

实施指南：

使用通信设施进行信息传递的规程和控制宜考虑下列条款。

(1) 设计用来防止传递信息遭受截取、复制、修改、错误寻址和破坏的规程。

(2) 检测和防止可能通过使用电子通信传输的恶意软件的规程（见 A.12.2.1）。

(3) 保护以附件形式传输的敏感电子信息的规程。

(4) 简述通信设施可接受使用的策略或指南（见 A.8.1.3）。

(5) 个人、外部方和所有其他使用人员不危害组织的职责，如诽谤、扰乱、扮演、链信息传递、未授权购买等。

(6) 密码技术的使用，如保护信息的保密性、完整性和真实性（见 A.10）。

(7) 所有业务通信（包括消息）的保持和处理指南，要与相关国家和地方法律法规一致。

(8) 与通信设施相关的控制措施和限制，如将电子邮件自动转发到外部邮件地址。

(9) 建议工作人员，为不泄露敏感信息他们要采取相应预防措施。

(10) 不要将包含机密信息的消息留在应答机上，因为可能被未授权个人重放，也不能留在公用系统或者由于误拨号而被不正确地存储。

(11) 建议工作人员关于传真机或传真服务的使用问题，即

① 未授权访问内置消息存储器，以检索消息；

② 有意或无意地对传真机编程，将消息发送给特定的电话号码；

③ 由于误拨号或使用错误存储的号码将文件和消息发送给错误的电话号码。另外，宜提醒工作人员，不要在公共场所、开放办公室和会场以及不要通过不安全的通信渠道进行保密会谈。

信息传递服务宜符合所有相关的法律要求（见 A.18.1）。

其他信息：

可能通过使用多种不同类型的通信设施进行信息传递，如电子邮件、声音、传真和视频。

可能通过多种不同类型的介质进行软件传递，包括从互联网下载和从出售现货的供应

商处获得。

宜考虑与电子数据交换、电子商务、电子通信和控制要求相关的业务、法律和安全含义。

A.13.2.2 信息传递协议

控制措施：

协议宜解决组织与外部方之间业务信息的安全传递。

实施指南：

信息传递协议宜考虑以下安全条款：

(1) 控制和通知传输、分派和接收的管理职责；

(2) 确保可追溯性和不可抵赖性的规程；

(3) 打包和传输的最低技术标准；

(4) 有条件转让契约；

(5) 送信人标识标准；

(6) 如果发生信息安全事件的职责和义务，如数据丢失；

(7) 商定的标记敏感或关键信息的系统的使用，确保标记的含义能直接理解，信息受到适当的保护(见A.8.2)；

(8) 记录和阅读信息和软件的技术标准；

(9) 为保护敏感项，可以要求任何专门的控制措施，如加密(见A.10)；

(10) 维护传输中信息的保管链；

(11) 可接受的访问控制级别。

宜建立和保持策略、规程和标准，以保护传输中的信息和物理介质(见A.8.3.3)，这些还宜在传递协议中进行引用。

任何协议的安全内容宜反映涉及的业务信息的敏感度。

其他信息：

协议可以是电子的或手写的，可能采取正式合同的形式。对机密信息而言，信息传递使用的特定机制对于所有组织和各种协议宜是一致的。

A.13.2.3 电子消息发送

控制措施：

包含在电子消息发送中的信息宜给予适当的保护。

实施指南：

电子消息发送的信息安全考虑宜包括以下方面：

(1) 防止消息遭受未授权访问、修改或拒绝服务攻击，与组织采取的分类方案对应；

(2) 确保正确的寻址和消息传输；

(3) 服务的可靠性和可用性；

(4) 法律方面的考虑，如电子签名的要求；

(5) 在使用外部公共服务(如即时消息、社交网络或文件共享)前获得批准；

(6) 更强的用以控制从公开可访问网络进行访问的鉴别级别。

其他信息：

电子消息(如电子邮件、电子数据交换、社交网络)在业务通信中充当一个日益重要的角色。

A.13.2.4　保密性或不泄露协议

控制措施：

宜识别、定期评审并记录反映组织信息保护需要的保密性或不泄露协议的要求。

实施指南：

保密或不泄露协议宜使用合法可实施条款来解决保护保密信息的要求。保密或不泄露协议适用于外部各方和组织的员工。宜根据其他团体的类型以及允许其访问或处理的机密信息选择或增加条款。要识别保密或不泄露协议的要求，宜考虑下列因素：

(1) 定义要保护的信息(如保密信息)；

(2) 协议的期望持续时间，包括不确定地需要维持保密性的情形；

(3) 协议终止时所需的措施；

(4) 签署者的职责和行为，以避免未授权信息泄露；

(5) 信息、商业秘密和知识产权的所有权，及其如何与保密信息保护相关；

(6) 保密信息的许可使用，及签署者使用信息的权力；

(7) 对涉及保密信息的活动的审核和监视权力；

(8) 未授权泄露或保密信息破坏的通知和报告过程；

(9) 关于协议终止时信息归档或销毁的条款；

(10) 违反协议时期望采取的措施。

基于一个组织的信息安全要求，在保密性或不泄露协议中可能需要其他因素。

保密性和不泄露协议宜针对它适用的管辖范围遵循所有适用的法律法规(见A.18.1)。保密性和不泄露协议的要求宜进行周期性评审，当发生影响这些要求的变更时，也宜进行评审。

其他信息：

保密性和不泄密协议保护组织信息，并告知签署者职责，以授权、负责的方式保护、使用和公开信息。

对于一个组织来说，可能需要在不同环境中使用保密性或不泄密协议的不同格式。

A.14　系统获取、开发和维护

A.14.1　信息系统的安全要求

目标：确保信息安全是信息系统整个生命周期中的一个有机组成部分。这也包括提供公共网络服务的信息系统的要求。

A.14.1.1　信息安全要求分析和说明

控制措施：

信息安全相关要求宜包括新的信息系统要求或增强已有信息系统的要求。

实施指南：

宜采用不同方法识别信息安全要求，如遵从策略和法规要求、威胁模型、事件评审以及脆弱性阈值等方法。宜记录识别结果并确保通过利益相关者评审。

信息安全要求和控制措施宜反映出所涉及的信息资产的业务价值(见A.8.2)，和可能由于安全措施不足引起的潜在的业务负面影响。

信息安全要求的识别和处理以及相关的过程宜在信息系统项目的早期阶段被集成。越早考虑信息安全要求(如在设计阶段)则越可能产生更有效及更符合成本效益的结果。

信息安全要求宜考虑：

(1) 为了获得用户身份鉴别要求,需要确认用户所宣称身份的信任级别；

(2) 访问资源调配与授权过程,对于业务用户与特权用户或技术用户是相同的；

(3) 告知用户和操作员权限及职责；

(4) 涉及的资产需要所要求的保护,特别是可用性、保密性和完整性；

(5) 源自业务过程的要求,如交易记录、监视和抗抵赖等要求；

(6) 其他安全控制强制的要求,如日志记录和监视或数据泄露检测系统之间的接口。通过公共网络提供服务或者实施交易的应用,其专用控制措施宜在 A.14.1.2 和 A.14.1.3 考虑。

如果购买产品,宜遵循一个正式的测试和获取过程。与供应商签订的合同宜给出已确定的安全要求。如果推荐的产品的安全功能不能满足安全要求,那么在购买产品之前宜重新考虑引入的风险和相关控制措施。

系统中承载最终软件或服务的产品的安全配置指南宜被评估和实施。

宜定义所接收产品的准则,例如产品的功能条款,以确保满足已识别的安全要求。在获取产品之前宜对准则进行评估。宜对附加功能进行评审,以确保没有引入不可接受的、另外的风险。

其他信息：

ISO/IEC 27005 和 ISO 31(8)提供了使用风险管理过程确定安全控制措施满足信息安全要求的指南。

A.14.1.2　公共网络应用服务安全

控制措施：

宜保护公共网络中的应用服务信息,以防止欺骗行为、合同纠纷、未授权泄露和修改。

实施指南：

通过公共网络的应用服务的信息安全,宜考虑下列条款：

(1) 在彼此声称的身份中,每一方要求的信任级别,如通过鉴别；

(2) 与谁确定批准内容、发布或签署关键交易文件相关的授权过程；

(3) 确保合作伙伴完全接到他们所提供或使用服务的授权通知；

(4) 决定并满足保密性、完整性和关键文件的分发和接收的证明以及合同不可抵赖性方面的要求,如关于提出和订约过程；

(5) 关键文档完整性所要求的可信级别；

(6) 任何保密信息的保护要求；

(7) 任何订单交易、支付信息、交付地址细节和接收确认的保密性和完整性；

(8) 适于验证用户提供的支付信息的验证程度；

(9) 为防止欺诈,选择最适合的支付解决形式；

(10) 为保持订单信息的保密性和完整性要求的保护级别；

(11) 避免交易信息的丢失或复制；

(12) 与所有欺诈交易相关的责任；

(13) 保险要求。

上述许多考虑可以通过应用密码技术来实现,还要考虑符合法律要求(见 A.18.1.5 密码法规)。

宜通过文件化的协议来支持合作伙伴之间的应用服务安排,该协议使双方致力于商定的服务条款,包括授权细节(见上述(2))。

宜考虑受攻击后的恢复要求,包括保护所涉及应用服务的要求或确保所提供服务可用性的网络互连要求。

其他信息:

通过公共网络访问的应用受到一系列的相关网络威胁,如欺诈活动、合同争端或信息泄露给公众。因此,详细的风险评估和控制措施的正确选择是必不可少的。控制措施要求通常包括身份鉴别和数据安全传递的加密方法。

应用服务能利用安全鉴别方法(如使用公开密钥系统和数字签名(见 A.10))以减少风险。另外,当需要这些服务时,可使用可信第三方。

A.14.1.3　*保护应用服务交易 控制措施*

宜保护涉及应用服务交易的信息,以防止不完整传送、错误路由、未授权消息变更、未授权泄露、未授权消息复制或重放。

实施指南:

应用服务交易的信息安全考虑宜包括如下几方面。

(1) 交易中涉及的每一方的电子签名的使用。

(2) 交易的所有方面,即确保:

① 各方的用户秘密鉴别信息是有效的并经过验证的;

② 交易是保密的;

③ 保留与涉及的各方相关的隐私。

(3) 加密涉及的各方间的通信路径。

(4) 在涉及的各方之间通信的协议是安全的。

(5) 确保交易细节存储于任何公开可访问环境之外(如存储于组织内部互联网的存储平台),不留在或暴露于互联网可直接访问的存储介质上。

(6) 当使用一个可信权威(如为了颁布及维护数字签名和/或数字认证)时,安全可集成嵌入到整个端到端认证/签名管理过程中。

其他信息:

采用控制措施的程度要对应于应用服务交易的每个形式相关的风险级别。

交易需要符合交易产生、处理、完成和/或存储的管辖区域的法律、法规要求。

A.14.2　*开发和支持过程中的安全*

目标:宜确保进行信息安全设计,并确保其在信息系统开发生命周期中实施。

A.14.2.1　*安全开发策略*

控制措施:

宜建立软件和系统开发规则,并应用于组织内的开发。

实施指南:

安全开发是建立安全服务、安全架构、安全软件和系统的要求。基于一个安全开发策略,以下方面宜考虑。

(1) 开发环境安全。

(2) 软件开发生命周期中的安全指南。

① 软件开发方法的安全;

② 所使用每种程序语言的安全编码指南。

(3) 设计阶段的安全要求。

(4) 项目里程碑中的安全核查点。

(5) 安全知识库。

(6) 安全版本控制。

(7) 所要求的应用安全知识。

(8) 开发人员避免、发现和修复脆弱性的能力。

用于新开发和代码重用两种情况的安全编程技术,开发所应用的标准可能是未知的或者与当前最佳实践是不一致的。宜考虑安全编码标准并且强制使用,宜对开发人员进行他们所使用、测试或代码评审的标准进行培训,并进行验证。

如果是外包开发,组织宜确保外部方遵从这些安全开发规则(见 A.14.2.7)。

其他信息:

开发也可能发生在应用中,如办公应用、脚本、浏览器和数据库等。

A.14.2.2　*系统变更控制规程*

控制措施:

宜通过使用正式变更控制程序控制开发生命周期中的系统变更。

实施指南:

宜将正式的变更控制规程文件化,并从早期设计阶段到所有后续的维护强制实施,以确保系统、应用和产品的完整性。引入新系统和对已有系统进行大的变更宜按照从文件、规范、测试、质量控制到实施管理这个正式的过程进行。

这个过程宜包括风险评估、变更影响分析和所需的安全控制措施规范。这一过程还宜确保不损害现有的安全和控制规程,确保支持程序员仅能访问系统中其工作那些必要的部分,确保任何变更要获得正式商定和批准。

只要可行,应用和运行变更控制规程宜集成起来(见 A.12.1.2)。该变更规程宜包括但不局限于:

(1) 维护所商定授权级别的记录;

(2) 确保由授权的用户提交变更;

(3) 评审控制措施和完整性规程,以确保它们不因变更而损害;

(4) 识别需要修正的所有软件、信息、数据库实体和硬件;

(5) 识别和核查关键代码安全,以最小化出现已知安全弱点的可能性;

(6) 在工作开始之前,获得对详细建议的正式批准;

(7) 确保已授权的用户在实施之前接受变更;

(8) 确保在每个变更完成之后更新系统文件设置,并将旧文件归档或丢弃;

(9) 维护所有软件更新的版本控制;

(10) 维护所有变更请求的审核踪迹;

(11) 当必要时,确保对操作文件(见 A.12.1.1)和用户规程做合适的变更;

(12) 确保变更的实施发生在正确的时刻,并且不干扰所涉及的业务过程。

其他信息：

变更软件会影响运行环境，反之亦然。

良好的惯例包括在一个与生产与开发环境隔离（见A.12.1.4）的环境中测试新软件。这提供对新软件进行控制和允许对被用于测试目的的运行信息给予附加保护的手段。这宜包括补丁、服务包和其他更新。

在考虑自动更新的情况，宜权衡系统的完整性及可用性风险与加速更新带来好处之间的关系。不宜在关键系统中使用自动更新，因为某些更新可能会导致关键应用程序的失败。

A.14.2.3　运行平台变更后应用的技术评审

控制措施：

当运行平台发生变更时，宜对业务的关键应用进行评审和测试，以确保对组织的运行和安全没有负面影响。

实施指南：

这一过程宜涵盖：

(1) 评审应用控制和完整性规程，以确保它们不因操作系统变更而损害；

(2) 确保及时提供运行平台变更的通知，以便于在实施之前进行合适的测试和评审；

(3) 确保对业务连续性计划进行合适的变更。

其他信息：

运行平台包括操作系统、数据库管理系统、中间件平台。控制措施也适用于应用的变更。

A.14.2.4　软件包变更的限制

控制措施：

宜对软件包的修改进行劝阻，只限于必要的变更，且对所有的变更加以严格控制。

实施指南：

如果可能且可行，宜使用厂商提供的软件包，而无须修改。在需要修改软件包时，宜考虑下列要点：

(1) 内置控制措施和完整性过程被损害的风险；

(2) 是否获得厂商的同意；

(3) 当标准程序更新时，从厂商获得所需要变更的可能性；

(4) 作为变更的结果，组织要负责进一步维护此软件的影响；

(5) 使用其他软件的兼容性。

如果变更是必要的，则原始软件宜保留，并将变更应用于已明显指定的副本。宜实施软件更新管理过程，以确保最新批准的补丁和应用更新已经安装在所有的授权软件中（见A.12.6.1）。宜充分测试所有变更，并将其形成文件，若必要，可以使它们重新应用于进一步的软件升级。如果必要，所有的更新宜由独立的评估机构进行测试和确认。

A.14.2.5　安全系统工程原则

控制措施：

宜建立、记录和维护安全系统工程原则，并应用到任何信息系统实施工作。

实施指南：

基于安全工程原则的安全信息系统工程原则宜被建立、文件化、应用于内部信息系统工程活动。宜在所有结构层(业务、数据、应用和技术)进行安全设计,平衡所需辅助功能的信息安全要求。针对新技术,宜进行安全风险分析和方案评审,防止已知的安全攻击。

宜定期对上述原则和已建立的工程规程进行评审,以确保他们有效推动工程过程的增强安全标准。也确保他们能够保持与时俱进,能够对抗新的潜在的威胁以及适用于技术的发展和所应用的方案。

若适用,安全工程原则宜应用于外包信息系统,该原则通过组织与组织外包供应商之间的合同及其他具有约束力的协议建立。组织宜确认供应商的安全工程原则严格程度与自身是否相当。

其他信息:

在有输入和输出界面的应用开发中,应用开发规程宜采用安全工程技术。安全工程技术提供了用户身份鉴别技术、安全会话控制措施、数据校验、调试代码的净化和清除等的指南。

A.14.2.6 安全开发环境

控制措施:

组织宜建立并适当保护系统开发和集成工作的安全开发环境,覆盖整个系统开发生命周期。

实施指南:

安全开发环境包括系统开发和集成相关的人、过程、技术。

组织宜针对每个系统的开发评估相关风险,并为特定系统开发建立安全开发环境,宜考虑:

(1) 系统处理、存储和传输的敏感数据;

(2) 适用的内部和外部要求,如来自规程或策略;

(3) 组织总是实施支持系统开发的安全控制措施;

(4) 员工工作在诚信的环境中;

(5) 系统开发相关的外包程度;

(6) 不同开发环境之间需要隔离;

(7) 访问开发环境的控制措施;

(8) 环境及其存储代码变更的监视;

(9) 备份异地存储在安全位置;

(10) 数据从一个环境转移到另一个环境的控制措施。

对于特定开发环境,一旦确定保护级别,组织宜在安全开发规程中记录相应的过程,并提供给需要的人。

A.14.2.7 外包开发

控制措施:

组织宜管理和监视外包系统开发活动。

实施指南:

在外包软件开发时,在组织的整个外部供应链中,宜考虑下列要点:

(1) 有关外包内容的许可证安排、代码所有权和知识产权(见 A.18.1.2);

(2) 安全设计、编码和测试实践的合同要求(见 A.14.2.1);

(3) 为外部开发者提供被认可的威胁模型；

(4) 交付物质量和准确性的验收测试；

(5) 用于建立安全和隐私质量最小化可接受级别的安全阈值的证据的条款；

(6) 已应用足够的测试来防止交付过程中有意或无意的恶意内容的证据的条款；

(7) 已应用足够的测试来防止存在已知脆弱性的证据的条款；

(8) 契约安排，如源代码不可用时；

(9) 审核开发过程和控制措施的合同权利；

(10) 用于创建可交付使用的建筑环境有效文档；

(11) 组织保有遵从适用的法律和验证控制措施有效的职责。

其他信息：

关于供应商关系的进一步信息参见 ISO/IEC 27036。

A.14.2.8 系统安全测试

控制措施：

在开发过程中，宜进行安全功能测试。

实施指南：

新系统或更新的系统在开发过程中均需要全面的测试验证，包括准备详细的活动计划安排以及在一定条件下测试输入和期望的输出。作为内部开发，这样的测试首先宜由开发团队进行，然后进行独立的验收测试(包括内部开发和外包开发)以确保系统按预期希望工作(见 A.14.1.1 和 A.14.1.2)。测试的深度宜由系统的重要性和本质确定。

A.14.2.9 系统验收测试

控制措施：

对于新建信息系统和新版本升级系统，宜建立验收测试方案和相关准则。

实施指南：

系统验收测试宜包括信息安全要求测试(见 A.14.1.1 和 A.14.1.2)并遵循系统安全开发事件(见 A.14.2.1)，宜进行单元测试和系统集成测试。组织可利用自动化工具，如代码分析工作或脆弱性扫描器，同时宜验证安全相关缺陷的修复。

测试宜在现实测试环境中执行，以确保系统不会给组织环境引入脆弱性，并确保测试是可靠的。

A.14.3 测试数据

目标：确保保护测试数据。

A.14.3.1 系统测试数据的保护

控制措施：

测试数据宜认真地加以选择、保护和控制。

实施指南：

宜避免使用包含个人身份信息或其他机密信息的运行数据库用于测试。如果测试使用了个人身份信息或其他机密信息，那么在使用之前宜去除或修改所有的敏感细节和内容(见 ISO/IEC 29101)。

当用于测试时，宜使用下列指南保护运行数据：

(1) 要用于运行应用系统的访问控制规程，还应用于测试应用系统；

(2) 运行信息每次被复制到测试应用系统时要有独立的授权;

(3) 在测试完成之后,要立即从测试应用系统中清除运行信息;

(4) 要记录运行信息的复制和使用日志以提供审核踪迹。

其他信息:

系统和验收测试常常要求尽可能接近运行数据的测试数据。

A.15 供应商关系

A.15.1 供应商关系的信息安全

目标:确保保护可被供应商访问的组织资产。

A.15.1.1 供应商关系的信息安全策略

控制措施:

为减缓供应商访问组织资产带来的风险,宜与供应商协商并记录相关信息安全要求。

实施指南:

组织宜确定和授权特定说明的供应商,允许其访问组织策略中的信息安全控制措施信息。这些控制措施宜说明组织已实施的过程和规程,以及组织宜要求供应商实施这些过程和规程,包括:

(1) 确定和记录允许访问组织信息的供应商类型,如IT服务、物流服务、金融服务、IT基础组件等;

(2) 管理供应商关系的标准化过程和生命周期;

(3) 定义允许不同类型供应商访问信息的类型,监视和控制访问;

(4) 每种类型信息和访问的最小化安全要求作为单个供应商协议的基础,最小化信息安全要求基于组织的业务需求和要求及其风险轮廓确定;

(5) 监视的过程和规程遵从为每种类型供应商及访问建立的信息安全要求,包括第三方评审和产品验证;

(6) 准确性和完整性控制以确保信息或由任何一方所提供信息处理的完整性;

(7) 为了保护组织信息,适用于供应商的业务类型;

(8) 处理供应商访问相关的事件或突发事件,涉及组织和供应商的职责;

(9) 如果必要,实施复原、恢复和应急计划,确保信息或任何一方所提供信息处理的可用性;

(10) 针对组织参与收购的人员开展意识培训,培训内容涉及收购相关的适当的策略、过程和规程;

(11) 针对与供应商人员交互的组织人员开展意识培训,培训内容涉及基于供应商类型和供应商访问组织系统及信息级别的参与规则和行为;

(12) 在一定条件下,将信息安全要求和控制措施记录在双方签订的协议中;

(13) 管理信息、信息处理设施及其他还需删除的必要过渡,确保整个过渡期的信息安全。

其他信息:

由于对供应商的信息安全管理不充分,可能使信息处于风险中。宜确定和应用控制措施,以管理供应商对信息处理设施的访问。例如,如果对信息的保密性有特殊的要求,就需要使用不泄露协议。另一个例子是当供应商协议涉及信息跨国界传递或访问时保护数据通信风险。组织有必要了解属于组织保护信息的法规和合同职责。

A.15.1.2 处理供应商协议中的安全问题

控制措施：

宜与每个可能访问、处理、存储组织信息、与组织进行通信或为组织提供 IT 基础设施组件的供应商建立并协商所有相关的信息安全要求。

实施指南：

宜建立供应商协议并文件化，以确保在组织和供应商之间关于双方要履行有关信息安全要求的相关义务不存在误解。

为满足识别的信息安全要求，宜考虑将下列条款包含在协议中：

(1) 被提供和访问信息的描述以及提供和访问信息的方法；

(2) 根据组织的分类方案进行信息分类(见 A.8.2)，如果需要，则要将组织自身的分类方案和供应商的分类方案进行映射；

(3) 包括数据保护、知识产权和版权的法律、法规要求，并描述如何确保这些要求得到满足；

(4) 每个合同的合约方有义务执行一套已商定的控制措施，包括访问控制、性能评审、监视、报告和审核；

(5) 信息可接受使用的规则，如果需要也包括不可接受的使用规则；

(6) 授权访问或接收组织信息和规程的供应商人员列表及授权和撤销供应商人员访问或接收组织信息的条件；

(7) 具体合同相关的信息安全策略；

(8) 事件管理要求和规程(特别是事件修复期间的通告和合作)；

(9) 具体规程和信息安全要求的培训和意识要求，如事件响应、授权规程等；

(10) 分包的相关规则，包括需要实施的控制措施；

(11) 相关协议方，包括处理信息安全问题的联系人；

(12) 如有对供应商人员的审查要求，包括实施审查的职责、审查未完成或审查结果引起疑问或关注的通知规程；

(13) 审核供应商协议相关过程和控制措施的权力；

(14) 缺陷和冲突的解决过程；

(15) 供应商有义务定期递交一份关于控制措施有效性的独立报告，并且同意及时纠正报告中提及的问题；

(16) 供应商有义务遵从组织安全要求。

其他信息：

协议会因不同的组织、供应商的不同类型发生很大变化。因此，宜注意要在协议中包括所有相关信息安全风险和要求。供应商协议也可涉及其他方(如分包商)。

在协议中需要考虑当供应商不能提供其产品或服务时的连续处理规程，以避免在安排替代产品或服务时的任何延迟。

A.15.1.3 信息和通信技术供应链

控制措施：

供应商协议宜包括信息和通信技术服务以及产品供应链相关信息安全风险处理的要求。

实施指南：

涉及供应链安全,宜考虑将下列事项包含在供应商协议中：

(1) 除通用供应商关系信息安全要求之外,定义应用于信息和通信技术产品或服务获取的信息安全要求；

(2) 对于信息和通信技术服务而言,如果供应商分包了部分提供给组织的信息和通信技术服务,则要求供应商在整个供应链中普及组织的安全要求；

(3) 对于信息和通信技术产品而言,如果这些产品包括购自其他供应商的组件,则要求供应商在整个供应链中普及适当的安全实践；

(4) 实施监视过程以及验证交付的信息和通信技术产品和服务符合规定安全要求的可接受的方法；

(5) 为保持功能的关键产品或服务组件实施识别过程,当其在组织以外构建,特别是如果顶层供应商将某些产品或服务组件外包给其他供应商时,这些产品或服务组件宜增加关注和审查度；

(6) 获得在整个供应链中可跟踪关键组件及其来源的保障；

(7) 获得已交付信息和通信技术产品按预期运行、无意外或不必要特性的保障；

(8) 在组织和供应商之间,为供应链及其所有潜在问题和损害定义信息共享规则；

(9) 为管理信息和通信技术组件的生命周期以及可用性和相关的安全风险实施专门的过程。这包括管理组件的下列风险：由于供应商不再经营导致组件不可用、由于技术进步导致供应商不再提供这些组件。

其他信息：

专门的信息和通信技术供应链风险管理实践基于通用信息安全、质量、项目管理和系统工程实践,但不会代替它们。

建议组织与供应商一起理解信息和通信技术供应链以及对所提供的产品和服务有重要影响的所有事项。组织可通过在协议中与其供应商澄清宜由其他信息和通信技术供应链中的供应商处理的事项,来影响信息和通信技术供应链信息安全实践。

此处的信息和通信技术供应链包括云计算服务。

A.15.2　供应商服务交付管理

目标：保持符合供应商交付协议的信息安全和服务交付的商定水准。

A.15.2.1　供应商服务的监视和评审

控制措施：

组织宜定期监视、评审和审核供应商服务交付。

实施指南：

供应商服务的监视和评审宜确保坚持协议的信息安全条款和条件,并且信息安全事件和问题得到适当的管理。

这将涉及组织和供应商之间的服务管理关系过程,包括：

(1) 监视服务执行级别以验证对协议的符合度；

(2) 评审由供应商产生的服务报告,安排协议要求的定期进展会议；

(3) 执行供应商审核和独立的审核员报告评审,如有,包括已识别问题的后续跟踪；

(4) 当协议和所有支持性指南及规程需要时,提供关于信息安全事件的信息并实施评审；

(5) 评审供应商的审核踪迹以及关于交付服务的信息安全事态、运行问题、失效、故障追踪和中断的记录；

(6) 解决和管理所有已确定的问题；

(7) 评审自身供应商关系的信息安全方面；

(8) 确保供应商维护足够的服务能力以及可行的工作计划，该计划主要设计用来确保在遇到重大服务故障或灾难时(见 A.17)保持商定的服务连续性级别。

管理与供应商关系的职责宜分配给指定人员或服务管理组。另外，组织宜确保供应商分配了评审符合性和执行协议要求的职责。宜获得足够的技术技能和资源来监视满足协议的要求，特别是信息安全要求。当在服务交付中发现不足时，宜采取适当的措施。

组织宜对供应商访问、处理或管理的敏感或关键信息或信息处理设施的所有安全方面保持充分的、全面的控制和可见度。组织宜确保它们在安全活动中留有可见度，例如变更管理、脆弱性识别以及使用已定义报告过程的信息安全事件报告和响应。

A.15.2.2　供应商服务的变更管理

控制措施：

宜管理供应商服务提供的变更，包括保持和改进现有的信息安全策略、规程和控制措施，并考虑到业务信息、系统和涉及过程的关键程度及风险的再评估。

实施指南：

宜考虑下列方面。

(1) 供应商协议的变更。

(2) 组织要实施的变更。

① 对提供的现有服务的加强；

② 所有新应用和系统的开发；

③ 组织策略和规程的更改或更新；

④ 解决信息安全事件和改进安全的新的或变更的控制措施。

(3) 供应商服务实施的变更：

① 对网络的变更和加强；

② 新技术的使用；

③ 新产品或新版本的采用；

④ 新的开发工具和环境；

⑤ 服务设施物理位置的变更；

⑥ 供应商的变更；

⑦ 分包给另外的供应商。

A.16　信息安全事件管理

A.16.1　信息安全事件和改进的管理

目标：确保采用一致和有效的方法对信息安全事件进行管理，包括安全事件和弱点的传达。

A.16.1.1　职责和规程

控制措施：

宜建立管理职责和规程，以确保快速、有效和有序地响应信息安全事件。

实施指南：

信息安全事件管理的管理职责和规程宜考虑下列指南。

(1) 宜建立管理职责确保以下规程在组织内充分开发和传达：

① 事件响应计划和准备的规程；

② 信息安全事件和事故监视、检测、分析和报告的规程；

③ 记录事件管理活动的规程；

④ 法院依据的处理规程；

⑤ 已确定信息安全事件和信息安全弱点的评估规程。

(2) 建立的规程宜确保：

① 主管人员处理组织内信息安全事件的相关问题；

② 建立安全事件检测和报告联络点；

③ 与处理信息安全事件相关问题的政府部门、外部利益团体或论坛等保持联系。

(3) 报告规程宜包括：

① 准备信息安全事态报告单，以支持报告行为和帮助报告人员记下信息安全事态中的所有必要的行为；

② 信息安全事态发生后要采取的程序，即立即记录下所有的细节(如不符合或违规的类型、出现的故障、屏幕上显示的消息、异常行为)；不要采取任何个人行动，但要立即向联系点报告并且只采取协调行动；

③ 引用一种已制定的正式纪律处理过程，来处理有安全违规行为的雇员；

④ 适当的反馈过程，以确保在信息安全事态处理完成后，能够将处理结果通知给事态报告人。

宜与管理者商定信息安全事件管理的目标，宜确保负责信息安全事件管理的人员理解组织处理信息安全事件的优先顺序。

其他信息：

信息安全事件可能超越组织和国家的边界。为了响应这样的事件，适当时，与外部组织协同响应和共享这些事件的信息的需求日益递增。

A.16.1.2 报告信息安全事态

控制措施：

信息安全事态宜尽可能快地通过适当的管理渠道进行报告。

实施指南：

所有雇员和承包方人员都宜知道他们有责任尽可能快地报告任何信息安全事态。他们还宜知道报告信息安全事态的规程和联系点。

信息安全事态报告宜考虑的情况包括：

(1) 安全控制措施失效；

(2) 违反信息安全完整性、保密性和可用性期望；

(3) 人员失误；

(4) 不符合策略和指南；

(5) 违反物理安全安排；

(6) 未加控制的系统变更；

(7) 软件或硬件故障；

(8) 非法访问。

其他信息：

故障或其他异常的系统行为可能是安全攻击和实际安全违规的显示，因此宜将其当作信息安全事态进行报告。

A.16.1.3　报告信息安全弱点

控制措施：

宜要求使用组织信息系统和服务的所有雇员和承包方人员记录并报告他们观察到的或怀疑的任何系统或服务的安全弱点。

实施指南：

为了预防信息安全事件，所有雇员和承包方人员宜尽可能快地将这些事情报告给他们的联络点。报告机制宜尽可能容易、可访问和可利用。

其他信息：

宜建议雇员和承包方人员不要试图去证明被怀疑的安全弱点。测试弱点可能被看作是潜在的系统误用，还可能导致信息系统或服务的损害，并引起测试人员的法律责任。

A.16.1.4　评估和确定信息安全事态

控制措施：

信息安全事态宜被评估，并且确定是否划分成信息安全事件。

实施指南：

联络点宜利用被认可的信息安全事态和时间等级划分准则评估每一个信息安全事态，确定安全事态是否可以被划分为信息安全事件。事件的等级划分和特征有助于确定事件的影响和动机。

如果组织有信息安全事件响应小组(ISIRT)，则信息安全事件响应小组可以提前评估和决策，以便于确认和再评估。

宜详细记录评估和决策的结果，以便将来参考和验证。

A.16.1.5　信息安全事件响应

控制措施：

宜具有与信息安全事件响应相一致的文件化规程。

实施指南：

信息安全事件宜被指定的联络点及其他组织或外部团体的相关人员响应(见A.16.1.1)。

响应应包括以下内容：

(1) 尽可能地收集发生后的证据；

(2) 若要求，开展信息安全法律证据分析(见A.16.1.7)；

(3) 若要求，上报；

(4) 为了后期分析，确保所有的响应活动为正式记录；

(5) 将存在的信息安全事件或任何相关的细节传达给其他内部和外部人员或者需要知道的组织；

(6) 处理导致信息安全事件起因或有助于其发生的信息安全弱点；

(7) 一旦事件成功处置，正式关闭并记录安全事件。

若必要,宜进行事后事件分析,以确定事件的起因。

其他信息:

事件响应的首要目标是恢复到“正常安全水平”然后启动必要的纠正措施。

A.16.1.6　对信息安全事件的总结

控制措施:

获取信息安全事件分析和解决的知识宜被用户降低将来事件发生的可能性或影响。

实施指南:

宜有一套机制量化和监视信息安全事件的类型、数量和代价。从信息安全事件评价中获取的信息宜用来识别再发生的事件或高影响的事件。

其他信息:

对信息安全事件的评价可以指出需要增强的或另外的控制措施,以限制事件未来发生的频率、损害和费用,或者可以用在安全方针评审过程中(见 A.5.1.2)。

不过不涉及保密方面的问题,宜将真实的信息安全事件的场景作为可能发生信息安全事件的案例用于用户安全意识培训,包括如何对类似事件响应或避免类似安全事件将来发生。

A.16.1.7　证据的收集

控制措施:

组织宜定义和应用识别、收集、获取和保存信息的程序,这些信息可以作为证据。

实施指南:

当为了进行纪律和法律相关的证据,宜制定和遵循内部规程。

总的来说,关于证据的规则宜提供识别、收集、获取、保存证据的过程,并且涉及不同类型的介质、设备和设备状态,例如开机或关机。这些过程宜考虑包括:

(1) 监管链;

(2) 证据的安全性;

(3) 人员的安全性;

(4) 涉及人员的角色和职责;

(5) 人员的能力;

(6) 记录;

(7) 概要。

为了加强保存证据的价值,宜寻求可获得的人员和工具的资质证书或其他相关的资质证明。

证据可以超越组织和/或管辖区域的边界。在这样的情况下,宜确保组织有资格去收集要求的信息做证据。还宜考虑不同管辖区域的要求,以使证据跨越相关管辖区域被允许进入的机会最大化。

其他信息:

识别是收集潜在证据文件和记录的过程。收集是获取可能包括潜在证据的物理事项的过程。采集是创建一个定义数据集副本的过程。保护是保持和维护潜在证据完整性和原始状态的过程。

当一个信息安全事态首次被检测到时,这个事态是否会导致法庭起诉可能不是显而易见的。因此,在认识到事件的严重性之前,存在必要的证据被故意或意外毁坏的危险。可取的做法是在任何预期的法律行为中及早聘请一位律师或警察，以获取所需证据的建议。ISO/IEC 27037为数字证据的识别、收集、获取和保存提供指南。

A.17　业务连续性管理的信息安全方面

A.17.1　信息安全连续性

目标：组织的业务连续性管理体系中宜体现信息安全连续性。

A.17.1.1　信息安全的连续性计划

控制措施：

组织宜确定不利情况下(如一个危机或危难时)信息安全的要求和信息安全管理连续性。

实施指南：

组织宜确定是否将信息安全连续性归为业务连续性管理过程或灾难恢复管理过程。

当规划业务连续性和灾难恢复的时候，宜确定信息安全要求。

缺少正式的业务连续性计划和灾难恢复计划时，信息安全管理宜假定在不利条件下的信息安全要求与正常运行情况下相同。可替代的，组织可开展信息安全方面的业务影响分析，以确定适用于不利条件的信息安全要求。

其他信息：

为了减少对信息安全进行"附件"业务影响分析的时间和工作，建议将信息安全方面的业务影响分析捕获到正常的业务连续性管理和灾难恢复管理的业务影响分析中。表明宜在业务连续性管理或灾难恢复管理过程中明确制定信息安全连续性要求。

ISO/IEC 27031、ISO/IEC 22313和ISO/IEC 22301中均涉及业务连续性管理的相关信息。

A.17.1.2　实施信息安全连续性计划

控制措施：

组织宜建立、文件化、实施和维护过程、规程和控制措施，确保在负面情况下要求的信息安全连续性级别。

实施指南：

一个组织宜确保：

(1) 适当准备一个胜任的管理结构，使用具有必要权限、经验和能力的人员减轻或响应破坏性事态；

(2) 提名具有必要的职责、权限和能力的事件响应人员来处理事件、维护信息安全；

(3) 开发文件化的计划及响应和恢复规程，并获得批准。其详细说明组织如何基于已批准的信息安全连续性管理目标，处理破坏性事态并维护信息安全到预期的水平(见A.17.1.1)。

根据信息安全连续性要求，组织宜建立、记录、实施和维护：

(1) 业务连续性或灾难恢复过程、规程、支持性系统和工具中的信息安全控制措施；

(2) 通过过程、规程和实施变更来维护不利条件下的现有信息安全控制措施；

(3) 对于在不利条件下不能维护的信息安全控制措施予以补偿。

其他信息：

业务范围内的业务连续性和灾难恢复，具体的过程和规程可能已定义。宜保护这些过程和规程内处理的信息或支持他们所指定的信息系统。因此,组织宜邀请信息安全专家参与业务连续性或灾难恢复过程和程序的建立、实施和维护。

在不利条件下,已实施的信息安全控制措施宜继续运行。如果安全控制措施不能继续保证信息安全,宜建立、实施和维护其他控制措施以保证达到可接受的信息安全级别。

A.17.1.3　验证、评审和评价信息安全连续性计划

控制措施:

组织宜定期验证已制定和实施信息安全业务连续性计划的控制措施,以确保在负面情况下控制措施的及时性和有效性。

实施指南:

无论从运行还是连续性角度,组织、技术、规程和过程的变更均会导致信息安全连续性要求变更。在这种情况下,宜对这些已变更的要求进行评审,评审信息安全过程、规程和控制措施的连续性。

组织宜验证信息安全管理连续性,通过如下方面:

(1) 演练和测试信息安全连续性过程、规程和控制措施的功能,确保与信息安全连续性目标一致;

(2) 演练和测试信息安全连续性过程、规程及控制措施的知识和惯例,确保其与信息安全连续性管理目标一致;

(3) 当信息系统、信息安全过程、规程及控制措施或业务连续性管理/灾难恢复管理过程及解决方案变更时,评审信息安全连续性措施的有效性和可用性。

A.17.2　冗余

目标:确保信息处理设施的有效性。

A.17.2.1　信息处理设施的可用性

控制措施:

信息处理设备宜冗余部署,以满足高可用性需求。

实施指南:

组织宜识别信息系统可用性的业务需求,如果现有系统框架不能保证可用性,宜考虑冗余组件或架构。

在适当的情况下,宜对冗余信息系统进行测试,以确保在故障发生时可以从一个组件顺利切换到另外一个组件。

其他信息:

当设计信息系统的时候宜考虑,冗余部署可能引入的信息和信息系统完整性或保密性的风险。

A.18　符合性

A.18.1　符合法律和合同要求

目标:避免违反任何法律、法令、法规或合同义务以及任何安全要求。

A.18.1.1　可用法律及合同要求的识别

控制措施:

对每一个信息系统和组织而言,所有相关的法律依据、法规和合同要求,以及为满足这些要求组织所采用的方法,宜加以明确地定义、形成文件并保持更新。

实施指南：

为满足这些要求的特定控制措施和人员的职责宜加以定义并形成文件。

为了满足自身业务类型的要求，管理者应该明确所有的适用于组织立法。如果组织在其他国家开展业务，管理者应该考虑遵从所有相关国家的法律。

A.18.1.2　知识产权(IPR)

控制措施：

宜实施适当的规程，以确保相关的知识产权和所有权的软件产品的使用，符合法律、法规和合同的要求。

实施指南：

在保护被认为具有知识产权的材料时，宜考虑下列指南：

(1) 发布一个知识产权符合性策略，该策略定义了软件和信息产品的合法使用；

(2) 仅通过知名的和声誉好的渠道获得软件，以确保不侵犯版权；

(3) 保持对保护知识产权的策略的了解，并通知对违规人员采取惩罚措施的意向；

(4) 维护适当的资产登记簿，识别具有保护知识产权要求的所有资产；

(5) 维护许可证、主盘、手册等所有权的证明和证据；

(6) 实施控制措施，以确保不超过许可证所允许的最大用户数目；

(7) 进行核查，确保仅安装已授权的软件和具有许可证的产品；

(8) 提供维护适当的许可证条件的策略；

(9) 提供处理软件或转移软件给其他人的策略；

(10) 符合从公共网络获得软件和信息的条款和条件；

(11) 不对版权法不允许的商业录音带(胶片、音频)进行复制、格式转换或摘取内容；

(12) 不对版权法不允许的书籍、文章、报告或其他文件进行全部或部分地复制。

其他信息：

知识产权包括软件或文件的版权、设计权、商标、专利权和源代码许可证。

通常具有所有权的软件产品的供应是根据许可协议进行的，该许可协议规定了许可条款和条件，例如，限制产品用于指定的机器或限制只能复制到创建的备份副本上。组织所开发的软件的知识产权意识和重要性宜向员工传达。

法律、法规和合同的要求可以对具有所有权的材料的副本进行限制。特别是，这些限制可能要求只能使用组织自己开发的资料，或者开发者许可组织使用或提供给组织的资料。版权侵害可能导致法律行为，这可能涉及罚款和刑事诉讼。

A.18.1.3　保护记录

控制措施：

宜防止记录的遗失、毁坏、伪造、非授权访问和非授权删除，以满足法令、法规、合同和业务的要求。

实施指南：

当确定保护组织的特定记录时，宜考虑基于组织的分类方法进行相应的分类。宜将记录分为记录类型，如账号记录、数据库记录、事务日志、审计日志等，和运行规程，每个记录都带有详细的保存周期和可存储介质的类型，如纸质、缩微胶片、磁介质、光介质。还宜保存与已加密的归档文件或数字签名(见A.10)相关的任何有关密钥材料，以使得记录在保存期内能够解密。

宜考虑存储记录的介质性能下降的可能性。宜按照制造商的建议实施存储和处理规程。对于长期保存,宜考虑使用纸文件和微缩胶片。

若选择了电子存储介质,宜建立规程,以确保在整个保存周期内能够访问数据(介质和格式的可读性),以防护由于未来技术变化而造成的损失。

宜选择数据存储系统,使得所需要的数据能根据要满足的要求,在可接受的时间内、以可接受的格式检索出来。

存储和处理系统宜确保能按照国家或地区法律或法规的规定,清晰地标识出记录及其保存期限。如果组织不再需要这些记录,该系统宜允许在保存期后恰当地销毁记录。为满足这些记录防护目标,宜在组织范围内采取下列步骤:

(1) 颁发关于保存、存储、处理和处置记录和信息的指南;

(2) 起草一个保存时间计划,以标识记录及其要被保存的时间周期;

(3) 维护关键信息源的清单。

其他信息:

某些记录可能需要安全地保存,以满足法令、法规或合同的要求,以及支持必要的业务活动。举例来说,可以要求这些记录作为组织在法令或法规规则下运行的证据,以确保充分防御潜在的民事或刑事诉讼,股份持有者、外部方和审核员确认组织的财务状况。可以根据国家法律或规章来设置信息保存的时间和数据内容。

关于管理组织记录的更多信息可以参见 ISO 15489-1。

A. 18. 1. 4　隐私和个人身份信息保护

控制措施:

隐私和个人身份信息保护宜确保符合相关法律、法规的要求。

实施指南:

宜制定和实施组织的隐私和个人身份信息保护策略。该策略宜通知到涉及个人身份信息处理的所有人员。

符合该策略和人们对隐私权及个人身份信息保护所相关的法律法规需要合适的管理结构和控制措施。通常,这一点最好通过任命一个负责人来实现,如隐私官,该隐私官宜向管理人员、用户和服务提供商提供他们各自的职责以及宜遵守的特定规程的指南。处理个人身份信息和确保了解隐私保护原则的职责宜根据相关法律法规来确定。宜实施适当的技术和组织措施以保护个人身份信息。

其他信息:

ISO/IEC 29151:2017 提出了一个在信息和通信系统中保护个人身份信息的一个高层次的框架。许多国家已经具有控制个人身份信息(一般是指可以从该信息确定生命个体的信息)收集、处理和传输的法律。根据不同的国家法律,这种控制措施可以使那些收集、处理和传播个人身份信息的人承担责任,而且可以限制将该信息转移到其他国家的能力。

A. 18. 1. 5　密码控制措施的规则

控制措施:

使用密码控制措施宜遵从相关的协议、法律和法规。

实施指南:

为符合相关的协议、法律和法规,宜考虑下面的事项:

(1) 限制执行密码功能的计算机硬件和软件的入口和/或出口；

(2) 限制被设计用以增加密码功能的计算机硬件和软件的入口和/或出口；

(3) 限制密码的使用；

(4) 利用国家对硬件或软件加密的信息的授权的强制或任意的访问方法提供内容的保密性。

宜征求法律建议，以确保符合国家法律法规。在将加密信息或密码控制措施转移到所辖区域外之前，也宜获得法律建议。

A.18.2　信息安全评审

目标：确保信息安全实施及运行符合组织策略和程序。

A.18.2.1　独立的信息安全评审

控制措施：

宜定期或发生较大变更时对组织的信息安全处置和实施方法(即控制目标、控制、策略、过程和信息安全程序)进行评审。

实施指南：

管理人员宜开展独立评审，独立评审对于保证组织信息安全处理方法的持续性、适宜性、充分性和有效性是必要的。评审宜包括评价持续改进的可能性和变更安全方式的需求，包括策略和控制目标。

该评审宜由独立于所评审领域范围内的人员开展，如内部审核部门、独立的管理者或者专业的外部评审机构。从事评审活动的人员应具有一定的技能和经验。

独立评审的结果宜记录并报告给发起评审的管理者。评审记录宜保留。

如果独立评审确定组织处理信息安全的方法和实施是不充分的，例如文件化的目标和要求未实现或与信息安全政策规定的信息安全方向不一致(见 A.5.1.1)，管理者应考虑采取纠正措施。

其他信息：

ISO/IEC 27007《信息安全管理体系审核指南》和 ISO/IEC TR 27008《信息安全指南控制措施审核员指南》，也对开展独立评审提供了指导。

A.18.2.2　符合安全策略和标准

控制措施：

管理者宜定期对所辖职责范围内的信息安全过程和规程评审，以确保符合相应的安全政策、标准及其他安全要求。

实施指南：

管理者宜确定如何开展能够满足政策、标准和其他相应规程等需求的信息安全评审，定期评审宜考虑使用自动化测量和报告工具。

如果评审结果发现任何不符合，管理者宜：

(1) 识别不符合的原因；

(2) 评价确保合规采取措施的需要；

(3) 实施适当的纠正措施；

(4) 评审所采取的纠正措施，验证它的有效性，且识别任何缺陷或弱点。

评审结果和管理者采取的纠正措施宜被记录，且这些记录宜予以维护。当在管理者的职责范围内进行独立评审时,管理者宜将结果报告给执行独立评审的人员(见 A.18.2.1)。

其他信息:

A.12.4 中包括了系统使用的运行监视。

A.18.2.3 技术符合性评审

控制措施:

信息系统宜被定期评审是否符合组织的信息安全政策和标准。

实施指南:

技术符合性评审宜通过自动化工具辅助下实施,以产生供技术专家进行后续解释的技术报告。可以选择由有经验的系统工程师手动地实施(如必要,由适当的软件工具支持)。

如果使用渗透测试或脆弱性评估,需宜格外小心,因为这些活动可能导致系统安全的损害。这样的测试宜预先计划,形成文件,且可重复执行。

任何技术符合性评审宜仅由有能力的、已授权的人员来完成,或在他们的监督下完成。

其他信息:

技术符合性评审包括运行系统的试验,以确保硬件和软件控制措施被正确实施。这种类型的符合性核查需要专业技术专家。

符合性核查还包括渗透测试和脆弱性评估,该项工作可以由针对此目的而专门签约的独立专家来完成。符合性核查有助于检测系统的脆弱性和核查为预防由于这些脆弱性引起的未授权访问而采取的控制措施的有效性。

渗透测试和脆弱性评估提供系统在特定时间特定状态的简单记录。这个简单记录只限制在渗透企图期间实际被测试系统的那些部分中。渗透测试和脆弱性评估不能代替风险评估。

5.3 网络安全等级保护安全要求

5.3.1 保护对象整体安全保护能力总体要求

网络安全等级保护的核心是保证不同安全保护等级的对象具有相适应的安全保护能力,采取各种安全措施时,应考虑总体性要求:

(1) 构建纵深的防御体系;

(2) 采取互补的安全措施;

(3) 保证一致的安全强度;

(4) 建立统一的支撑平台;

(5) 进行集中的安全管理。

5.3.2 安全要求的选择与使用

不同等级的保护对象,其对业务信息的安全性要求和系统服务的连续性要求是有差异的;即使相同的保护对象,其对业务信息的安全性要求和系统服务的连续性要求也有差异。根据保护对象的等级选择安全要求,包括技术要求和管理要求,如图 5-4 所示。

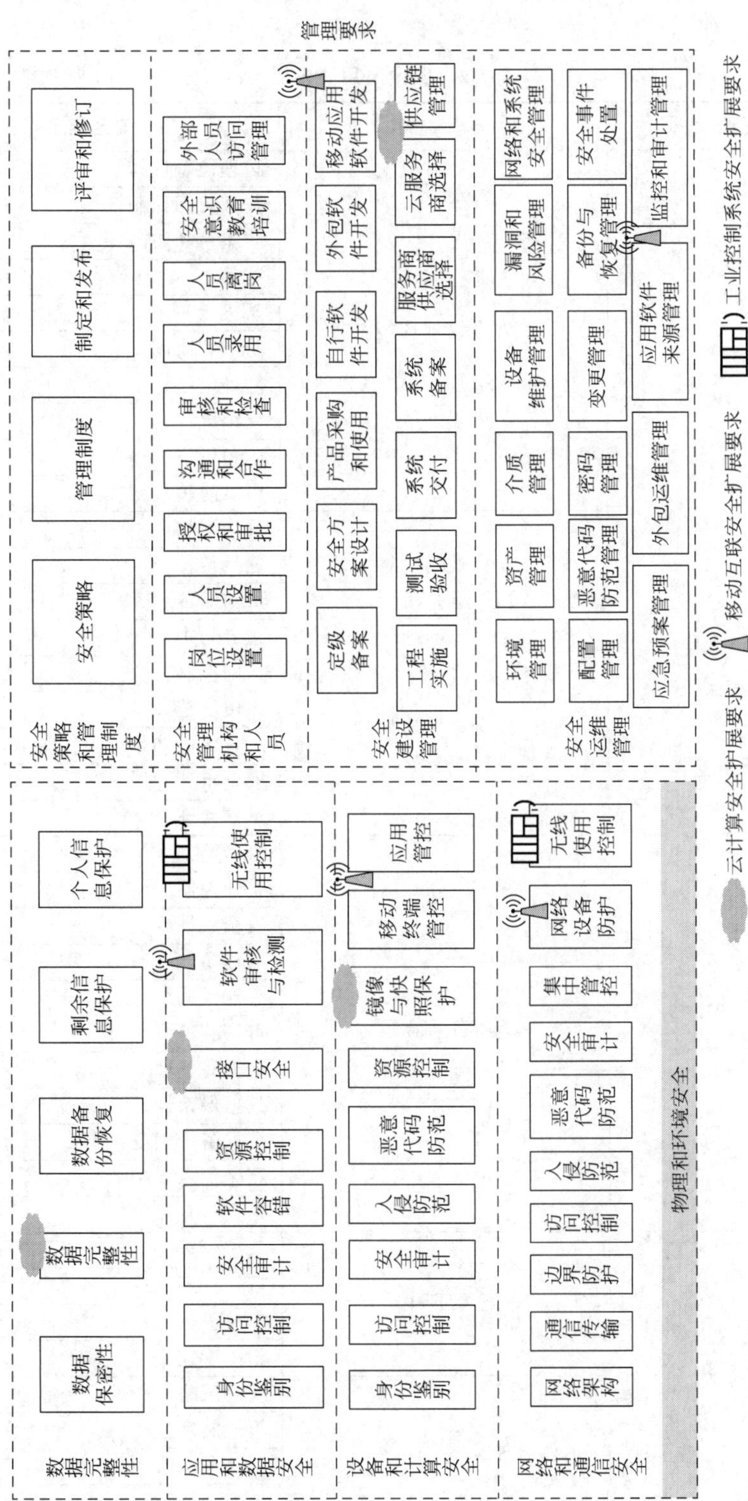

图 5-4　保护对象的等级安全要求

表 5-2 给出了 GB/T 22239—2019《信息安全技术 网络安全等级保护基本要求》中的安全通用要求。

表 5-2 安全通用要求

技术/管理	分类	安全控制点
安全技术要求	安全物理环境	物理位置选择
		物理访问控制
		防盗窃和防破坏
		防雷击
		防火
		防水和防潮
		防静电
		温湿度控制
		电力供应
		电磁防护
	安全通信网络	网络架构
		通信传输
		可信验证
	安全区域边界	边界防护
		访问控制
		入侵防范
		恶意代码和垃圾邮件防范
		安全审计
		可信验证
	安全计算环境	身份鉴别
		访问控制
		安全审计
		入侵防范
		恶意代码防范
		可信验证
		数据完整性
		数据保密性
		数据备份恢复
		剩余信息保护
		个人信息保护
安全管理要求	安全管理中心	系统管理
		审计管理
		安全管理
		集中管控
	安全管理制度	安全策略
		管理制度
		制定和发布
		评审和修订

续表

技术/管理	分　类	安全控制点
安全管理要求	安全管理机构	岗位设置
		人员配备
		授权和审批
		沟通和合作
		审核和检查
	安全管理人员	人员录用
		人员离岗
		安全意识教育和培训
		外部人员访问管理
	安全建设管理	定级和备案
		安全方案设计
		产品采购和使用
		自行软件开发
		外包软件开发
		工程实施
		测试验收
		系统交付
		等级测评
		服务供应商选择
	安全运维管理	环境管理
		资产管理
		介质管理
		设备维护管理
		漏洞和风险管理
		网络与系统安全管理
		恶意代码防范管理
		配置管理
		密码管理
		变更管理
		备份与恢复管理
		安全事件处置
		应急预案管理
		外包运维管理

对于已确定安全保护等级的保护对象,应依据定级结果,结合安全通用要求,按照以下过程选择安全要求:

(1) 根据保护对象的等级选择安全要求,包括技术要求和管理要求,一级选择第一级安全要求,二级选择第二级安全要求,三级选择第三级安全要求,四级选择第四级安全要求,以此作为出发点。

(2) 根据定级结果对安全要求进行调整。根据系统服务保证性等级选择相应等级的系统服务保证类安全要求;根据业务信息安全性等级选择相应等级的业务信息安全类安全要求。

(3) 根据等级保护对象采用新技术和新应用的情况,选用相应级别的安全扩展要求作为补充。采用云计算技术的选用云计算安全扩展要求,采用移动互联技术的选用移动互联安全扩展要求,物联网选用物联网安全扩展要求,工业控制系统选用工业控制系统安全扩展要求。

(4) 针对不同行业或不同对象的特点,分析可能在某些方面的特殊安全保护能力要求,选择较高级别的安全要求或补充安全要求。对于本部分中提出的安全要求无法实现或有更加有效的安全措施可以替代的,可以对安全要求进行调整,调整的原则是保证不降低整体安全保护能力。

总之,保证不同安全保护等级的对象具有相应级别的安全保护能力,是安全等级保护的核心。选用本部分中提供的安全要求是保证保护对象具备一定安全保护能力的一种途径和出发点,在此出发点的基础上,可以参考等级保护的其他相关标准和安全方面的其他相关标准,调整和补充安全要求,从而实现等级保护对象在满足等级保护安全要求基础上,又具有自身特点的保护。

思考题

1. 归纳信息安全事件分类、分级的主要内容。
2. 叙述选择控制措施的原则、因素和条件。
3. 结合实例,就访问控制,归纳控制目标、控制措施及实施指南。
4. 查阅资料,归纳供应商服务交付管理的控制目标、控制措施及实施要素。
5. 归纳网络安全等级保护安全措施的总体性要求。
6. 查阅资料,归纳网络安全等级保护基本要求中各安全控制项的具体要求。

第6章 网络安全等级保护扩展要求

网络安全等级保护基本要求标准成为由多个部分组成的系列标准，主要包括安全通用要求和若干安全扩展要求，本章介绍“1＋X”体系框架下的云计算安全扩展要求、移动互联安全扩展要求、物联网安全扩展要求等方面的相关内容。

6.1 云计算安全扩展要求

6.1.1 云计算概述

1. 云计算特征

GB/T 3116—2014 阐述了云计算的 5 个主要特征。

(1) 按需自助服务。这个特征表明客户可以通过 Web 或云计算的服务管理接口实现计算资源的申请、配置。例如对于 IaaS 服务，客户可以通过云服务商的网站自助选择需要购买的虚拟机数量、每台虚拟机的配置(包括 CPU 数量、内存容量、磁盘空间、网络带宽等)、服务使用时间等。

(2) 泛在接入。客户可以采用不同的客户端平台(如移动电话、笔记本、平板电脑等)，以标准机制通过网络获得云计算服务。对客户来讲，云计算的泛在接入特征使客户可以在不同的环境下(如工作环境下或非工作环境下)访问服务，增加了服务的可用性。

(3) 资源池化。云计算通过使用虚拟化或其他共享技术将资源形成资源池提供给多个客户共享使用。资源池中的资源按需分配给客户使用，客户不再使用后，资源被回收，放入资源池中，其他客户需要资源时再重新分配。通常是通过虚拟化的方式将服务器、存储、网络等资源形成一个巨大的资源池。云计算基于客户需求进行资源的动态分配，消除物理边界(物理主机、网络链路等)，提升资源利用率。云计算平台以资源池的形式统一管理和分配资源，使资源配置更加灵活。传统模式下，规划和购置 IT 资源需要满足应用峰值以及五年发展规划的需求，导致实际运行过程中资源无法充分使用，利用率低。客户使用云计算服务则不必了解提供服务的计算资源(网络带宽、存储、内存和虚拟机)的数量、具体物理位置和存在的形式，可以将资源池理解为是“无限的”，能根据需求随时随地获得。

(4) 快速伸缩性。这个特征说明云服务商能够快速、动态地提供及回收 CPU、内存和存储等计算资源,立即满足客户需求的变化。云服务商提供快速和弹性的云计算服务,客户能够在任何位置和任何时间获取所需数量的计算资源,计算资源的数量没有"界限",客户可根据需求快速向上或向下扩展计算资源,没有时间限制,如可以在几分钟之内实现计算能力的扩展或缩减,在几小时或更短时间内完成上百台虚拟机的创建。

(5) 服务可计量。云计算根据服务模式的不同提供不同的资源计量方法(如活跃用户数量、存储空间、处理能力等),一方面可以指导客户进行资源配置优化、容量规划和访问控制等;另一方面通过对资源使用的计量,可以监视、控制、报告资源的使用情况,让云服务商和客户可以及时了解资源使用详情,增加客户对计算服务的信任度。

2. 云计算服务模式

GB/T 31167—2014 阐述了云计算的 3 种常见服务模式。

1) 软件即服务

软件即服务(Software-as-a-Service,SaaS),是指云服务商将应用软件功能封装成服务,使客户能通过网络获取服务。云服务商负责软件的安装、管理和维护工作,客户可对软件进行有限的配置管理。客户无须将软件安装在自己的计算机或服务器上,而是按某种服务水平协议(SLA)通过网络获取所需功能和性能的软件服务,如典型的办公软件或邮件等。软件应用的管理者可以配置应用,终端用户使用软件应用,客户可以按需使用软件和管理软件的数据(如数据备份和数据共享)。

SaaS 云服务商的主要职责包括:①确保提供给客户的软件能获得稳定的功能和技术支持;②确保应用是可扩展的,足以满足不断上升的访问负载;③确保软件运行在一个安全的环境中,因为很多客户的许多有价值的数据都存储在云计算平台,这些信息可能涉及个人隐私或商业秘密。

2) 平台即服务

平台即服务(Platform-as-a-Service,PaaS),是指云服务商为客户提供软件开发、测试、部署和管理所需的软硬件资源,能够支持大量客户处理大量数据。在这种服务模式中,PaaS 提供整套程序设计语言关联的 SDK 和测试环境等,包括开发和运行时所需的数据库、Web 服务、开发工具和操作系统等资源,客户利用 PaaS 平台能够快速创建、测试和部署应用和服务。PaaS 工具包和服务可以用于开发各种类型的应用,再作为 SaaS 服务提供。PaaS 的客户包括应用软件的设计者、开发者、测试人员(在云计算环境运行应用)、实施人员(在云计算环境完成应用的发布,管理应用的多版本冲突)、应用管理者(在云计算环境配置、协调和监管应用)。

典型的 PaaS 服务有 Google App Engine、Microsoft Windows Azure。PaaS 服务商负责资源的动态扩展、容错管理和节点间配合,与自建平台相比,用户的自主降低,必须使用特定的编程环境并遵照特定的编程模型。例如,Google App Engine 只允许使用 Python 和 Java 语言来开发在线应用服务。

3) 基础设施即服务

基础设施即服务(Infrastructure-as-a-Service,IaaS),是指云服务商将计算、存储和网络等资源封装成服务供客户使用,无论是普通客户、SaaS 提供商还是 PaaS 提供商,都可以从基础设施服务中获得所需的计算资源,客户无须购买 IT 硬件。典型的 IaaS 服务有亚马逊的弹性计算 EC2 和简单存储服务 S3。相较于传统的客户自行购置硬件的使用方式，IaaS 允许客户按需使用硬件资源，并按照具体使用量计费。从客户角度看，IaaS 的计算资源规模大，客户能够申请的资源几乎是"无限的"；从云服务商的角度看，IaaS 同时为多个客户提供服务，可动态、合理地分配资源，因而具有更高的资源利用率。通常情况下，可以根据 CPU 使用数量、占用网络带宽、网络设施（如 IP 地址）使用小时数和是否使用增值服务（如监控、服务自动伸缩）等方式计量费用。

与 SaaS 和 PaaS 客户相比，使用 IaaS 服务的客户需要承担更多的责任，如管理虚拟机、操作系统等。客户能够灵活、高效地租用计算资源，因此更容易实现与传统应用的交互和移植。同时，客户也要面临更多问题。例如，将传统的应用软件部署到 IaaS 的同时也引入了传统软件系统的漏洞及其安全威胁；客户可以在 IaaS 上创建和维护多个虚拟机，也要负责虚拟机安全的维护更新等工作。

3. 云计算部署模式

GB/T 3167—2014 阐述了云计算的 4 种主要部署模式。

1）私有云

私有云的云基础设施为某个独立的组织或机构运营。云基础设施的建立、管理和运营既可以是客户自己（这种私有云称为场内私有云，或自有私有云），也可以是其他组织或机构（这种私有云称为场外私有云，或外包私有云）。与公有云相比，私有云可以使客户更好地控制云计算基础设施。下面分别对场内私有云场景和场外私有云场景进行分析。图 6-1 和图 6-2 分别描述了一个简单的场内私有云和场外私有云的部署场景。场内私有云在任何给定时刻只具有固定的计算和存储能力。图 6-1 描述了一个场内私有云，客户可以有效控制云计算基础设施的安全访问边界，边界内的客户可以直接访问云计算平台，边界外的客户只能通过边界控制器访问云计算平台。

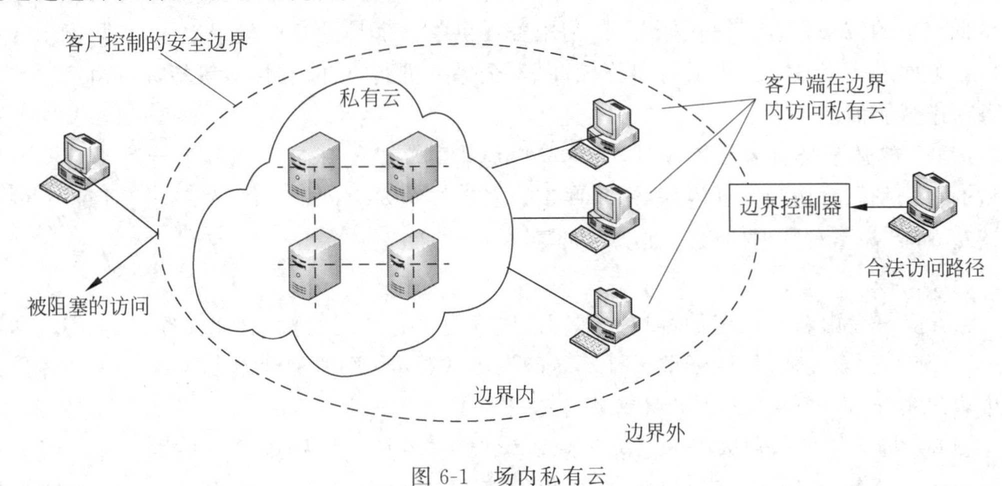

图 6-1　场内私有云

图 6-2 描述了一个场外私有云部署场景，场外私有云具有两个安全边界，一个安全边界位于客户端，由云客户实现和控制，另一个安全边界位于云端，由云服务商实现和控制。云服务商控制访问客户所使用的云基础设施的安全边界，客户控制客户端的安全边界。两个安全边界通过受保护的链路互联。场外私有云的数据和处理过程的安全依赖于两个安全边

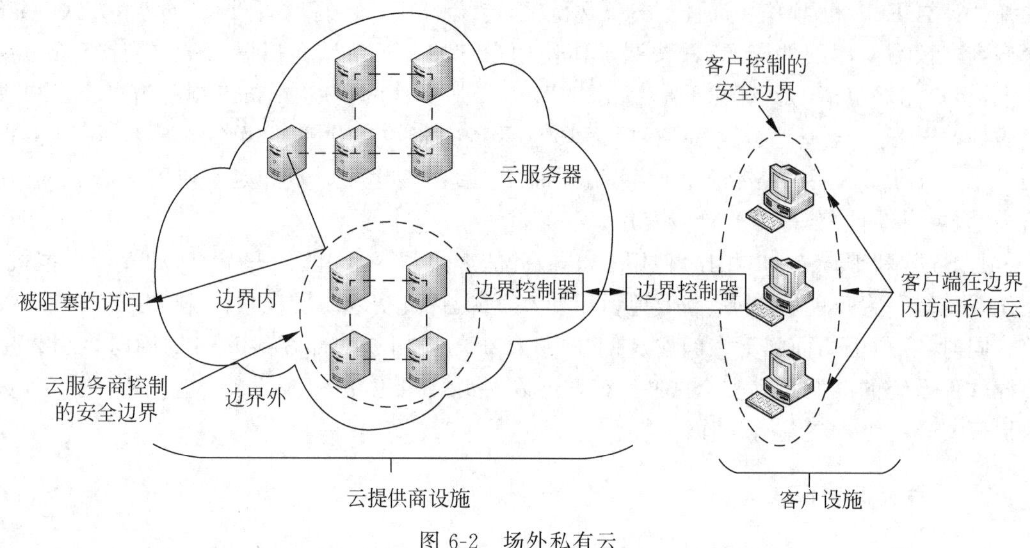

图 6-2 场外私有云

界以及边界之间链接的强度和可用性。

2）公有云

公有云是开放式的，为所有人提供服务（包括其潜在竞争对手）。公有云是指云计算平台通过互联网向公众开放的云计算服务。公有云的基础设施所有者和运营者是向客户提供服务的云服务商。

公有云分为以下几类。①免费向用户开放并通过广告支撑的云计算服务，如众所周知的搜索引擎和电子邮件服务。这些服务可能只限个人或非商业用途使用，且可能将用户的注册和使用信息与从其他来源获取的信息结合起来，向用户发送个性化广告。此外，这些服务可能不具备通信加密等保护措施。②需付费的服务。此类服务与第一类服务相似，但可以以低成本的方式为客户提供服务，因为服务提供条款都是没有商量余地的，且只能由云服务商单方面进行修改。此类服务价格较高，安全保护机制、功能和性能等指标可由客户与云服务商进行协商。

图 6-3 描述了公有云部署场景，所有客户均能共享访问任何可用的云计算平台。不同类型的客户可同时访问云计算服务，这些客户具有终端安全措施不同，访问云计算平台的网络链路不同，甚至对数据的敏感程度不同等特点。

3）社区云

云计算平台由若干特定的客户共享。这些客户具有共同的特性（如任务、安全需求和策略等）。和私有云类似，社区云的云计算基础设施的建立、管理和运营既可以由一个客户或多个客户实施，也可以由其他组织或机构实施。

图 6-4 描述了场内社区云的部署场景，每个参与组织或机构都可以提供云计算服务或使用云计算服务，它们既是云计算服务的提供商，也是使用者，但至少有一个社区云成员提供云计算服务。提供云计算服务的各个成员分别控制了一个云基础设施的安全边界和云计算服务的安全边界。使用社区云的客户可以在接入端建立一个安全边界。

图 6-5 所描述的场外社区云由一系列参与组织构成，该场景与场外私有云类似。云计算基础设施的管理、运维责任由云服务商承担，云服务商控制了云计算基础设施的安全边界，

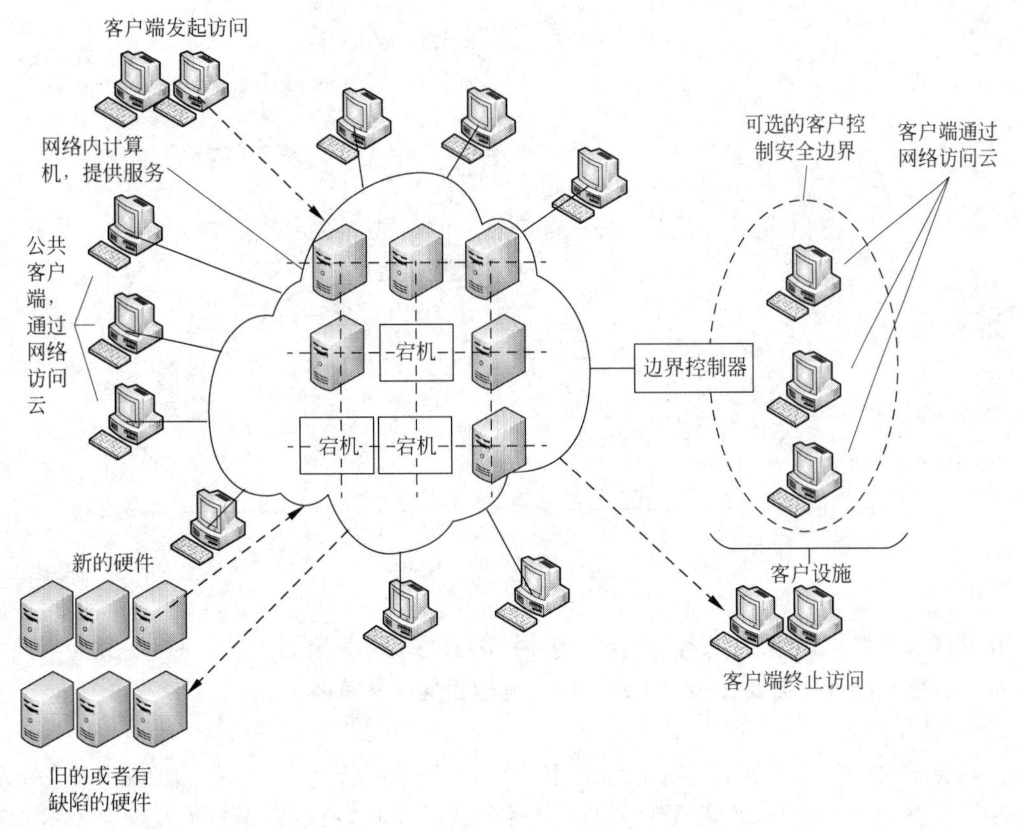

图 6-3　公有云

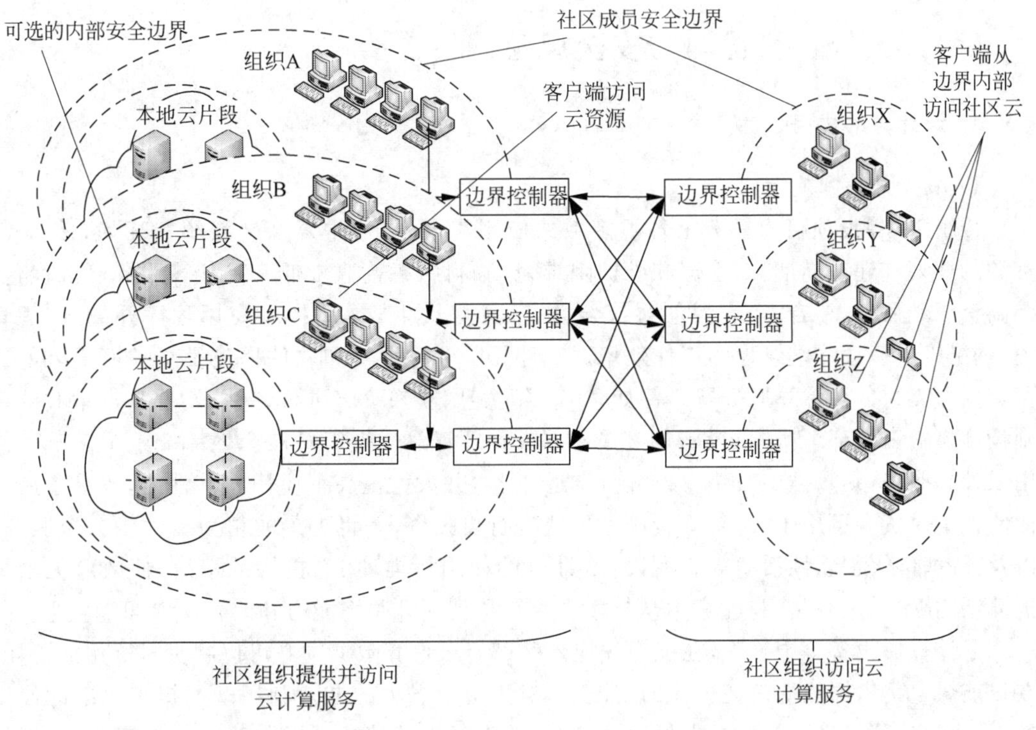

图 6-4　场内社区云

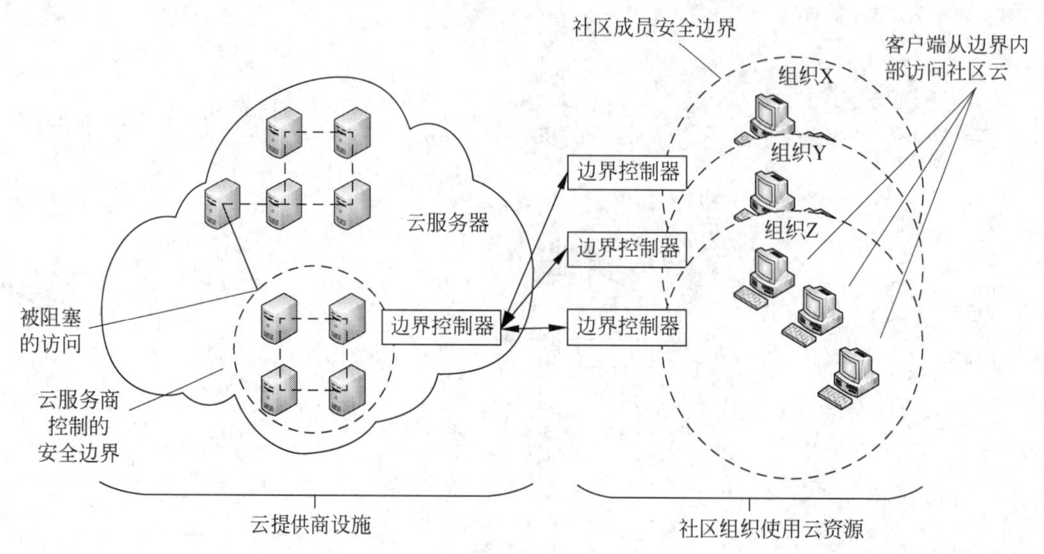

图 6-5 场外社区云

防止社区云资源与其他的云资源混合。场外社区云与场外私有云相比,一个明显的不同之处在于云服务商可能需要在参与组织之间实施恰当的共享策略。

4) 混合云

混合云由两个或多个相对独立的云(私有云、社区云或公有云)组成,因此比其他的部署模型更为复杂。每一个云计算平台依然是一个独立的个体,通过标准技术或专有技术与其他云计算平台绑定,从而实现应用和数据在云计算平台间的移植。

6.1.2 云计算优势与安全风险

1. 云计算的优势

1) 减少开销和能耗

传统 IT 建设项目为了满足各类零散的应用需求,往往重复部署系统和环境,使得 IT 资源的规划和建设周期长,管理和维护困难,资源利用率普遍较低。云计算服务可以优化、提高资源利用率,整合需求,促使系统合并,节省信息化成本;提高应用程序开发、应用管理、网络维护以及终端管理的工作效率。云计算服务将硬件和软件搭建及维护所投入的经费转变为支付的云计算服务费。例如,2010 年,美国联邦政府进行评估,发现数据中心的基础设施投资占全部 IT 项目投资的 30%左右,而只有部分投资对社会生活产生了影响。使用云计算服务,则数据中心建设投资节省近 30%,并大大提高了应用软件性能,改善了用户体验。结余资金可用于改善 IT 设施性能或进行再投资,并将更多的精力专注于公众服务,以及开发、部署创新性活动等。所以,云计算的使用将推动 IT 机构的精简,使政府无须维护复杂的 IT 技术环境,将注意力从技术本身转移到提升关键能力和改善政府职能上来。

云计算使设备集中管理,在能源供应地区部署云计算数据中心可以减少对资源的消耗。在目前煤电仍占据能源消耗主体的情况下,对于富余电力的有效利用既能提高煤电的使用效率,为云计算提供可靠的电力保证,也能有效降低煤的消耗。以内蒙古自治区为例,每年有将近 6 个月的霜冻期，云计算部署策略采取“就地取电”，为富余电力找到了一个最佳的利用途径，实现了最优质高效的利用，同时也省去了长距离输电带来的电能损耗，是典型的共赢之举，为国家节约了大量的电力资源。

2）增加业务的灵活性

云计算服务能够更加快速有效地响应客户需求变化。在传统的自建 IT 基础设施的模式下，为新业务构建数据中心需要数年时间，即使是提高现有业务能力也要数月的时间。新业务、新产品上线周期长，无法快速响应市场需求。IT 服务质量主要依赖于客户对未来服务需求的预测能力，业务迁移到云计算平台后，无须规划额外的硬件和软件，并可获取最新的技术服务（云服务商负责软件自动更新，无须客户管理检测和更新系统）。云计算服务能够提供快速的扩展和收缩能力，更加适应客户迫切的或不可预知的需求变化。

3）提高业务系统的可用性

云计算服务以资源池的方式提供服务，多个客户共享资源池。计算资源可以预分配给有峰值需求的一组应用，而非单个应用。云计算平台通过对需求进行统筹管理，提供灵活、动态的资源管理，以解决需求的峰谷问题，保障客户所请求的服务能得到及时响应。拒绝服务攻击、设备故障、自然灾害等因素都是对可用性的潜在威胁，大多数的服务中断故障都是意外发生，这会影响业务系统的可用性。

尽管采用了高可靠性和可用性的架构设计，云计算服务还是有可能出现业务中断和性能下降的情况。例如，2008 年 2 月，一个知名的云存储服务曾经中断服务 3 个小时，多家大型企业受到了影响。2009 年 6 月，雷雨天气导致某知名 IaaS 云服务商的部分服务中断了 4 个小时，一些用户受到了影响；而在 2011 年 4 月，这家 IaaS 云服务商因网络升级导致的服务中断更为严重，中断时间超过 24 小时。同样在 2008 年 2 月，某 SaaS 云数据库集群故障导致服务中断几个小时；并且在 2009 年 1 月，由于网络设备故障，该 SaaS 云数据库再次出现短暂中断。2009 年 3 月，因为升级操作导致网络出现问题，某 PaaS 云服务质量严重下降，故障持续时间长约 22 小时。

拒绝服务攻击是指利用伪造的请求使目标饱和来阻止云计算平台对合法请求做出及时响应，攻击者通常使用多台计算机或一个僵尸网络发动攻击。攻击者发起分布式拒绝服务攻击之后，即使最后未成功也需要云计算平台快速消耗大量资源去抵御攻击，从而导致用户费用飙升。云计算平台的动态配置让攻击者发起攻击变得更为简单。尽管云计算资源的规模较为庞大，但如果攻击者利用大量计算机发起攻击，云计算资源的利用也会达到饱和状态，对于一个可用性达到 99.95％的云计算平台而言，在一年的时间内，该系统的累计中断时间不超过 4.38 小时。因定期维护而导致的系统中断通常不计入 SLA 的服务中断计算范围，在进行系统维护之前，云服务商通常会向客户发布相关通知。客户在应急和服务持续性规划中应考虑云计算服务的可用性，以及容灾和恢复能力，以确保在云计算服务中断之后可以利用备用云计算服务、设备异地存储等来恢复服务。对于云计算服务来说，服务的中断可能意味着应用发生了单点故障。在这种情况下，可以通过次级云服务商备份主云服务商所处理的数据，以确保在主云服务商的服务长时间中断或设备受损严重的情况下，由主云服务商处理的数据仍然可以访问，以便快速恢复业务系统的可用性。

如果客户依靠云服务商来存储和处理数据及业务，客户必须提前做好充足的规划和准备，确保云计算服务出现长时间中断时关键任务操作仍然可用。客户的应急计划不仅要解决长期和永久性系统中断所带来的问题，还要确保影响系统恢复的关键功能可以持续正常运行。客户通过制定相应的策略、计划和标准化的操作流程，才能避免对难以充分追责的云服务商形成高度依赖。

4）提升专业性

云计算服务为客户提供专业的技术团队支持，提升了IT系统的专业性。通常情况下，客户拥有较小数量的技术管理员和安全人员，无法处理一些专业技能要求较高的管理、维护和安全等方面的问题。云服务商能够为员工提供专门从事安全、隐私等高度关注领域的专业提升机会，通过对员工的专业细分，能培训出专注于安全和隐私等问题处理的专门人员，使他们获得更深的专业经验、技能和提升机会，能更专业地处理云计算平台中的各类问题。云计算服务能够使客户获得和大型机构一样的大型数据中心的服务。

2. 云计算安全风险

1）客户对数据和业务系统的控制能力减弱

在云计算模式下，云计算服务所需的软硬件资源由云服务商拥有、管理和运维。客户采购云服务商建构在其云计算基础设施之上的云计算服务，由于云服务商自身的保密措施，客户无法直接接触到云计算服务下方的基础设施和资源，很难准确得知其数据、业务保存在哪个(些)服务器上，无法确切了解其数据或业务保存了多少副本，每个副本保存在什么位置(包括哪个数据中心、数据中心的地理位置等)；客户也很难准确得知其数据在处理和传输过程中经过哪些链路，如数据在传输过程中是否经过其他国家等。这都减弱了客户对数据和业务系统的控制能力。在这种情况下，如果要开展一些涉及双方责任的活动，如持续监视和事件响应，客户需要得到云服务商的配合和协作。

客户在失去对系统和数据的物理和逻辑控制权后，无法完全保持安全态势感知、权衡利弊、设置优先级和修改安全与隐私策略。此外，信息存储在云服务商处会产生隐私的法律保护问题，若是国外的云服务商，还会存在法律、文化等方面的差异。同时，客户不易实现对数据的有效管理，不能有效控制数据的存储地理位置、数据访问控制的策略、数据及其辅助数据的归属权、数据残留解决方案等。客户难以了解和掌握云服务商安全措施的实施情况和运行状态，难以对这些安全措施进行有效监督和管理，不能有效监管云服务商的内部人员对客户数据的非授权访问和使用，无法确保数据和业务处在云服务商严密保护下，无法验证云服务商是否把业务数据存储在合同规定的区域或是否对数据进行了非授权使用。这些都增加了客户数据和业务的安全风险。

2）客户与云服务商之间的责任难以界定

在云计算服务模式下，云服务商是云计算平台的管理和运营主体，客户是自身数据和业务的责任主体，而这些数据和业务运行在云服务商的云计算平台上，是云计算服务过程中产生的数据，如平台访问日志、用户访问时长、用户地区分布等信息既可以说是云服务商的运行数据，也可能是客户部署在云计算平台上的数据和业务所产生的相关数据，云服务商可能会声称对这些数据的拥有权，导致这些数据的使用和归属难以界定。在发生云计算平台数据泄露事件时，因云服务商和客户都有数据访问和使用权限，事故的责任追查和界定比较困难。在云计算环境中，对于不同的云计算服务模式和部署模式，客户与云服务商的控制范围和安全责任不同，对应的责任划分也不相同。另外，云服务商提供服务，客户使用云计算服务，客户与云服务提供商之间的服务提供和服务消费模式必然导致双方在某些关键的云计算组件上存在交叉，交叉处的责任界定比较困难。

客户采用的云计算服务可能由一个云服务商独自提供，也可能由存在分包关系的多个云服务商提供，云计算服务还可能存在嵌套和叠层。在多个云服务商情况下，客户与这些云服务提供商之间的责任难以界定。例如，位于较高服务层面的云服务商可以采购低层云服务商的服务，如 SaaS 云服务商可以将其服务建立在由其他云服务商提供的 PaaS 或 IaaS 服务之上，这种将云计算服务外包或分包给其他云服务商的情况导致更加难以界定各个云服务商的责任。在这种情况下客户需要考虑更多问题，包括其他云服务商的管理范围、相应的职责、履约保证、出现问题时可进行的补救及处罚措施等。

3）可能产生司法管辖权问题

在云计算模式下，客户数据存储在云计算平台上，数据的实际存储位置往往不受客户控制，为提高数据和业务的可用性，云服务商会做数据的冗余备份，将数据以冗余方式存储在多个物理位置中，云服务商通常不会向客户公布或透露数据存储位置的详细信息。这些冗余备份通常分布在异地，甚至有可能存储在境外。

当数据存储在境外时，信息跨越我国边界限制，其适用的法律、隐私以及法规制度等也可能变得模糊不清，进而引发云计算服务中的司法管辖权问题。

跨境数据流的主要问题包括数据管辖地的法律是否允许该信息流出边境，我国的法律是否持续适用于出境后的数据，是否会出现信息窃取和泄露的问题，以及目的地法律是否会对数据带来额外的风险等。例如，欧洲数据保护法律可能会对传输到美国的数据强加一些额外的处理职责。如果云服务商有可靠的方法来确保客户数据只在特定的管辖区内进行存储和处理，并提供相应的监视措施，则可以缓解相关安全风险。

4）数据所有权保障面临风险

客户数据归客户所有，这本身是没有任何疑问的。但是，因为在云计算环境中，客户对数据的控制能力减弱，在传统模式下客户可以独立完成的事情（如数据备份和迁移、业务平台运行情况统计等）必须在云服务商的配合下才能完成。在云计算平台上，客户监视云服务商访问客户数据或对数据的处理与使用情况的能力较弱。

客户业务系统在云计算平台上运行时会产生辅助数据。辅助数据指在云计算平台上收集或产生的客户业务系统活动的相关信息，如对资源消耗进行监测和计费而收集的信息、日志及审计跟踪信息，为了业务管理而在云计算平台内产生或收集的元数据等。云服务商更倾向于强调对这些辅助数据的拥有权，并可能用来买卖、发布或者泄露给第三方，从而泄露客户的敏感信息。

云服务商可能会采用一些专有的技术或接口来保存和处理客户数据，当不打算继续使用云计算服务时，客户若不能以较低的代价在短时间内获得客户可处理的数据格式的数据，就有可能面临云服务商提出的各种不平等条件。在服务终止或发生纠纷时，云服务商可能以掌握的用户数据要挟客户，威胁损坏数据或不配合客户转移数据。这些问题使得客户自身的数据所有权面临挑战。

5）数据保护更加困难

与传统的数据本地存储方式相比，虚拟化技术提高了平台硬件、软件的利用效率，但是为了提高资源利用效率，降低资源使用成本，云计算会让不同的客户共享相同的软硬件资源,如在同一台服务器上虚拟化出大量的虚拟机供不同的客户用,不同客户共享一台物理服务器的资源(CPU、内存、硬盘、网卡等),各虚机间通过软件隔离机制来保证相互之间的独立性,但软件隔离是否能做到安全隔离目前还没有明确结论。因多个虚拟机运行在一个虚拟化环境中,根据“木桶原理”,系统的安全性取决于安全性最低的虚拟机。若攻击者攻破虚拟机,实现虚拟机逃逸,进而控制虚拟机监视器,那么部署在这个虚拟机监视器上的其他虚拟机对攻击者来说相当于都变成透明的了,这就会出现客户资源的非授权访问问题。云计算模式下的资源隔离是数据安全保护必须重视的一个关键问题。

云计算模式的复杂性也给数据安全保护带来风险,云计算服务有 SaaS、PaaS、IaaS 3 种服务模式,存在私有云、公有云、社区云和混合云等不同的部署模式,为客户提供按需自助、泛在接入、快速可伸缩及可计量等特性的服务。云计算是一个由大量组件构成的复杂系统,如应用部署组件、虚拟机监视组件、数据存储组件、客户虚拟机、支撑的中间件、提供自服务功能的组件、资源监视与计量组件、工作负载管理组件、高可用功能组件、服务水平监视组件等。云服务商可能会使用其他云服务商的服务或第三方云服务组件,从而增加了误配置或配置不兼容引入的安全风险。随着复杂性的增加,出现系统缺陷或漏洞的可能性会随之增加,使得云计算平台实施有效的数据保护措施的难度大大增加,客户数据有被未授权访问、篡改、泄露和丢失的安全风险。

6)数据残留

采用社会化的云计算服务时,存储客户数据的存储介质由云服务商拥有和管理。客户不能直接管理和控制存储介质,不具有存储媒介的直接控制权,也无法接触和管理这些存储介质,无法参与云服务商数据异地存储备份和日常运行维护工作。当客户退出云计算服务时,一方面,客户很难确认云服务商已正确处置业务数据,缺乏有效的机制、标准或工具来监管、验证云服务商是否实施了完全删除操作,云服务商可能出于商业目的保留客户数据,这就有可能存在数据残留的问题,增加客户数据泄露风险;另一方面,云服务商也可能无法彻底和及时地删除数据,这是因为数据副本可能不可用或者要被销毁的磁盘上存储有其他客户的数据。在多租户和硬件重用的情况下会产生比硬件专用更高的风险。

客户所拥有的数据和资料不仅包括前期移交给云服务商的数据和资料,还包括云计算服务运行时产生和收集的客户相关的各种数据。这些业务数据和资料较为敏感,一旦泄露将会对客户产生安全威胁。有些云服务商出于自身利益的考虑,会将这些数据扣留或者不告知客户,这也会产生数据残留问题。因此,客户在与云服务商签合同时就应该考虑到这些情况,确保在云计算服务终止后,云服务商将客户数据、客户相关资料及客户业务运行附属信息完整移交给客户,并通过技术和管理措施消除数据残留安全风险。

7)容易产生对云服务商的过度依赖

由于云计算服务还在不断发展,目前在可移植性、互操作性方面还缺乏相关标准。各个云服务商之间缺乏保证数据与业务可移植的工具、过程或标准的数据格式或服务接口。客户选择了云服务商后,就很难将数据和业务从一个云计算平台迁移到另一个云计算平台,同样也很难把数据和业务从云计算平台迁移到客户自有的数据中心。这些都会使客户对云服务商产生过度依赖。

目前,云计算服务市场还不成熟,导致可供客户选择的云服务商非常有限。云服务商的服务水平良莠不齐,且服务内容不具备可移植性和互操作性。一旦选择后,很难将业务和数据从一个云服务商的平台迁移到另一个云服务商的平台。

客户对云服务商的过度依赖会带来以下风险。

(1) 云服务商会对客户提出过高的服务价格或额外的费用要求。

(2) 客户可能会面临云服务商提出的各种不平等条件。

(3) 云服务商不再提供云计算服务时导致客户数据丢失和业务中断等。

3. 不同服务模式下安全管理责任主体

(1) 云服务商。为确保客户数据和业务系统安全,云服务商应先通过安全审查,才能向客户提供云计算服务;积极配合客户的运行监管工作,对所提供的云计算服务进行运行监视,确保持续满足客户安全需求;合同关系结束时应满足客户数据和业务的迁移需求,确保数据安全。

(2) 客户。从已通过安全审查的云服务商中选择适合的云服务商。客户需承担部署或迁移到云计算平台上的数据和业务的最终安全责任;客户应开展云计算服务的运行监管活动,根据相关规定开展信息安全检查。

(3) 第三方评估机构。对云服务商及其提供的云计算服务开展独立的安全评估。

云计算作为一种服务供应链,是云计算服务运营商和众多服务提供商等不同利益主体的合作型系统。它具有如下特点:比传统的供应链更加不稳定;属于技术性的网络服务产品;服务产品具有易逝性;自身利益的最大化与其他成员或与系统整体目标产生冲突。图 6-6 给出了云计算典型的计算模式示意图。

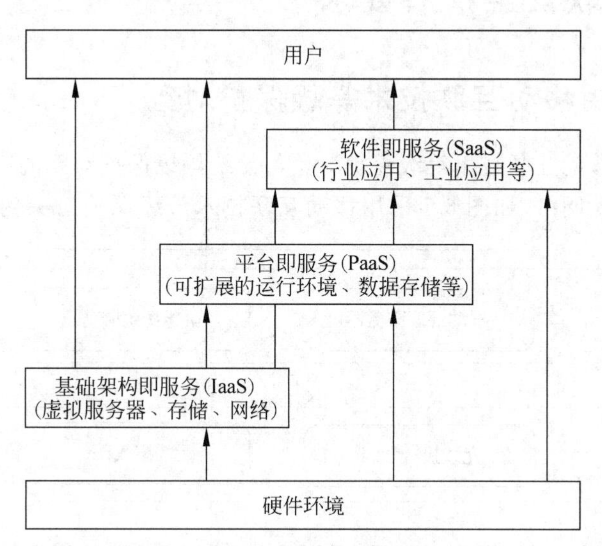

图 6-6 云计算典型的计算模式示意图

6.1.3 云计算安全扩展要求技术指标

在云计算环境中,应将云服务方侧的云计算平台单独作为定级对象定级,云租户侧的等级保护对象也应作为单独的定级对象定级。

对于大型云计算平台,应将云计算基础设施和有关辅助服务系统划分为不同的定级对象,表 6-1 给出云计算安全扩展要求。

表 6-1 云计算安全扩展要求

技术/管理	分　类	安全控制点
安全技术要求	安全物理环境	基础设施位置
	安全通信网络	网络架构
	安全区域边界	访问控制
		入侵防范
		安全审计
	安全计算环境	身份鉴别
		访问控制
		入侵防范
		镜像和快照保护
		数据完整性和保密性
		数据备份恢复
		剩余信息保护
安全管理要求	安全管理中心	集中管控
	安全建设管理	云服务商选择
		供应链管理
	安全运维管理	云安全环境管理

6.2 移动互联安全扩展要求

6.2.1 采用移动互联技术等级保护对象

本标准中采用移动互联技术等级保护对象与传统等级保护对象的区别在于移动终端可以通过无线方式接入网络,如图 6-7 采用移动互联技术等级保护对象构成所示移动终端可

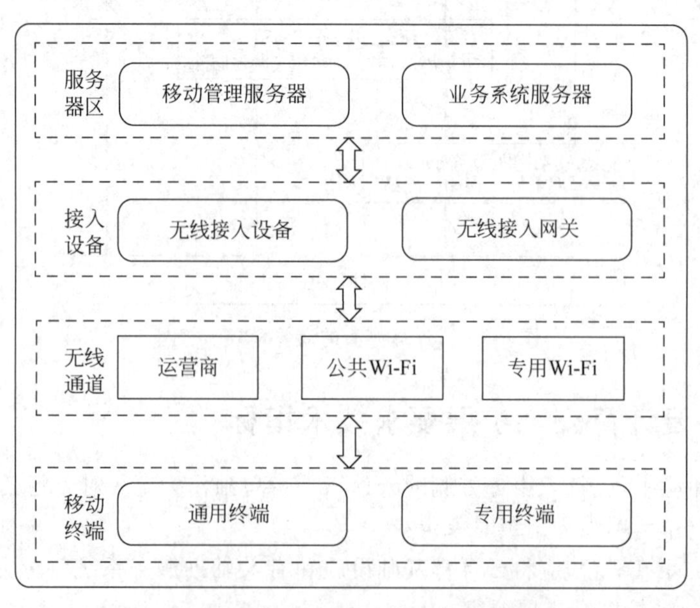

图 6-7 采用移动互联技术等级保护对象构成

以远程通过运营商基站或公共 Wi-Fi 接入等级保护对象，也可以在本地通过本地无线接入设备接入等级保护对象。系统通过移动管理系统的服务端软件向客户端软件发送移动设备管理、移动应用管理和移动内容管理策略，并由客户端软件执行实现系统的安全管理。

6.2.2　采用移动互联技术等级保护对象定级

与传统等级保护对象相比，采用移动互联技术等级保护对象突出 3 个关键要素：移动终端、移动应用和无线网络。因此，采用移动互联技术等级保护对象的安全防护在传统等级保护对象防护的基础上，主要针对移动终端、移动应用和无线网络在物理和环境安全、网络和通信安全、设备和计算安全、应用和数据安全 4 个技术层面进行扩展。

采用移动互联技术的等级保护对象应作为一个整体对象定级，移动终端、移动应用和无线网络等要素不单独定级，与采用移动互联技术等级保护对象的应用环境和应用对象一起定级。

6.2.3　移动互联安全扩展要求技术指标

采用移动互联技术的等级保护对象首先应实现《信息安全技术 网络安全等级保护基本要求 第 1 部分：安全通用要求》(GB/T 22239.1)提出的对等级保护对象的通用安全要求，在此基础上进一步实现本标准提出的扩展安全要求，表 6-2 给出移动互联安全扩展要求。

表 6-2　移动互联安全扩展要求

技术/管理	分　类	安全控制点
安全技术要求	安全物理环境	无线接入点的物理位置
	安全区域边界	边界防护
		访问控制
		入侵防范
	安全计算环境	移动终端管控
		移动应用管控
安全管理要求	安全建设管理	移动应用软件采购
		移动应用软件开发
	安全运维管理	配置管理

6.3　物联网安全扩展要求

6.3.1　物联网系统构成

物联网系统从架构上可分为 3 个逻辑层，即感知层、网络传输层、处理应用层。其中，感知层包括传感器节点和传感网网关节点，或 RFID 标签和 RFID 读写器，也包括这些感知设备及传感网网关、RFID 标签与阅读器之间的短距离通信(通常为无线)；网络传输层指将这些感知数据远距离传输到处理中心的网络(如互联网、移动网)，常包括几种不同网络的融合；处理应用层指对感知数据进行存储与智能处理的平台，并对行业应用终端提供服务。对大型物联网系统来说，处理应用层一般是云计算平台和行业应用终端设备，具体如图 6-8 所示。

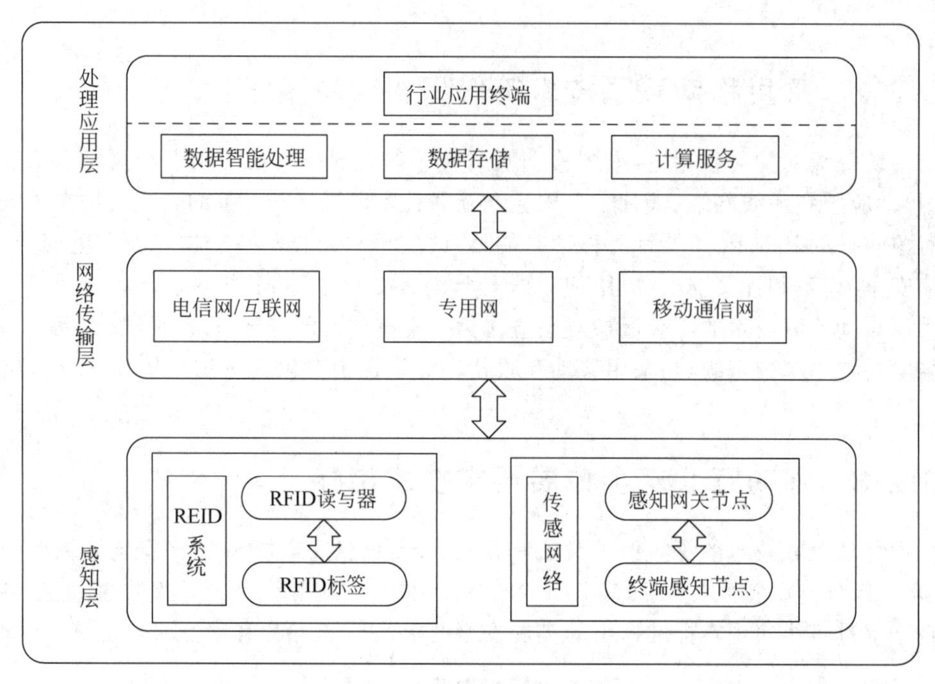

图 6-8　物联网系统构成

6.3.2　物联网系统定级与物联网安全扩展要求技术指标

物联网应作为一个整体对象定级，主要包括感知层、网络传输层和处理应用层等要素。

采用物联网技术的信息系统首先应实现《信息安全技术 信息安全等级保护基本要求：第 1 部分 安全通用要求》(GB/T 22239.1)提出的对信息系统的通用安全要求，在此基础上进一步实现本部分提出的扩展安全要求，表 6-3 为物联网安全扩展要求。

表 6-3　物联网安全扩展要求

技术/管理	分　　类	安全控制点
安全技术要求	安全物理环境	感知节点设备物理防护
	安全区域边界	接入控制
		入侵防范
	安全计算环境	感知节点设备安全
		网关节点设备安全
		抗数据重放
		数据融合处理
安全管理要求	安全运维管理	感知节点管理

思考题

1. 归纳云计算的服务模式和部署模式。
2. 详细解释云计算的特征和优势。
3. 归纳云计算的安全风险。
4. 查阅资料,归纳云计算安全扩展要求。
5. 查阅资料,归纳移动互联安全扩展要求。
6. 查阅资料,归纳物联网安全扩展要求。

第7章 IT治理概述

本章介绍IT治理的相关概念、IT治理支持手段，以及IT治理的相关标准，包括COBIT、PRINCE2、ITIL、ISO/IEC 20000以及COSO发布的内部控制框架等。

7.1 IT治理

企业信息化建设的根本任务是实现企业战略目标和信息系统整体部署的有机结合。企业信息技术的管理工作一般可以分为3层架构，IT战略规划层（战略层）、IT系统管理层（战术层）和IT技术及运作管理层（运作层）。其中，IT战略规划内容包括IT战略制定、IT治理和IT投资管理；IT系统管理内容包括IT管理流程、组织设计、管理制度和管理工具等；IT技术及运作管理内容包括IT技术管理、服务支持和日常维护等。

IT治理是组织根据自身文化和信息化水平构建适合组织发展的架构并实施的一种管理过程，是平衡IT资源和组织利益相关者之间IT决策权力归属与责任分配的一种管理模式，旨在规避IT风险和增加IT收益，实现IT目标与组织业务目标的融合。

IT治理是信息技术、经济学及管理学中的一个概念，用于描述企业或政府是否采用有效的机制，使得IT的应用能够完成组织赋予它的使命，同时平衡信息化过程中的风险，确保实现组织的战略目标。其主要使命是：保持IT与业务目标一致，推动业务发展，促使收益最大化，合理利用IT资源，适当管理与IT相关的风险。

IT治理的目的之一就是通过平衡信息技术和信息过程的风险，使得IT能够实现其预期的功能，并帮助企业实现其战略目标，改善企业经营的业绩，从而增加企业的收益与核心竞争力。针对信息系统的风险控制是顺利实现IT治理的必要过程，主要包括信息系统风险的识别、量化评估以及采取什么样的措施来规避风险。

IT战略目标必须与企业战略目标保持一致，IT对于组织来说非常关键，是战略规划的重要组成部分，甚至直接影响到战略竞争机遇。IT治理的具体内容如下：

(1) IT治理包含治理委员会、治理结构、治理流程和企业文化等；

(2) IT治理使风险透明化，从而保护利益相关者的权益；

(3) IT治理可用来指导和控制IT投资、机遇、收益及风险；

(4) IT治理通过引导IT战略，并建立标准的信息基础架构，实现业务增长；

(5) IT 治理对核心 IT 资源做出合理的制度安排，这将成为进入新的市场、进行有效竞争、实现总收入增长、改善客户满意度及维系客户关系的制度保障。

虽然 IT 治理的定义不同，但在 IT 治理研究领域中，有一些本质的东西是被广泛认可的。例如：IT 治理是企业治理的组成部分；IT 治理解决的是做什么和由谁负责的问题；IT 治理的目标是实现和促进企业目标等。与业务目标一致、有效利用信息资源和风险管理是实施 IT 治理的本质。

IT 治理是一个循环反复的过程，包括 IT 的规划与实施、IT 及信息的获取与实施、信息系统的交付与支持、过程的监控等，在管理 IT 风险的同时实现收益，通过回顾评估进行修正，然后进入下一个循环。

公司治理的重点是注重战略目标的制定，注重创新能力的鼓励和保障，侧重于客户以及利益相关者的关系；IT 治理的侧重点是关注与目标相匹配的过程实现，注重在有效的机制下对知识资产和智力资产进行管理，及关注企业之间的沟通和内部成员之间的沟通。

7.2 IT 治理支持手段

目前国际上较为通行公认的 IT 治理标准主要有：COBIT、PRINCE2、ITIL、ISO/IEC 27001 以及 COSO 发布的内部控制框架等。COBIT 提供控制和审计；PRINCE2 提供结构化项目管理方法；ITIL 提供整个过程的服务管理；ISO/IEC 27001 提供安全管理。除此之外，CISR 强调决策权的分配；IT-CMM 可以判定企业信息化级别。

1. 内部控制理论与 ERMF

20 世纪 90 年代初，美国全美反舞弊性财务报告委员会(Committee of Sponsoring Organizations of the Treadway Commission，COSO)在整合企业对内部控制需求的基础上提交报告《内部控制——整体框架》。两年后 COSO 对整体框架进行了更全面的增补，随后此框架得到了众多企业的认可，并于 4 年后获得了美国《审计准则公告第 78 号》的承认。而且 COSO 内部控制框架还得到美国证券交易委员会的信赖，由此可见该框架在当时的作用是非常明显的。COSO 内部控制整体框架认为：内部控制系统是由控制环境、风险评估、内控活动、信息与沟通、监督 5 个要素组成。该框架强调内部控制与管理是一个过程。不同的企业对信息系统进行风险控制时，5 个要素的内容可能各不相同，这与企业管理层选择的经营方式有关。2004 年 COSO 报告对内部控制整体框架进行了改进，提出了企业风险管理(Enterprise Risk Management，ERM)的概念，成为内部控制研究道路上一个新的里程碑。此报告将原来内部控制的三大目标增加到 4 个，并基于内部控制和企业风险管理的新需求，将五大要素扩展到 8 个。该报告还首次将风险评估作为内部控制的组成部分，使得内部控制的理论更加完善。COSO 在企业风险管理的定义中明确指出，企业风险管理是一个企业全体人员共同参与的过程，它包括内部控制及其在战略和整个组织的应用，旨在为实现企业经营目标和企业正常运行规范提供合理保证。COSO 认为风险管理是由目标、要素和组织三个维度组成的整体框架，ERMF(Enterprise Risk Management Framework)框架结构如图 7-1 所示。

第一维度是企业的目标：主要包括战略目标、运营目标、报告目标和合规目标等，这些

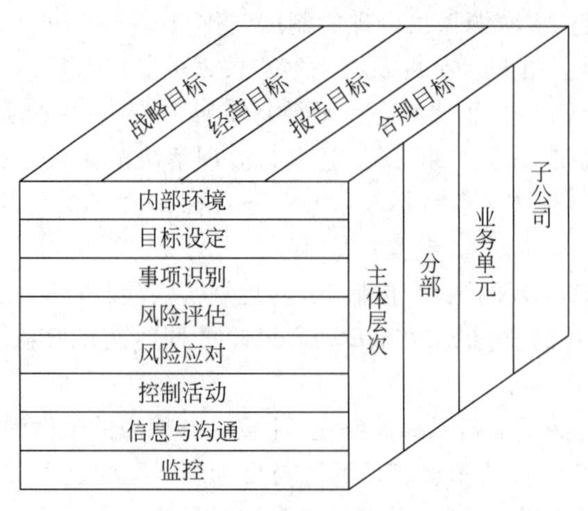

图 7-1 ERMF 框架

目标为企业的运营起到了方向性的指导作用。

第二维度是企业风险管理要素：包括内部环境、目标设定、事项识别、风险评估、风险应对、控制活动、信息与沟通和监控，这些要素是企业进行风险控制的主要考虑对象。

第三维度是企业的组织结构，也就是公司从上至下的组织层次结构：主要包括主体层次、分部、业务单元及子公司等。

2. PRINCE2

1975 年，Simpact Systems 公司建立项目管理方法 PROMPT；1979 年，英国中央计算机与电信局(Central Computer and Telecommunications Agency，CCTA)将 PROMPT 接受为政府部门信息系统项目的项目管理标准；1989 年，受控环境中的项目(PRojects IN Controlled Environments，PRINCE)取代了 PROMPT；1996 年，CCTA 并入英国政府商务部(Office of Government Commerce，OGC)对 PRINCE 做了进一步的开发，形成 PRINCE2，并开始推广。

项目管理向来就是一个充满挑战的管理，管理人员必须在事先确定好的人力、物力、财力和时间基础上产出预期质量的项目结果。PRINCE2 是结构化的项目管理方法，其过程模型由 8 个管理过程组成，这 8 个过程涵盖了从项目启动到结束过程中进行项目管理和控制的所有活动。每个过程都鼓励对项目责任正式的确认，强调项目交付什么、为何交付、交付时间和为谁交付。

在 PRINCE2 框架指导下，其 8 个管理过程在每一个具体项目中必须以合适的方式定义和完成，它们是 PRINCE2 实施步骤的指导，而 PRINCE2 所定义的 8 个管理要素，其方法理念将在过程的实施中得以体现。这 8 个要素分别如下。

(1) 商业论证。PRINCE2 的首要前提就是必须有可操作的商业论证来驱动项目的运作。只有当商业论证有变化需求时，项目过程中的各种基础特征才能清晰定义与管理。

(2) 组织。PRINCE2 提供了项目管理团队的组织构架，定义了项目相关人员的角色、责任以及关系。其中，有部分角色可以根据项目实际情况进行适当的合并或者分担。

(3) 计划。PRINCE2 提供了一系列不同级别的计划模板以及基于成果的计划方法，以方便使用者根据项目大小与具体需求来量身定做自己的项目计划。

(4) 控制。PRINCE2 拥有一套控制机制以方便关键决策信息的提供,帮助项目组织避免问题出现以及更好地处理问题。PRINCE2 的高级管理控制是基于"例外管理"这一概念的。这就是说一旦计划得以批准,项目经理就应该将计划推行下去,直到可能发生问题之时。

(5) 风险管理。风险是 PRINCE2 贯穿于整个项目生命周期中所重点关注的因素。PRINCE2 定义了何时应该检查风险,提供了一套分析管理风险的方法,并要求在所有过程中施行。

(6) 项目环境质量。PRINCE2 认识到质量的重要性,在管理和技术过程中融入了质量方法。该方法包括设定用户质量期望,明晰质量标准以及实施质量检测方法。

(7) 配置管理。意为跟踪最终产品要素以及发行版本。配置管理的办法有很多,PRINCE2 并没有提出新的方法,而是说明了配置管理方法所需的基本要求以及它是怎么和其他要素、技术联系在一起的。

(8) 变更控制。PRINCE2 认为项目过程中所实施的技术手段会因为环境以及项目本身的原因而发生很大的差异,因此,它没有推荐相应的实现工具和技术,而是一再强调具体实施技术和工具要根据具体情况确定,项目经理可以要求项目支持组提供相应的技术和工具。但是,PRINCE2 仍然描述了三项技术,包括基于产品的计划方法,质量审查技术,变更控制技术。

PRINCE2 提供一套控制手段,保证提供进行关键决策所需要的信息;PRINCE2 规定了风险审核关键点,同时概述了风险分析和管理方法;PRINCE2 在技术和管理过程中融入了质量方法;PRINCE2 对配置管理方法所需要的信息和基本设施进行了定义,也说明了应如何与 PRINCE2 的其他几个组成部分进行衔接;PRINCE2 强调变更控制的必要性。

3. ITIL

信息技术基础架构库(Information Technology Infrastructure Library,ITIL)由英国政府部门 CCTA 在 20 世纪 80 年代末制定,现由英国商务部负责管理,主要适用于 IT 服务管理(ITSM)。ITIL 模型起源于 20 世纪 80 年代末,最初的目的是通过应用 IT 提升政府业务的效率。ITIL 开始是作为政府 IT 部门的最佳实践指南,之后被推广到英国私营企业,然后传遍欧洲,兴起于美国。20 世纪 90 年代后期,ITIL 的思想和方法被美国、澳大利亚、南非等国家广泛引用,并进一步发展。2001 年英国标准协会(British Standard Institute,BSI)在国际 IT 服务管理论坛(itSMF)年会上,正式发布了基于 ITIL 的英国国家标准 BS15000。2002 年,BS15000 为国际标准化组织(ISO)所接受,作为 IT 服务管理的国际标准的重要组成部分。ITSM 领域已经成为全球 IT 厂商、政府、企业和业界专家广泛参与的领域,对未来的 IT 走向和企业信息化,将会产生深远的影响。其内容描述的是 IT 部门应该包含的各个工作流程以及各个工作流程之间的相互关系。

ITIL 自 1980 年至今,主要经历了 3 个主要版本:ITIL v1(1986—1999)、ITIL v2(1999—2006)和 ITIL v3(2004—2007)。ITIL v1 是基于职能型的实践,有 40 多卷图书;ITIL v2 是基于流程型的实践,有 10 本图书,包含 7 个体系,目前已经成为 IT 服务管理领域全球广泛认可的最佳实践框架;ITIL v3 基于服务生命周期的实践,整合了 ITIL v1 和

ITIL v2 的精华,是 IT 服务管理领域当前的最佳实践。ITIL 已经成为 IT 管理领域的事实上标准,相关的 IT 产品有 IBM 的 Tivoli,微软公司的微软运营框架(Microsoft Operations Framework,MOF),惠普公司的 ITSM 参考模型(IT Service Management Reference Model)等。

1999 年 ITIL 引入中国。1999—2002 年之前,国内对 ITIL 了解的单位不多,成功案例也十分有限。2002 年开始日益受关注。

ITIL 主要包括 6 个模块,即服务管理、业务管理、IT 服务管理规划与实施、基础架构管理、应用管理和安全管理。服务管理是 ITIL 6 个模块中的最核心模块,又包括服务支持和服务提供。服务支持流程组包括 5 个运营级流程:事故管理、问题管理、配置管理、变更管理以及发布管理;服务提供流程组包括 5 个战术级流程:服务级别管理、IT 服务财务管理、能力管理、IT 服务持续性管理和可用性管理。

ITIL 的特点有:ITIL 作为最佳实践框架不是基于理论开发的,而是根据实践开发的;ITIL 是事实上的国际标准;ITIL 内含质量管理思想。ITIL 为企业的 IT 服务管理实践提供了一个客观、严谨、可量化的标准和规范。ITIL v3 拥有 3 个组件:核心组件、补充组件和网络组件。核心组件由 5 本书组成,替代了原有的两本书“服务支持和服务交付”,涵盖了 IT 服务的生命周期,从设计到退役,其包括关键概念和相对稳定、通用化的最佳实践。补充组件包括不同情况、行业和环境的详细内容和目标。ITIL v3 新的特色是补充组件,该部分指导在不同市场、技术或规范环境中的应用。补充组件将每年或每季度不定期地根据需求进行变更。网络组件提供共同所需的动态资源和典型资料,如流程图、定义、模版、业务案例和实例学习。网络组件是动态的在线资源,可根据需要进行变更,类似于一个公司的网站。

ITIL v3 的核心架构是基于服务生命周期的。服务战略是生命周期运转的轴心;服务设计、服务转换和服务运营是实施阶段;服务改进则在于对服务的定位和基于战略目标对有关的进程和项目的优化改进。

ITIL 自发布以来,一直被业界认为是 IT 服务管理领域事实上的管理标准,直到 2000 年 11 月,英国标准协会(BSI)正式发布了以 ITIL 为核心的国家标准 BS 15000;随后,2005 年 5 月,国际标准组织(ISO)以快速通道的方式批准通过了 ISO 20000 的标准决议,并于 12 月 15 日正式发布了 ISO 20000 标准。

ISO/IEC 20000-1 是由联合技术委员会 ISO/IEC JTC1 信息技术组发布的,其第 2 版取代了第 1 版(ISO/IEC 20000-1:2005),也进行了技术修订。其主要区别如下:更接近 ISO 9001;更接近 ISO/IEC 27001;对术语进行了调整,以保持和国际惯例的一致性;加入了更多的定义,对一些定义进行更新,对其中两个定义进行清除;引进了“服务管理体系”概念;将 ISO/IEC 20000-1:2005 版中的条款 3 和 4 进行了合并,并将所有的管理体系要求纳入同一个条款中;进一步明确了运营流程各方的治理要求;进一步明确了定义服务管理体系范围的要求;进一步明确了将 PDCA 方法应用于服务管理体系中,包括服务管理流程和服务;对新服务和变更服务的设计与转换引进了一些新的要求。

ISO 20000 的流程包括了 ITIL v2 中核心模块服务支持和服务提供的所有相关流程,以及安全管理和其他模块的相关流程。ITIL v3 则在 v2 的基础上,参照 ISO 20000 的管理体系,进一步地明晰和增加了部分流程。ISO 20000 包含了 13 个管理流程。除了服务报告之外,ITIL v2 囊括了 ISO 20000 中的所有管理流程,并增加了服务台这个流程,作为报告事件和请求提供用户支持的中心,作为首次联系点,对事件进行统计和归类,有效减轻了 IT

部门的工作量。ITIL v3 是在 ITIL v2 的基础上发展起来的，它用生命周期的概念将 ITIL v2 中设计的各个管理流程有机地贯穿在了一起，以服务战略为指导，从服务设计开始，通过服务转换，直至服务运营，整个过程井然有序，同时伴随着持续服务改进，用以提高各个模块的服务水平。ITIL v3 是用一种全新的视角对 ISO 20000 中的管理流程进行了整合，根据各个流程的特性及所处的阶段，将它们归纳到不同的服务生命周期过程中，如表 7-1 所示。

表 7-1 ISO 20000、ITIL v2 与 ITIL v3 流程

ISO 20000 流程	ITIL v2 流程	ITIL v3 流程	所属 v3 生命周期阶段
事故管理	事故管理	事件管理、事故管理、请求实现	服务运营
问题管理	问题管理	问题管理	服务运营
变更管理	变更管理	变更管理	服务转换
配置管理	配置管理	配置管理	服务转换
发布管理	发布管理	发布管理	服务转换
服务级别管理	服务级别管理	服务级别管理	服务设计
服务连续性 & 可用性管理	服务连续性管理 & 可用性管理	连续性管理 & 可用性管理	服务设计
IT 服务预算和会计	财务管理	IT 服务财务管理	服务战略
能力管理	能力管理	能力管理	服务设计
服务报告	（无）	服务报告	服务改进
信息安全管理	安全管理	信息安全管理	服务设计
业务关系管理	《业务管理》&《用户联络》	业务关系管理	服务战略
供应商管理	ITIL 丛书第一版 &《业务管理》	供应商管理	服务设计
（无）	（无）	知识管理	服务转换

4. COBIT 模型

COBIT(Control Objectives for Information and related Technology)是目前国际上通用的信息系统审计的标准，由美国信息系统审计与控制协会(The Information System Audit and Control Association，ISACA)在 1996 年公布。这是一个在国际上公认的、权威的安全与信息技术管理和控制的标准，目前已经更新至 5.0 版。它在商业风险、控制需要和技术问题之间架起了一座桥梁，以满足管理的多方面需要。该标准体系已在世界 100 多个国家的组织中运用，指导这些组织有效地利用信息资源，有效地管理与信息相关的风险。目前 COBIT 模型已经有 6 个版本，分别是 COBIT 1.0(1996)，COBIT 2.0(1998)，COBIT 3.0(2000)，COBIT 4.0(2005)，COBIT 4.1(2007)，最新版本为 2012 年 4 月颁布的 COBIT 5.0。2012 年 4 月，ISACA 官方正式发布 COBIT 5.0，这是 COBIT 发展 16 年来最重大的一次变化。COBIT 5.0 通过整合其他重要框架对 COBIT4.1 进行扩展而成。COBIT 5.0 提供了一个组织 IT 治理的端到端业务视图，该视图反映了信息技术在创造业务价值时的重要作用。该框架中提供了全球广泛认可的原则、最佳实践、分析工具和模型，可帮助组织获得对信息系统的信任并从中产生价值。

最初 COBIT 模型是用于 IT 审计的知识体系,着重用于 IT 的安全管理和风险控制,随后逐步发展成为 IT 治理的一整套体系标准。该标准为 IT 治理、安全与控制提供了一个结构化、系统化的框架,组织的各级人员基于这个框架展开 IT 治理。同时,COBIT 也是一个最佳实践库。COBIT 管理指南给出了 COBIT 的控制过程,COBIT 框架从信息系统的规划与组织、获得与实现、交付与支持、监控四个方面确定了通用的信息技术处理过程,只要通过对信息系统风险控制的过程进行评估,就可以帮助组织掌握信息系统外部环境。COBIT 为组织提供了过程框架在不同领域的良好实践,并以逻辑清晰且便于管理的架构来展示控制活动。

2012 年 4 月,ISACA 官方正式发布 COBIT 5.0。COBIT 5.0 提出了能使组织在一套包含 7 个驱动因素整体方法下、建立有效治理和管理框架的 5 个原则,以优化信息和技术的投资及使用以满足相关者的利益,如图 7-2 所示。

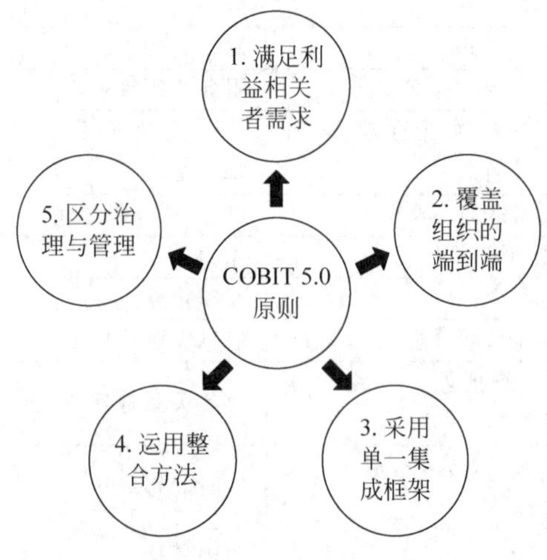

图 7-2 COBIT 5.0 原则

原则 1：满足利益相关者需求。组织存在的目的是为利益相关者创造价值,这些价值的创造通过保持效益、风险和资源使用优化之间的平衡来实现。COBIT 5.0 通过应用 IT 提供所有的必要的规程和促成因素来支持价值创造。因为不同组织有不同的目标,组织可以通过目标关联,自定义 COBIT 5.0 以适合其自身的情况,将高级别的组织目标转化成易管理的、特定的、IT 相关的目标,并将它们映射到具体的流程与实践。

原则 2：覆盖组织的端到端。COBIT 5.0 将企业 IT 治理融合到企业治理中,包含组织内的所有职能部门与流程；COBIT 5.0 不仅关注 IT 部门,而且把信息与相关技术当作资产,就像公司中每个人拥有的其他资产一样；考虑到了所有端到端的和组织范围的 IT 相关的治理和管理的促成因素,也就是说,包括组织内部和外部的、与组织的信息和涉及的 IT 治理与管理相关的各种要素和人员。

原则 3：采用单一集成框架。有许多 IT 相关标准和最佳实践,每一个均提供一部分 IT 活动的指导,COBIT 5.0 与其他相关标准与框架保持高度一致,并因此能够成为企业 IT 治理和管理的总体框架。

原则 4：运用整合方法。有效的企业 IT 治理和管理,需要一种整体考虑多个组件间相互影响的方法，COBIT 5.0 定义一系列促成因素来支持企业 IT 综合治理和管理系统的实施。

原则 5：区分治理与管理。COBIT 5.0 关于管理与治理的区别的观点在于“治理是保证通过评估利益相关者的需求、条件和选择权，以决定所要实现的、平衡的、一致的组织目标，通过优先次序设定方向、进行决策，并监控绩效实体以及既定方向和目标的符合性；管理是规划、构建、运营和监控与治理机构所设定的方向保持一致的活动，以实现企业目标”。

COBIT 5.0 包含的 7 个驱动因素如图 7-3 所示。

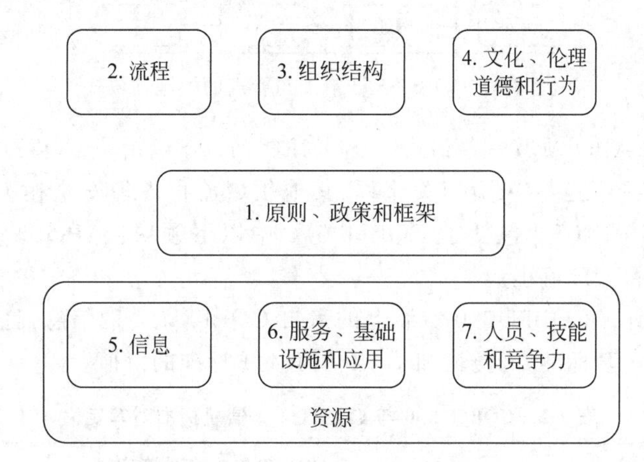

图 7-3 COBIT 5.0 驱动因素

(1) 原则、策略和框架。将期望的行为转化为实际指南的手段，以指导日常管理。

(2) 流程。描述了为实现既定目标的一系列有组织的实践和活动，同时产生支持实现全部 IT 相关目标的一系列结果。

(3) 组织结构。企业中决策的关键实体。

(4) 文化、伦理道德和行为。治理和管理活动中不可忽略的成功因素。

(5) 信息。保持组织运营和良好治理所必需的要素，也是企业本身在操作层面的关键产品。

(6) 服务、基础设施和应用。包括为组织提供信息技术处理和服务的基础架构、技术及应用系统。

(7) 人员、技能和竞争力。成功完成所有活动、并做出正确选择及采取纠正措施所必需的要素。

COBIT 5.0 不是规定性的，但它主张组织实施治理和管理流程以涵盖关键领域，如图 7-4 所示。COBIT 5.0 流程参考模型将组织 IT 治理和管理流程分为两个主要流程领域。

(1) 治理。包括 5 个治理流程，在每个流程内，定义了评估、指导和监控实践。

(2) 管理。包含 4 个领域，责任区域的规划、构建、运行和监控，并提供 IT 端到端的覆盖。

COBIT 5.0 流程参考模型是 COBIT 4.1 流程参考模型的继承者，同时也融合了 Value IT、Risk IT 流程模型。COBIT 5.0 包含了 37 种治理和管理流程的集合。

ITIL v3 2011 和 ISO/IEC 20000 包括了 COBIT 5.0 中以下领域：DSS 领域流程子集、

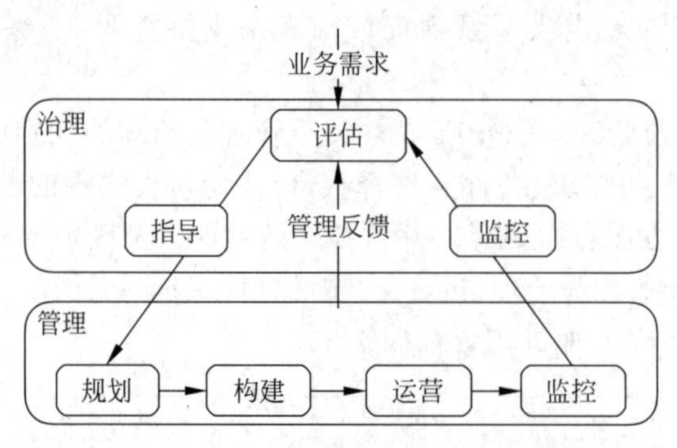

图 7-4 COBIT 5.0 治理与管理的关键领域

BAI 领域流程子集、APO 领域一些流程；ISO/IEC 27000 包括了 COBIT5.0 中以下领域：EDM、APO 和 DSS 中安全和风险相关流程、其他领域流程各种安全相关活动、MEA 领域监控和评估活动；PRINCE2 包括了 COBIT 5.0 中以下领域：APO 域组合相关的流程、BAI 域的方案和项目管理流程。

表 7-2 给出了所有 COBIT 5.0 所涵盖的来自 COBIT 4.1 的信息，且 COBIT 5.0 的信息模型允许定义另一套标准，因此增加了 COBIT 4.1 标准的价值。

表 7-2 COBIT 5.0 与 COBIT 4.1 信息标准对等定义

COBIT 4.1 信息标准	COBIT 5.0 的对等定义
有效性	如果信息满足了为完成特定任务而使用满足信息消费者的需求，那么它是有效的；如果信息消费者可以使用信息执行任务，那么该信息是有效的。这对应于以下信息质量目标：适量、相关性、可理解性、解释性、客观性
效率	虽然有效性把信息视为一种产品，效率更多地与获取和使用信息有关，所以它与“信息作为一种服务”的观点相一致。如果满足信息消费的需求的信息可以用一种简单的方法获得和使用，那么信息的使用是高效的。这对应于以下信息质量目标：可信度、可访问性、易于操作、信用度
完整性	如果信息具有完整性，那么它是没有错误的、完整的

5. 标准间的相互关系

COBIT 基于已有的许多架构，如 SEI 的能力成熟度模型(CMM)对软件企业成熟度的 5 级划分，以及 ISO 9000 等标准，在总结这些标准的基础上重点关注企业需要什么，而不是企业需要如何做，它是一个控制架构而非具体操作的过程架构。ITIL 基于企业的最佳实践，OGC 收集和分析各种组织解决服务管理问题方面的信息，找出那些对本部门和对英国政府其他部门有益的做法，最后形成了 ITIL。它列出了各个服务管理流程最佳的目标、活动、输入和输出以及各个流程之间的关系，但没定义范围广泛的控制架构。它关注方法和实施过程。尽管两个标准有着许多的不同之处，但在 COBIT 和 ITIL 背后却有着非常一致的指导原则。信息系统审计师通常综合使用 COBIT 和 ITIL 的自评估方法，评估企业 IT 服务管理环境。COBIT 为每一个过程提供了关键目标指标(KGI)、关键绩效指标(KPI)、关键成功要素(CSF)，这些指标与 ITIL 过程相结合，可以建立 ITIL 过程管理的基准。在实际应用中，某些企业综合两个标准提出了更易理解的、适用于本企业环境的 IT 治理和运行架构。

与 ISO 27001 不同，COBIT 完全基于信息技术，其 IT 准则反映了企业的战略目标，IT 资源包括人、系统、数据等相关资源，IT 管理则是在 IT 准则指导下对 IT 资源进行规划处理。

PRINCE2 为包括 IT 项目在内的项目管理提供了通用的管理方法，内置了在项目管理实践中已证明成功的最佳实践，通过为所有参与者提供的通用语言，便于被广泛理解和接受。COBIT 从战略、战术、技术等层面给出了如何有效管理 IT 项目。除给出项目管理具体控制目标外，COBIT 还给出了与项目管理相关的关键成功要素，其定义了最重要的面向项目管理的实施指南，以达到对 IT 项目过程内外部的控制；关键目标指标定义了一些尺度，便于在项目关键点，告诉管理者某个 IT 项目管理过程是否实现了其业务需求；关键绩效指标定义的是 IT 项目管理过程在促使项目目标达成时履行得有多好的尺度。从两者的比较可以看出，COBIT 重点在于对控制目标的管理上，PRINCE2 重点在于对流程的管理上。虽然二者从不同的角度出发认识 IT 项目管理，但二者有许多共同之处。COBIT 的项目中的主要计划、系统质量保证计划、保证方法计划、测试计划、培训计划、实施后的评审计划等控制目标映射到 PRINCE2 的计划流程；项目管理架构等映射到 PRINCE2 的指导项目流程；PRINCE2 的开始项目和启动项目流程对应着 COBIT 的用户方参与项目启动，项目团队身份及其职责、项目定义；项目批准、项目阶段批准、正式的项目风险管理则较好地被其他几个 PRINCE2 流程所包含。PRMCE2 从流程的角度对项目管理中各个活动进行管理，比较便于项目管理的具体实施，而 COBIT 从控制目标的角度阐述项目管理“应该怎样，应该达到什么目标”，这样便于企业控制和评审项目管理整体过程的执行情况。

COBIT、ITIL、ISO/IEC 27001 和 PRINCE2 在管理 IT 上各有优势，如 COBIT 重点在于 IT 控制和 IT 度量评价；ITIL 重点在于 IT 过程管理，强调 IT 支持和 IT 交付：ISO/IEC 27001 重点在于 IT 安全控制；PRINCE2 重点在于项目管理，强调项目的可控性，明确项目管理中人员角色的具体职责，同时实现项目管理质量的不断改进。

思考题

1. 叙述 IT 治理的基本概念。
2. 归纳对 IT 治理与 IT 管理的理解。
3. 查阅资料，归纳 IT 治理支持手段。
4. 叙述 ITIL 的主要内容和管理流程。
5. 叙述 COBIT 5.0 的 5 个原则和 7 个驱动因素。
6. 查阅资料，归纳 IT 治理相关标准的相互关系。

信息安全管理与风险评估相关表格(参考示例)

附表 1　信息安全方针文件

信息安全方针文件

文档信息：
编号：
分类：（密级）
作者：　　　　审核：　　　　批准：
版本及历史：
版本：　　　　时间：　　　　备注：
修改历史：

组织名称

日期

1. 目的

本文件是根据整体业务目标制定的信息安全活动的指导方针，公司管理者通过在整个组织中颁布和维护信息安全方针来表明对信息安全的支持和承诺。

信息安全管理体系方针指明了公司的信息安全目标和方向，并可以确保信息安全管理体系被充分理解和贯彻实施。

2. 适用范围

本文件适用于信息安全管理体系涉及的所有人员和过程。

3. 信息安全定义

信息安全是指保证信息的保密性、完整性、可用性，也可包括诸如真实性、可核查性、不可否认性和可靠性等属性。

信息安全是通过实施一组合适的控制措施而达到的，包括策略、过程、程序、组织结构以及软件和硬件功能。在需要时，需建立、实施、监视、评审和改进这些控制措施，以确保满足该组织的特定安全和业务目标。这个过程应与其他业务管理过程联合进行。

4. 信息安全方针

信息安全可保护信息免受各种威胁的损害，以确保业务连续性、业务风险最小化，投资回报和商业机遇最大化。

续表

公司信息安全方针为：积极防御、安全管理、控制风险、保障安全。公司可根据实际需要，再制定其他重要领域的具体方针。

5. 信息安全目标

公司的信息安全目标为满足已识别的信息安全要求，包括：

1）法律、法规和合同要求；

2）公司风险评估的结果。

公司信息安全的具体目标包括：

1）

2）

3）

……

6. ISMS 范围

公司信息安全管理体系的范围覆盖如下业务：

1）内部办公系统；

2）财务系统；

3）

……

其他说明。

7. 安全管理机构

7.1　信息安全领导小组

信息安全领导小组是本公司信息安全管理工作的最高领导机构，承担信息安全活动在部门之间的协调。

7.2　信息安全推进小组

信息安全推进小组在信息安全领导小组的领导下，负责公司日常信息安全的管理与监督活动……

8. 风险管理框架

……

9. 重要原则和符合性要求

9.1　法律法规和合同要求的符合性

……

9.2　安全教育、培训和意识要求

……

9.3　违反信息安全方针的后果

……

……

10. 评审

本文件按计划的时间间隔或当重大变化发生时进行信息安全方针评审，以确保其持续的适宜性、充分性和有效性。

公司每12个月评审一次本文件。在下列情况下，临时启动评审活动：

1）公司业务环境发生变化；

2）公司面临的威胁发生巨大的变化；

3）发生了重大的信息安全事故。

11. 实施时间

……

12. 相关文件

附表 2 适用性声明(A.5、A.6)

条款		目标	控制措施	是否选择	涉及文件与记录或不选择的理由
A.5 信息安全策略					
A.5.1 信息安全的管理方向					
A.5.1.1	信息安全策略	依据业务要求和相关法律法规提供管理方向并支持信息安全	信息安全策略集宜由管理者定义、批准、发布并传达给员工和相关外部方	选择	《信息安全策略文件》
A.5.1.2	信息安全策略的评审		信息安全策略宜按计划的时间间隔或当重大变化发生时进行评审,以确保其持续的适宜性、充分性和有效性	选择	《信息安全策略文件》《管理评审程序》
A.6 信息安全组织					
A.6.1 内部组织					
A.6.1.1	信息安全角色和职责	建立管理框架,以启动和控制组织范围内的信息安全的实施和运行	所有的信息安全职责宜予以定义和分配	选择	《信息安全策略文件》《信息安全组织》
A.6.1.2	职责分离		宜分离相冲突的责任及职责范围,以降低未授权或无意识的修改或者不当使用组织资产的机会	选择	《信息安全策略文件》《信息安全组织》
A.6.1.3	与政府部门的联系		宜保持与政府相关部门的适当联系	选择	《政府、特定利益集团联系表》
A.6.1.4	与特定利益集团的联系		宜保持与特定利益集团、其他安全论坛和专业协会的适当联系	选择	《政府、特定利益集团联系表》
A.6.1.5	项目管理中的信息安全		无论项目是什么类型,在项目管理中都宜处理信息安全问题	选择	《项目信息安全管理程序》
A.6.2 移动设备和远程工作					
A.6.2.1	移动设备策略	确保远程工作和使用移动设备时的安全	宜采用策略和支持性安全措施来管理由于使用移动设备带来的风险	选择	《信息安全保密程序》《物理设备管理程序》《控制访问管理程序》
A.6.2.2	远程工作		宜实施策略和支持性安全措施来保护在远程工作场地访问、处理或存储的信息	选择	《控制访问管理程序》

附表 3　不符合报告

报告编号：

被审核部门：	审核时间：

不符合事实陈述：

……

以上事实不符合 XXX 要求。

不符合： 文件：

标准条款：

不符合类型： □严重　□轻微

审核员：　**部门负责人：**

原因分析：

(1)

(2)

……

纠正措施计划：

(1)

(2)

(3)

……

纠正措施的预计完成时间：

部门负责人：　**日期：**

审核员：　**日期：**

信息安全管理经理：　**日期：**

纠正措施完成情况：

(1)

(2)

(3)

……

部门负责人：　**日期：**

完成纠正措施的验证情况：

(1)

(2)

(3)

……

审核员：　**日期：**

附表 4　信息安全事件报告

<table>
<tr><td>事件发生日期</td><td colspan="2"></td><td rowspan="2">相关事件的识别号(如果可能)</td><td rowspan="2"></td></tr>
<tr><td>事件号</td><td colspan="2"></td></tr>
<tr><td colspan="5">报告人信息</td></tr>
<tr><td>姓名</td><td colspan="2"></td><td>电话</td><td></td></tr>
<tr><td>组织</td><td colspan="2"></td><td>电子邮件</td><td></td></tr>
<tr><td>地址</td><td colspan="4"></td></tr>
<tr><td colspan="5">信息安全事件描述</td></tr>
<tr><td rowspan="6">事件描述</td><td>发生了什么</td><td colspan="3"></td></tr>
<tr><td>怎样发生的</td><td colspan="3"></td></tr>
<tr><td>为什么发生</td><td colspan="3"></td></tr>
<tr><td>受影响的组件</td><td colspan="3"></td></tr>
<tr><td>业务影响</td><td colspan="3"></td></tr>
<tr><td>任意已识别的脆弱点</td><td colspan="3"></td></tr>
<tr><td colspan="5">信息安全事件详细信息</td></tr>
<tr><td colspan="2">事件发生的日期和时间</td><td colspan="3"></td></tr>
<tr><td colspan="2">事件被发现的日期和时间</td><td colspan="3"></td></tr>
<tr><td colspan="2">事件被记录的日期和时间</td><td colspan="3"></td></tr>
<tr><td colspan="2">事件是否已经结束</td><td colspan="3">是□否□</td></tr>
<tr><td colspan="2">(如果选择是)事件持续了多久(日/小时/分钟)</td><td colspan="3"></td></tr>
</table>

附表 5　信息安全事故报告

<table>
<tr><td>事故发生日期</td><td colspan="2"></td><td rowspan="2">相关事故的识别号(如果可能)</td><td rowspan="2"></td></tr>
<tr><td>事故号</td><td colspan="2"></td></tr>
<tr><td colspan="5">操作支持组成员信息</td></tr>
<tr><td>姓名</td><td colspan="2"></td><td>电话</td><td></td></tr>
<tr><td>地址</td><td colspan="2"></td><td>电子邮件</td><td></td></tr>
<tr><td colspan="5">信息安全事故描述</td></tr>
<tr><td rowspan="2">事故描述</td><td>发生了什么</td><td colspan="3"></td></tr>
<tr><td>怎样发生的</td><td colspan="3"></td></tr>
<tr><td rowspan="4">事故描述</td><td>为什么发生</td><td colspan="3"></td></tr>
<tr><td>受影响的组件</td><td colspan="3"></td></tr>
<tr><td>业务影响</td><td colspan="3"></td></tr>
<tr><td>任意已识别的脆弱点</td><td colspan="3"></td></tr>
<tr><td colspan="5">信息安全事故详细信息</td></tr>
<tr><td colspan="3">事故发生的日期和时间</td><td colspan="2"></td></tr>
<tr><td colspan="3">事故被发现的日期和时间</td><td colspan="2"></td></tr>
<tr><td colspan="3">事故被记录的日期和时间</td><td colspan="2"></td></tr>
<tr><td colspan="3">事故是否已经结束</td><td colspan="2">是□否□</td></tr>
<tr><td colspan="3">(如果选择是)事故持续了多久(日/小时/分钟)</td><td colspan="2"></td></tr>
<tr><td colspan="3">(如果选择否)说明事故到目前为止持续了多久(日/小时/分钟)</td><td colspan="2"></td></tr>
<tr><td colspan="5">信息安全事故类型</td></tr>
<tr><td colspan="3">(选择一项,然后填写相关栏目)</td><td colspan="2">实际发生的□未遂的□
可疑的□</td></tr>
</table>

续表

<table>
<tr><td colspan="2">(选择一项)蓄意的□
盗窃(TH)□
欺诈(FR)□
破坏/物理损害(SA)□
恶意代码(MC)□</td><td colspan="2">(表明所涉威胁类型)
黑客攻击/逻辑渗透(HA)□
滥用资源(MI)□
其他(OD)□
具体说明:</td></tr>
<tr><td colspan="2">(选择一项)意外的□
硬件故障(HF)□
软件故障(SF)□
重要服务丧失(LE)□
人员短缺(SS)□
其他(OA)□</td><td colspan="2">(表明所涉威胁类型)
其他自然事件(NE)□
通信故障(CF)□
火灾(FI)□
洪水(FL)□
具体说明:</td></tr>
<tr><td colspan="2">(选择一项)错误□
操作错误(OE)□
硬件维护错误(CHE)□
软件维护错误(SE)□</td><td colspan="2">(表明所涉威胁类型)
用户错误(UE)□
设计错误(DE)□
其他(包括单纯错误)(OA)□
具体说明:</td></tr>
<tr><td colspan="4">未知的□(如果尚无法确定事故属于蓄意、意外还是错误造成的,选择本项,如果可能,用上述威胁类型缩写表明所涉威胁类型)
具体说明:</td></tr>
<tr><td colspan="4">受影响的资产</td></tr>
<tr><td colspan="4">(提供受事故影响或与事故有关的资产的描述,包括相关序号、许可证和版本号)
(如果有的话)</td></tr>
<tr><td>信息/数据</td><td colspan="3"></td></tr>
<tr><td>硬件</td><td colspan="3"></td></tr>
<tr><td>软件</td><td colspan="3"></td></tr>
<tr><td>通信设施</td><td colspan="3"></td></tr>
<tr><td>文档</td><td colspan="3"></td></tr>
<tr><td colspan="4">事故对业务的负面影响</td></tr>
<tr><td>(用1～5在“数值”项中记录事故对所涉各业务造成负面影响的程度。如果了解实际成本,可填写到“成本”项中)</td><td colspan="2">数值</td><td>成本</td></tr>
<tr><td>破坏保密性□(即未经授权泄露)</td><td colspan="2"></td><td></td></tr>
<tr><td>破坏完整性□(即未经授权篡改)</td><td colspan="2"></td><td></td></tr>
<tr><td>破坏可用性□(即无法使用)</td><td colspan="2"></td><td></td></tr>
<tr><td colspan="4">从事故中恢复的全部成本</td></tr>
<tr><td rowspan="2">(如果可能,填写事故恢复的实际总成本,用1～10填写“数值”项,用实际成本填写“成本”)</td><td colspan="2">数值</td><td>成本</td></tr>
<tr><td colspan="2"></td><td></td></tr>
<tr><td colspan="4">事故的解决</td></tr>
<tr><td>事故调查开始日期</td><td colspan="3"></td></tr>
<tr><td>事故调查员姓名</td><td colspan="3"></td></tr>
<tr><td>事故结束日期</td><td colspan="3"></td></tr>
<tr><td>影响结束日期</td><td colspan="3"></td></tr>
<tr><td>事故调查完成日期</td><td colspan="3"></td></tr>
<tr><td>调查报告的引用和位置</td><td colspan="3"></td></tr>
<tr><td>所涉人员/作恶者</td><td colspan="3"></td></tr>
</table>

续表

(选择一项) 人员(PE)□合法建立的机构/部门(OI)□ 机构的工作组(GR)□事故(AC)□ 无作恶者(NP)□ 如自然因素、设备故障、人为错误	
作恶者的动机描述	
(选择一项) 犯罪/经济收益(CG)□消遣/黑客攻击(PH)□ 政治/恐怖主义(PT)□报复(RE)□ 其他(QM)□ 具体说明:	
已采取的解决事故措施	

附表6　应急软硬件工具一览表

类别	序号	名　　称	单位	功能和用途
硬件	1	专用调查取证分析仪(不含软件)	台	专业的司法调查、取证、分析工具,可以在完全的保护模式下对 IDE、SATA、SCSI 等接口的磁盘进行镜像、分析等
	2	硬盘复制机	套	专用的硬盘复制工具,支持 IDE、SATA、SCSI 接口的硬盘复制、检测、对比等
	3	笔记本电脑	台	2G 内存、千兆网卡,安装有 Linux、Windows 2000、Windows 2003 Server 等
	4	3.5 吋移动硬盘	块	
	5	3.5 吋移动硬盘盒	个	
	6	5.25 吋 IDE 硬盘	块	
	7	5.25 吋 IDE 硬盘盒	个	
	8	2.5 吋移动硬盘 IDE 接口卡	个	
	9	IDE 转 SCSI 桥	个	
	10	IDE 转 IEEE 1394 桥	个	
	11	IDE 转 USB 桥	个	
	12	USB 转串口桥	个	
	13	USB 转 PS2 桥	个	
	14	USB 键盘/鼠标	套	
	15	USB 2.0 转 RJ-45 桥	个	
	16	USB 视频适配器	个	
	17	网络综合协议分析仪	台	
	18	10/100M 自适应 HUB	台	
	19	DVD/CD-RW 刻录机	台	
	20	DVD/CD-RW 光盘	盒	
	21	油性笔	支	
	22	数码相机	台	
	23	数码摄像机	台	

续表

类别	序号	名　　称	单位	功能和用途
软件	24	专用调查取证分析仪配套软件		
	25	专用分析软件	套	专用的计算机取证工具包,具备快速的数据搜索、分析功能,具备口令恢复(包括 Office、PDF、Lotus 文档等)、注册表查看等功能
	26	Windows XP Home Edition	套	系统盘
	27	Windows XP Professional Edition	套	系统盘
	28	Windows Server 2003	套	系统盘
	29	Windows 7	套	系统盘
	30	Windows 8	套	系统盘
	31	Winternals ERD Com-mander 2005	套	Windows 光盘自启动工具。可以从光盘启动 Windows,查看 NT-FS 分区,修改 Windows 2000/XP/ Server 2003 开机口令,以及数据恢复、网络连接等功能
	32	Linux 系统盘	套	系统盘
	33	Solaris 系统盘	套	系统盘
	34	BackTrack	套	基于 Slackware 和 SLAX 的自启动运行光盘,包含了一套安全及计算机取证工具。通过融合 Auditor Security Linux 和 WHAX(先前的 Whoppix)而创建成的
	35	KNOPPIX	套	Linux 下的光盘自启动工具,可以从光盘启动 Linux 系统
	36	Windows 主机数据初步收集工具包	套	常用工具套件,包含了对 Windows 主机系统进行初步数据收集时常用的可信程序
	37	Linux 主机数据初步收集工具包	套	常用工具套件,包含了对 Linux 主机系统进行初步数据收集时常用的可信程序
	38	Windows 主机数据深入收集工具包	套	常用工具套件,包含了对 Windows 主机系统进行深入数据收集时常用的可信程序
	39	Linux 主机数据深入收集工具包	套	常用工具套件,包含了对 Linux 主机系统进行深入数据收集时常用的可信程序
	40	Windows 主机数据分析工具包	套	常用工具套件,包含了对 Windows 主机系统进行数据分析时常用的可信程序
	41	Linux 主机数据分析工具包	套	常用工具套件,包含了对 Linux 主机系统进行数据分析时常用的可信程序
	42	网络数据收集工具包	套	常用工具套件,包含了对常见网络设备进行初步数据收集时常用的可信程序
	43	网络数据分析工具包	套	常用工具套件,包含了对常见网络设备进行数据分析时常用的可信程序

参考文献

[1] 范红,冯登国,吴亚非.信息安全风险评估方法与应用[M].北京:清华大学出版社,2006.

[2] 黄成哲.信息安全风险评估工具综述[J].黑龙江工程学院学报,2006,20(1):45-48.

[3] 范红.信息安全风险评估规范国家标准理解与实施[M].北京:中国标准出版社,2007.

[4] 吴亚非,李新友,禄凯.信息安全风险评估[M].北京:清华大学出版社,2007.

[5] 谢宗晓,郭立生.信息安全管理体系应用手册——ISO/IEC 27001标准解读及应用模板[M].北京:中国标准出版社,2008.

[6] 于军.信息安全管理的体系化管理——ISMS在电子政务中的应用[M].北京:国防工业出版社,2008.

[7] 赵战生.完善信息安全管理标准 落实信息安全等级保护制度[J].信息网络安全,2008,8(1):15-18.

[8] 周佑源,张晓梅.信息安全管理在等级保护实施过程中的要点分析[J].信息安全与通信保密,2009,9(1):66-68.

[9] 张泽虹,赵冬梅.信息安全管理与风险评估[M].北京:电子工业出版社,2010.

[10] 蔡盈芳.基于云计算的信息系统安全风险评估模型[J].中国管理信息化,2010,13(12):75-77.

[11] 陈清明,张俊彦.信息安全风险评估工具及其应用分析[J].信息安全与通信保密,2010,10(1):93-95.

[12] 薄明霞,陈军,王渭清,等.浅谈云计算的安全隐患及防护策略[J].信息安全与技术,2011,2(9):62-64.

[13] 刘波.云计算的安全风险评估及其应对措施探讨[J].移动通信,2011,35(9):34-37.

[14] 董建锋,裴立军,王兰英.云计算环境下信息安全分级防护研究[J].信息网络安全,2011,11(6):38-40.

[15] 吴晓平,付钰.信息系统安全风险评估理论与方法[M].北京:科学出版社,2011.

[16] 刘换,赵刚.人工智能在信息安全风险评估中的应用[M].北京信息科技大学学报(自然科学版),2012,27(4):59-63.

[17] 娄屹萍.信息安全管理体系换版解析——解读《ISO/IEC 27001—2013信息安全管理体系要求》[J].标准科学,2016,23(8):63-68.

[18] 许玉娜,罗锋盈,陈星.SP 800-39:2011信息安全风险管理研究[J].信息技术与标准化,2012,11(4):41-44.

[19] 胡灵娟.大型数据中心ISO 27001信息安全管理体系贯标认证实践[J].中国金融电脑,2012,23(5):32-37.

[20] 王亚东,吕丽萍,汤永利,等.信息安全管理体系与等级保护的关系研究[J].北京电子科技学院学报,2012,20(2):26-31.

[21] 赵刚,刘换.基于多层次模糊综合评判及熵权理论的实用风险评估[J].清华大学学报(自然科学版),2012,52(10):1382-1387.

[22] 马遥,黄俊强.信息安全管理体系与等级保护管理要求[J].信息技术,2012,44(6):140-142.

[23] 吴天水,赵刚,王喆,等.考虑控制措施关联性的信息安全风险评估模型[J],小型微型计算机系统,2013,34(10):2324-2328.

[24] 赵刚,吴天水.结合灰色网络威胁分析的信息安全风险评估[J].清华大学学报(自然科学版),2013,53(12):1761-1767.

[25] 赵刚."信息安全管理与风险评估"课程建设思考[J].中国电力教育,2014,30(3):98-99.

[26] 谢宗晓,巩庆志.ISO/IEC 27001:2013标准解读及改版分析[M].北京:中国质检出版社,中国标准出版社,2014.

[27] 陈兴蜀,罗永刚,罗锋盈.《信息安全技术 云计算服务安全指南》解读与实施[M].北京：科学出版社,2014.

[28] 王曙光,公伟.ISO/IEC 27001：2013 标准框架结构的新变化[J].质量与认证,2015,12(9)：62-63.

[29] 雷宏,王贵杰.ISO/IEC 27001：2013 信息安全控制措施解析[J].质量与认证,2015,12(9)：64-67.

[30] 中华人民共和国国家质量监督检验检疫总局,中国国家标准化管理委员会.GB/T 22080—2016：信息技术 安全技术 信息安全管理体系 要求[S].北京：中国标准出版社,2016.

[31] 沈昌祥,张鹏,李挥,等.信息系统安全等级化保护原理与实践[M].北京：人民邮电出版社,2017.

[32] 夏冰,等.网络安全法和网络安全等级保护 2.0[M].北京：电子工业出版社,2017.

[33] 李军,谢宗晓.信息安全等级保护与信息安全管理体系的比较[J].中国质量与标准导报,2017,26(8)：58-63.

[34] 谢宗晓.信息安全管理体系在国内的发展及其产业链[J].中国质量与标准导报,2017,26(8)：56-59.

[35] 郭启全.网络安全法与网络安全等级保护制度培训教程(2018 版)[M].北京：电子工业出版社,2018.

[36] 沈昌祥.用主动免疫可信计算 3.0 筑牢网络安全防线营造清朗的网络空间[J].信息安全研究,2018,4(4)：282-302.

[37] 陈卫平.可信计算 3.0 在等级保护 2.0 标准体系中的作用研究[J].信息安全研究,2018,4(7)：633-638.

[38] 国家市场监督管理总局,中国国家标准化管理委员会.GB/T 22239—2019：信息安全技术 网络安全等级保护基本要求[S].北京：中国标准出版社,2019.

[39] 张焕国,杜瑞颖.网络空间安全学科简论[J].网络与信息安全学报,2019,5(3)：80-83.

图书资源支持

感谢您一直以来对清华版图书的支持和爱护。为了配合本书的使用，本书提供配套的资源，有需求的读者请扫描下方的"书圈"微信公众号二维码，在图书专区下载，也可以拨打电话或发送电子邮件咨询。

如果您在使用本书的过程中遇到了什么问题，或者有相关图书出版计划，也请您发邮件告诉我们，以便我们更好地为您服务。

我们的联系方式：

地　　址：北京市海淀区双清路学研大厦 A 座 701

邮　　编：100084

电　　话：010-83470236　010-83470237

资源下载：http://www.tup.com.cn

客服邮箱：2301891038@qq.com

QQ：2301891038（请写明您的单位和姓名）

资源下载、样书申请

书圈

扫一扫，获取最新目录

课　程　直　播

用微信扫一扫右边的二维码，即可关注清华大学出版社公众号"书圈"。